高等教育 BIM 技术应用系列创新规划教材

建筑构造与 BIM 施工图识读

胡兴福　等　编著

清华大学出版社
北京

内 容 简 介

本书包括建筑构造与 BIM 施工图识读两部分内容，建筑构造部分系统介绍了民用建筑的构造组成及地下室、墙体、门窗、楼板、屋顶、楼梯等的构造做法；BIM 施工图识读部分讲解了建筑施工图基础知识，在此基础上结合案例讲解了 BIM 施工图的设计与识读方法。全书内容简洁易懂，图文并茂，并配有教学视频、BIM 模型、课后习题等。

本书可作为高职高专建设工程管理类各专业建筑构造与识图课程的教材，也可作为土建施工类相关专业教材，还可供相关专业的工程技术人员及自学者参考、学习。

图书在版编目（CIP）数据

建筑构造与BIM施工图识读/胡兴福等编著. —北京：清华大学出版社，2019（2022.8 重印）
（高等教育 BIM 技术应用系列创新规划教材）
ISBN 978-7-302-51585-2

Ⅰ. ①建… Ⅱ. ①胡… Ⅲ. ①建筑结构－建筑制图－识图－应用软件－高等职业教育－教材 Ⅳ. ①TU204

中国版本图书馆CIP数据核字（2018）第257829号

责任编辑： 杜　晓
封面设计： 曹　来
责任校对： 袁　芳
责任印制： 杨　艳

出版发行： 清华大学出版社
网　　址： http://www.tup.com.cn， http://www.wqbook.com
地　　址： 北京清华大学学研大厦A座　　**邮　　编：** 100084
社 总 机： 010-83470000　　**邮　　购：** 010-62786544
投稿与读者服务： 010-62776969，c-service@tup.tsinghua.edu.cn
质量反馈： 010-62772015，zhiliang@tup.tsinghua.edu.cn
课件下载： http://www.tup.com.cn，010-83470410
印 装 者： 三河市龙大印装有限公司
经　　销： 全国新华书店
开　　本： 185mm×260mm　　**印　　张：** 13.5　　**字　　数：** 276千字
版　　次： 2019年5月第1版　　**印　　次：** 2022年8月第5次印刷
定　　价： 46.00元

产品编号：079654-01

丛书编写指导委员会名单

本书编写人员名单

胡兴福　彭　燕　李　瑶　程　伟

李　林　张　晓　加　强　成　超

序

BIM（Building Information Modeling，建筑信息模型）源于欧美国家，21 世纪初进入中国。它通过参数模型整合项目的各种相关信息，在项目策划、设计、施工、运行和维护的全生命周期过程中进行共享和传递，为各方建设主体提供协同工作的基础，在提高生产效率、节约成本和缩短工期方面发挥着重要的作用，在设计、施工、运维方面很大程度上改变了传统模式和方法。目前，我国已成为全球 BIM 技术发展最快的国家之一。

建筑业信息化是建筑业发展战略的重要组成部分，也是建筑业转变发展方式、提质增效、节能减排的必然要求。为了增强建筑业信息化的发展能力，优化建筑信息化的发展环境，加快推动信息技术与建筑工程管理发展的深度融合，2016 年 9 月，住房和城乡建设部发布了《2016—2020 年建筑业信息化发展纲要》，提出："建筑企业应积极探索'互联网 +'形势下管理、生产的新模式，深入研究 BIM、物联网等技术的创新应用，创新商业模式，增强核心竞争力，实现跨越式发展。"可见，BIM 技术被上升到了国家发展战略层面，必将带来建筑行业广泛而深刻的变革。BIM 技术对建筑全生命周期的运营管理是实现建筑业跨越式发展的必然趋势，同时，也是实现项目精细化管理、企业集约化经营的最有效途径。

然而，人才缺乏已经成为制约 BIM 技术进一步推广应用的瓶颈，培养大批掌握 BIM 技术的高素质技术技能人才成为工程管理类专业的使命和机遇，这对工程管理类专业教学改革特别是教学内容改革提出了迫切要求。

教材是体现教学内容和教学要求的载体，在人才培养中起着重要的基础性作用，优秀的教材更是提高教学质量、培养优秀人才的重要保证。为了满足工程管理类专业教学改革和人才培养的需求，清华大学出版社借助清华大学一流的学科优势，聚集全国优秀师资，启动基于 BIM 技术应用的专业信息化教材建设工作。该系列教材具有以下特点。

（1）规范性。本系列教材以专业目录和专业教学标准为依据，同时参照各院校的教学实践。

（2）科学性。教材建设遵循教育的教学规律，开发理实一体化教材，内容选取、结构安排体现职业性和实践性特色。

（3）灵活性。鉴于我国地域辽阔，自然条件和经济发展水平差异很大，本系列教材编写了不同课程体系的教材，以满足各院校的个性化需求。

（4）先进性。教材建设体现新规范、新技术、新方法，以及最新法律、法规及行业相关规定，不仅突出了BIM技术的应用，而且反映了装配式建筑、PPP、营改增等内容。同时，配套开发数字资源（包括但不限于课件、视频、图片、习题库等），80%的图书配套有富媒体素材，通过二维码的形式链接到出版社平台，供学生扫描学习。

教材建设是一项浩大而复杂的千秋工程，为培养建筑行业转型升级所需的合格人才贡献力量是我们的夙愿。BIM技术在我国的应用尚处于起步阶段，在教材建设中有许多课题需要探索，本系列教材难免存在不足，恳请专家和读者批评、指正，希望更多的同人与我们共同努力！

丛书主任　胡兴福

2018年1月

前　言

信息化是建筑产业现代化的主要特征之一，BIM 应用作为建筑业信息化的重要组成部分，正在促进建筑领域生产方式的变革。2015 年 6 月 16 日，住房和城乡建设部发布的《关于推进建筑信息模型应用的指导意见》提出，到 2020 年年末，建筑行业甲级勘察、设计单位以及特级、一级房屋建筑工程施工企业应掌握并实现 BIM 与企业管理系统和其他信息技术的一体化集成应用；以国有资金投资为主的大中型建筑及申报绿色建筑的公共建筑和绿色生态示范小区，新立项项目勘察设计、施工、运营维护中集成应用 BIM 的项目比率要达到 90%。基于此，近年来，各院校或者新开设 BIM 相关专业，或者在已有专业中增加 BIM 相关教学内容，以适应行业快速发展的需要，这就需要将 BIM 知识融入相关专业教材中，本书就是为了满足这一需求而进行的尝试。

本书密切结合教学需要，系统介绍了民用建筑的构造做法、建筑施工图的基本知识和 BIM 施工图的设计及识读方法，根据知识的内在逻辑关系分为 11 章：概论、投影的基本知识、基础与地下室的构造、墙体的构造、楼地层的构造、屋顶的构造、建筑门窗的构造、垂直交通设施的构造、其他构造、建筑施工图、BIM 施工图设计与识读。

本书根据最新国家、行业标准编写，融入了行业最新技术。全书内容深入浅出，简洁易懂，图文并茂，理论联系实际。为了便于自学，本书编写了本章小结、课后习题等，并配有教学视频、BIM 模型等数字资源，读者可通过扫描文中相应二维码的方式获取。

本书由北京谷雨时代教育科技有限公司（简称“谷雨时代”）组织编写并提供教案资料，具体编写人员有胡兴福、彭燕、李瑶、程伟、李林、张晓、加强、成超。

本书在编写过程中参阅了有关文献资料，谨在此对相关作者一并致谢。由于编著者水平所限，书中难免存在不足之处，敬请专家与读者批评、指正。

编著者

2018 年 10 月

目　录

第1章　概论

建筑构造是一门研究建筑物的构造组成、构造形式及细部构造做法的综合性建筑技术科学，其主要任务是根据建筑物使用功能的要求并结合建筑材料、建筑结构、建筑经济、建筑施工和建筑艺术等诸方面因素的影响，选择合理的构造方案，确定出“实用、安全、经济、美观”的构造做法。

1.1　建筑的概念

建筑是建筑物与构筑物的总称，是供人们进行生产、生活和其他活动的房屋或场所。其中，建筑物是供人们进行生产、生活或其他活动的房屋，例如工业建筑、民用建筑、农业建筑和园林建筑等；构筑物一般指人们不直接在内进行生产和生活活动的场所，如水塔、烟囱、栈桥、堤坝、蓄水池等。

1.1.1　建筑的分类

1. 按使用功能分类

1）民用建筑

民用建筑有居住建筑和公共建筑之分。居住建筑是指供生活起居用的建筑，如住宅、集体宿舍等。公共建筑是指进行社会活动的非生产性建筑，如行政办公用建筑、文教建筑、医疗建筑、商业建筑、观演建筑、展览建筑、交通建筑、通信建筑、园林建筑等。

2）工业建筑

工业建筑是指各类工厂为生产产品的需要而建造的建筑，如生产车间、辅助车间、动力用房、仓库、烟囱及水塔等建筑。

3）农业建筑

农业建筑是指供农业、牧业生产和加工用的建筑，如畜禽饲养场、水产品养殖场、农畜产品加工厂、农产品仓库以及农业机械用房等建筑。

2. 按建筑规模和数量分类

1）大量性建筑

大量性建筑是指建筑规模不大，但建造量多、涉及面广的建筑，如住宅、学校、医院、商店、中小型影剧院、中小型工厂等。

2）大型性建筑

大型性建筑是指规模宏大、功能复杂、耗资多、建筑艺术要求较高的建筑，如大型体育馆、航空港、火车站以及大型工厂等。

3. 按建筑结构承重方式分类

1）墙承重结构

墙承重结构是指承重方式是以墙体承受楼板及屋顶传来的全部荷载的建筑。生土木结构、砖木结构及砖混结构都属于这一类，常用于6层或6层以下的大量性民用建筑，如住宅、办公楼、教学楼、医院等建筑。

2）框架结构

框架结构是指承重方式是以梁、柱等构件形成的承重骨架承受楼板及屋顶传来的全部荷载的建筑，常用于荷载及跨度较大的建筑和高层建筑。这类建筑中，墙体不起承重作用。

3）部分框架结构

部分框架结构是指承重方式是外部用墙承重、内部用框架承重，或建筑下部为框架结构承重、上部为墙承重结构的建筑。这种类型常用于需要大空间但可设柱的建筑和底层需要大空间而上部为小空间的建筑，如食堂、商业建筑、商住楼等建筑。

4）空间结构

空间结构是指承重方式是空间构架，如网架、悬索及薄壳结构来承受全部荷载的建筑，适用于跨度较大的公共建筑，如体育馆等建筑。

4. 按层数和高度分类

1）住宅建筑

住宅建筑按层数划分为以下几种。

- 低层建筑：1~3层；
- 多层建筑：4~6层；
- 中高层建筑：7~9层；
- 高层建筑：10层及以上；
- 超高层建筑：高度超过100m的建筑物，其中建筑高度为建筑物室外地面至女儿墙顶部或檐口的高度。

2）公共建筑

公共建筑及综合性建筑总高度超过 24m 时为高层建筑（不包括高度超过 24m 的单层主体建筑），高度超过 100m 的建筑物为超高层建筑。

3）工业建筑

工业建筑按层数划分为以下几种。

· 单层建筑；

· 多层建筑，即两层以上且高度不超过 24m 的建筑；

· 高层建筑，即层数较多且高度超过 24m 的建筑。

5. 按承重结构材料分类

1）木结构

木结构是指以木材作为房屋承重骨架的建筑。这种结构具有自重轻、抗震性能好、构造简单、施工方便等优点，是我国古代建筑的主要结构类型。但木材易腐、易燃，加之我国森林资源缺乏，其应用受到限制。

2）混合结构

混合结构是指主要承重结构由两种或两种以上的材料构成的建筑。如砖墙和木楼、屋盖的砖木结构；砖墙和钢筋混凝土楼、屋盖的砖混结构；钢筋混凝土墙或柱和钢楼、屋盖的钢混结构，这是当前建造数量最大、采用最为普遍的结构类型。

3）钢筋混凝土结构

钢筋混凝土结构是指主要承重构件全部采用钢筋混凝土制作的建筑。这种结构形式具有坚固耐久、防火、可塑性强等优点，应用很广泛。

4）钢结构

钢结构是指主要承重构件全部采用钢材制作的建筑。这种结构形式具有力学性能好、制作及安装方便、自重轻等优点。目前我国钢结构主要应用于大型公共建筑、高层建筑和工业建筑中。随着建筑的发展，钢结构的应用将有进一步发展的趋势。

1.1.2 建筑物等级划分

1. 设计使用年限

建筑物的设计使用年限是指在正常设计、正常施工、正常使用和正常维护下所应达到的持久年限，作为基建投资、建筑设计和材料选用的重要依据。民用建筑按设计使用年限分为四级。

1 级：设计使用年限为 100 年以上，适用于重要的建筑和纪念性建筑。

2 级：设计使用年限为 50~100 年，适用于普通建筑。

3 级：设计使用年限为 25 年，适用于易于替换结构构件的建筑。

4 级：设计使用年限为 5 年，适用于临时性建筑。

2. 耐火等级

建筑物的耐火等级主要根据建筑构件的燃烧性能和耐火极限两个因素来确定。耐火极限的定义是：对任一建筑构件按时间—温度标准曲线进行耐火试验，从受到火的作用时起，到失去支持能力（如木结构）、或完整性破坏（如砖混结构）、或失去隔火作用（如钢结构）时为止的这段时间，以 *h* 表示。

构件按燃烧性能分为非燃烧体、难燃烧体、燃烧体三类。

非燃烧体是指用非燃烧体材料做成的构件，如天然石材、人工石材、金属材料等。

难燃烧体是指用不易燃烧的材料做成的构件，如沥青混凝土、经过防火处理的木材等。

燃烧体是指用燃烧材料做成的构件。燃烧材料是指在空气中受到火烧或高温作用时立即起火或微燃，且火源移走后仍继续燃烧或微燃的材料，如木材等。

1.2 建筑模数

为了实现工业化大规模生产，使不同材料、不同形式和不同制造方法的建筑构配件、组合件具有一定的通用性和互换性及不同建筑物各组成部分之间的尺寸统一协调，我国颁布了《建筑模数协调标准》(GB/T 50002—2013)，以及住宅建筑、厂房建筑等模数协调标准。

建筑模数是选定的标准尺度单位，作为建筑物、建筑构配件、建筑制品以及建筑设备尺寸间相互协调的基础。

基本模数是模数尺寸中最基本的数值，用 M 表示，我国基本模数 1M = 100mm。整个建筑物或其一部分以及建筑的模数化尺寸，应是基本模数的倍数。

导出模数分为扩大模数与分模数，其基数有如下几种。

水平扩大模数的基数为 3M、6M、12M、15M、30M、60M，其相应尺寸分别为 300mm、600mm、1200mm、1500mm、3000mm、6000mm。

竖向扩大模数的基数为 3M、6M，其相应尺寸为 300mm、600mm。

分模数的基数为 M/10、M/5、M/2，其相应的尺寸为 10mm、20mm、50mm。

模数数列是以选定的模数基数而展开的数值系统，它用以保证不同类型的建筑物及其各组成部分间的尺寸统一与协调，减少尺寸的范围，使尺寸的叠加和分割有较大的灵活性。

在基本模数数列中，水平基本模数数列的幅度为 1M~20M，主要用于门窗洞口和构配件截面；竖向基本模数数列的幅度为 1M~36M，主要用于建筑物的层高、门窗洞口和构配件截面。

在扩大模数数列中，水平扩大模数 3M、6M、12M、15M、30M、60M 的数列主要用于建筑物的高度、层高和门窗洞口等。

1.3 建筑构造的基本知识

1.3.1 建筑物的构造组成

一般民用建筑尽管其使用功能不同，所用材料和做法上各有差别，可以表现出各种各样的形式和特点，但通常都是由基础、墙体、楼板层、楼梯、屋顶和门窗六大部分组成。它们根据所处部位的不同而发挥各自不同的作用。房屋基本组成如图 1-1 所示。

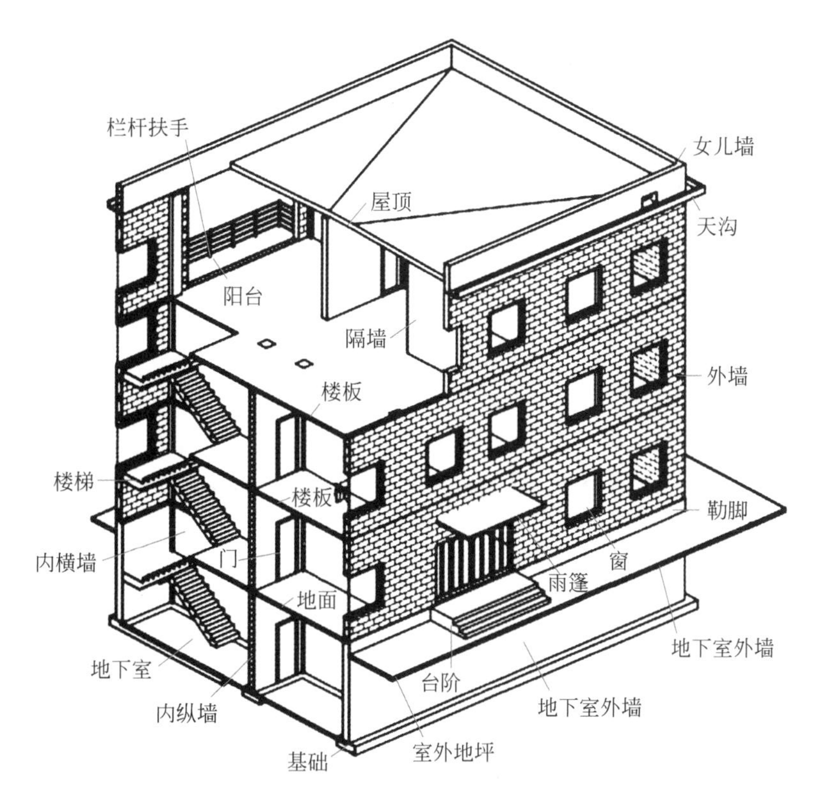

图 1-1 房屋基本组成

基础：基础是围成房屋空间的竖向构件，起承重作用，承受建筑物的全部荷载，并将荷载传给地基。

墙体：墙体是围成房屋空间的竖向构件，具有承重、围护和水平分隔的作用。它承受由屋顶及各楼层传来的荷载，并将这些荷载传给基础；外墙还用以抵御自然界各种因素对室内的侵袭，内墙用作房间的分隔、隔声、遮挡视线以保证具有舒适的环境。

楼地层：楼地层是划分空间的水平构件，具有承重、竖向分隔和水平支撑的作用。楼地层将建筑从高度方向分隔成若干层，承受着家具、设备、人体荷载及自重，并将这些荷载传给墙或柱，同时楼地层对增加建筑的整体刚度起着重要作用。

楼梯：楼梯是各层之间的交通联系设施，其主要作用是供上下楼层联系和紧急疏散之用。

屋顶：屋顶是建筑物顶部承重构件和围护构件，其主要作用是承重、保温隔热和防水。屋顶承受着房屋顶部包括自重在内的全部荷载，并将这些荷载传递给墙或柱，同时抵御自然界各种因素对顶层房间的侵袭。

门窗：门和窗均属于非承重的建筑配件。门的主要作用是交通和分隔房间，有时兼有采光和通风的作用。窗的主要作用是采光和通风，同时还具有分隔和围护的作用。

一般民用建筑除上述主要组成部分以外，还有一些为人们使用和建筑物本身所必需的构造，如阳台、垃圾道、勒脚、散水、明沟和装修部分等。

1.3.2 建筑构造的影响因素

1. 环境影响

外界环境的影响主要有以下三个方面。

1）外力的影响

外力包括人、家具和设备的结构自重，风力、地震力及雪荷载等。这些粗略地统称为荷载[①]。荷载的大小是结构选型、材料选用以及构造设计的重要依据。

2）气候条件的影响

气候条件包括日晒雨淋、风雪冰冻、地下水等。对于这些影响须在构造设计中采取必要的防护措施，如防水防潮、保温隔热、防止高温变形等。

3）人为因素的影响

人为因素包括火灾、机械振动、噪声等的影响，在构造处理上需采

① 严格来讲，地震不属于外力，也不能称为荷载，详见“建筑结构”课程。

取防火、防振和隔声等相应的措施。

2. 技术条件影响

建筑技术条件是指建筑材料技术、结构技术、施工技术和设备技术等。随着建筑事业的发展，新材料、新结构、新技术以及新设备不断出现，建筑构造会受到它们的影响和制约，设计中应有与之相适应的构造措施。

3. 经济条件影响

建筑构造设计必须考虑经济效益。在确保工程质量的前提下，既要降低建造过程中的材料、能源和劳动力消耗，以降低造价；又要有利于降低使用过程中的维护和管理费用。同时，在设计过程中要根据建筑物的不同等级和质量标准，在材料选择和构造方式等方面予以区别对待。

1.3.3　建筑构造设计的原则

建筑构造设计是建筑设计不可分割的一部分。在建筑构造设计中，应根据建筑的类型特点及使用功能的要求和影响建筑构造的因素，分清主次和轻重，权衡利弊关系，以求得到妥善的处理。

为此，建筑构造设计应遵循以下原则。

1. 坚固实用

在进行主要承重结构设计的同时，应对相应的建筑构配件、各种装修等在构造上采取相应的措施，以确保使用的安全，并根据建筑物所处环境和使用性质的不同综合解决好建筑物的采光、通风、保温、隔热、隔音及防火等方面的问题，以满足建筑使用功能的要求。

2. 技术先进

建筑构造设计中，在应用改进的建筑方法的同时，应大力开发对新材料、新技术、新结构的应用，采用标准的构配件设计，因地制宜地发展适用的工业化建筑体系，以适应建筑工业化发展的需要。

3. 经济合理

建筑构造无不包含经济因素。设计中应严格掌握建筑物的质量标准，尽量节约资金，对于大量性建筑和大型性建筑，应根据它们的规模、重要程度和地域特点等分别在建筑用料、结构选型、内外装修等方面加以区别对待，在保证工程质量的前提下降低建筑造价。

4. 美观大方

建筑的美观主要是通过其内部空间及外部造型的艺术处理来体现，但它的细部构造处理对建筑整体美观有很大的影响。如内外饰面所用的材料、装饰部件、构造式样等的处理都应与整体协调统一，以求得到完美的形象。

1.4 建筑制图基本知识

1.4.1 建筑制图基本标准

工程图是工程施工、生产、管理等环节最重要的技术文件，是工程师的技术语言。国家标准简称国标，代号有“GB”和“GB/T”两种。为了区别不同的技术标准，在代号后面加若干字母和数字等。房屋建筑制图使用的现行标准主要有《房屋建筑制图统一标准》（GB/T 50001—2017）、《总图制图标准》（GB/T 50103—2010）、《建筑制图标准》（GB/T 50104—2010）、《建筑结构制图标准》（GB/T 50105—2010）、《给水排水制图标准》（GB/T 50106—2010）和《暖通空调制图标准》（GB/T 50114—2010）等。所有从事建筑工程技术的人员，在设计、施工、管理中都应该严格执行国家有关建筑制图标准。

1. 图纸的幅面和规格

单位工程的施工图要装订成套，为了使整套施工图方便装订，国标规定图纸按其大小分为 5 种，如表 1-1 所示。其中，A0 的幅面是 A1 幅面的 2 倍，A1 幅面是 A2 幅面的 2 倍，以此类推，即 A0 = 2Al = 4A2 = 8A3 = 16A4。同一项工程的图纸，幅面不宜多于两种。一般 A0~A3 图纸宜横式使用，必要时也可立式使用，如图 1-2 所示。如图纸幅面不够，可将图纸长边加长，但短边不宜加长，长边加长尺寸应符合规定（见表 1-2）。

表 1-1 幅面及图框尺寸　　单位：mm

幅面代号 / 尺寸代号	A0	A1	A2	A3	A4
$b \times l$	841 × 1189	594 × 841	420 × 594	297 × 420	210 × 297
c	10			5	
a	25				

表 1-2 图纸长边加长尺寸　　单位：mm

幅面代号	长边尺寸	长边加长后的尺寸
A0	1189	1486（A0+1/4l）、1635（A0+3/8l）、1783（A0+1/2l）、1932（A0+5/8l）、2080（A0+3/4l）、2230（A0+7/8l）、2378（A0+l）
A1	841	1051（A1+1/4l）、1261（A1+1/2l）、1471（A1+3/4l）、1682（A1+l）、1892（A1+5/4l）、2102（A1+3/2l）
A2	594	743（A2+1/4l）、891（A2+1/2l）、1041（A2+3/4l）、1189（A2+l）、1338（A2+5/4l）、1486（A2+3/2l）、1635（A2+7/4l）、1783（A2+2l）、1932（A2+9/4l）、2080（A2+5/2l）

续表

幅面代号	长边尺寸	长边加长后的尺寸
A3	420	630（A3+1/2l）、841（A3+l）、1051（A3+3/2l）、1261（A3+2l）、1471（A3+5/2l）、1682（A3+3l）、1892（A3+7/2l）

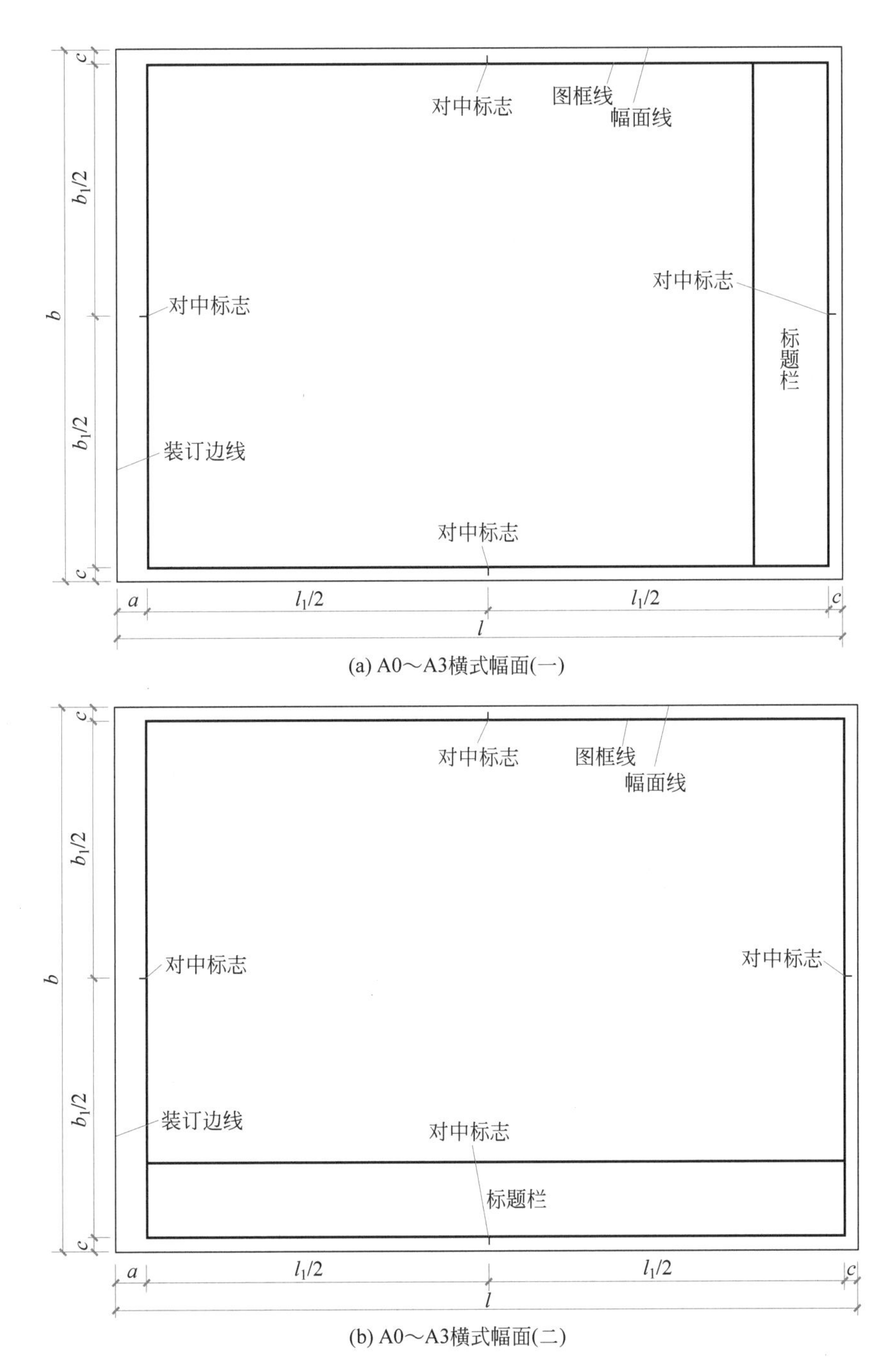

图 1-2　图纸的幅面格式

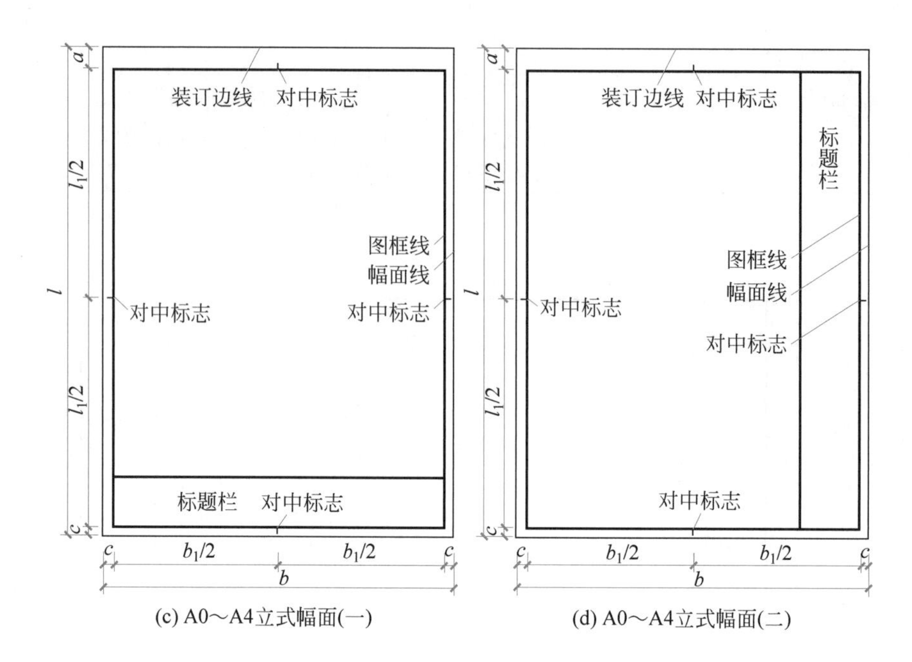

(c) A0～A4立式幅面(一)　(d) A0～A4立式幅面(二)

图 1-2（续）

图纸中应有图框线、幅面线、标题栏、装订边线和对中标志，图纸的标题栏及装订边线的位置应符合下列规定：横式使用的图纸，应按图 1-2（a)、(b）的形式进行；立式使用的图纸，应按图 1-2（c)、(d）的形式进行。

2. 图线

工程图样中的内容都用图线表达，为了使各种图线所表达的内容统一，国标对建筑工程图样中图线的种类、用途和画法都作了规定，在建筑工程图样中图线的线型、线宽及其作用见表 1-3。

表 1-3　图线

名　称		线　型	线　宽	一 般 用 途
实线	粗	————————	b	主要可见轮廓线
	中粗	————————	$0.7b$	可见轮廓线
	中	————————	$0.5b$	可见轮廓线、尺寸线、变更云线
	细	————————	$0.25b$	图例填充线、家具线
虚线	粗	- - - - - - - - - - - - -	b	见各有关专业制图标准
	中粗	- - - - - - - - - - - - -	$0.7b$	不可见轮廓线
	中	- - - - - - - - - - - - -	$0.5b$	不可见轮廓线、图例线
	细	- - - - - - - - - - - - -	$0.25b$	图例填充线、家具线
单点长画线	粗	—·—·—·—	b	见各有关专业制图标准
	中	—·—·—·—	$0.5b$	见各有关专业制图标准
	细	—·—·—·—	$0.25b$	中心线、对称线、轴线等

续表

名　　称		线　　型	线　宽	一 般 用 途
双点长画线	粗	——··——··——··——	b	见各有关专业制图标准
	中	——··——··——··——	$0.5b$	见各有关专业制图标准
	细	——··——··——··——	$0.25b$	假想轮廓线、成型前原始轮廓线
折断线	细	———/\/———	$0.25b$	断开界线
波浪线	细	～～～	$0.25b$	断开界线

表 1-4 中线宽 b 应根据图样的复杂程度合理选择，较复杂的图样，选择较细的图线，如 0.5mm、0.35mm；较简单的图样选择的图线粗一点，如 0.7mm、1.0mm。图线宽度不应小于 0.1mm。图线的宽度可从表 1-4 中选用。

表 1-4　线宽组

线　宽　比	线宽组 /mm			
b	1.4	1.0	0.7	0.5
$0.7b$	1.0	0.7	0.5	0.35
$0.5b$	0.7	0.5	0.35	0.25
$0.25b$	0.35	0.25	0.18	0.13

3. 字体

建筑工程图样除用不同的图线表示建筑及其构配件的形状、大小外，有些内容是无法用图线表达的，如建筑装修的颜色、对各部位施工的要求、尺寸标注等。因此，在图样中必须用文字加以注释。在建筑施工图中的文字有汉字、拉丁字母、阿拉伯数字、符号、代号等。为了保证图样的严肃性，图样中的字体应笔画清晰、字体端正、排列整齐、间隔均匀。

文字的字高应从表 1-5 中选用。字高大于 10mm 的文字宜采用 True type 字体，当需要书写更大的字时，其高度应按 $\sqrt{2}$ 的倍数递增。

表 1-5　文字的字高

字 体 种 类	中文矢量字体	True type 字体及非中文矢量字体
字高 /mm	3.5、5、7、10、14、20	3、4、6、8、10、14、20

4. 比例

建筑物是较大的物体，不可能也没有必要按 1∶1 的比例绘制，应根据其大小采用适当的比例绘制。图样的比例是指图形与实物相应要素的线性尺寸之比。比例的大小是指其比值的大小，如 1∶50 大于 1∶100。比例通常注写在图名的右方，与文字的基准线应取平，字号比图名小一号或两号，如图 1-3 所示。

平面图　1:100　⑥ 1:20

图 1-3　比例的注写

绘图所用的比例应根据图样的用途与被绘对象的复杂程度从表 1-6 中选用，并优先选用常用比例。

表 1-6 绘图所用的比例

常用比例	1∶1、1∶2、1∶5、1∶10、1∶20、1∶30、1∶50、1∶100、1∶150、1∶200、1∶500、1∶1000、1∶2000
可用比例	1∶3、1∶4、1∶6、1∶15、1∶25、1∶40、1∶60、1∶80、1∶250、1∶300、1∶400、1∶600、1∶5000、1∶10000、1∶20000、1∶50000、1∶100000、1∶200000

5. 尺寸

工程图样中的图形除了按比例画出建筑物或构筑物的形状外，还必须标注完整的实际尺寸，作为施工的依据。因此，尺寸标注必须准确无误、字体清晰、不得有遗漏，否则会给施工造成很大的损失。

尺寸由尺寸界线、尺寸线、尺寸起止符号和尺寸数字四部分组成，如图 1-4 所示。

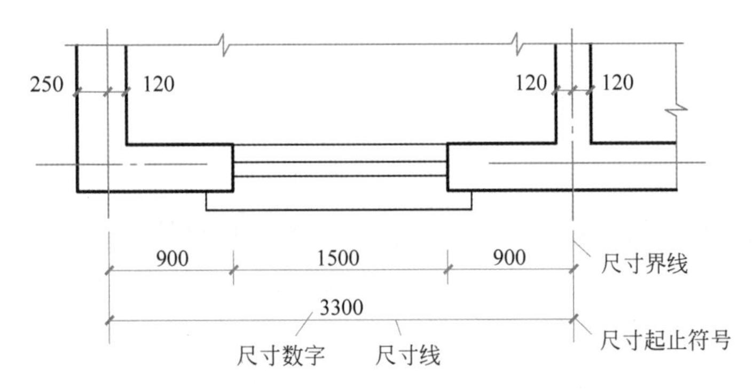

图 1-4 尺寸的组成

1）尺寸界线

尺寸界线用细实线绘制，与所要标注轮廓线垂直。其一端应离开图样轮廓线不小于 2mm，另一端超过尺寸线 2~3mm，图样的轮廓线、轴线和中心线可以作为尺寸界线。

2）尺寸线

尺寸线表示所要标注轮廓线的方向，用细实线绘制，与所要标注轮廓线平行，与尺寸界线垂直，不得超越尺寸界线，也不得用其他图线代替。互相平行的尺寸线的间距应大于 7mm，并应保持一致，尺寸线离图样轮廓线的距离不应小于 10mm，如图 1-4 所示。

3）尺寸起止符号

尺寸起止符号是尺寸的起点和止点。建筑工程图样中的起止符号一般用 2~3mm 的中粗短线表示，其倾斜方向应与尺寸界线成顺时针 45° 角，半径、直径、角度和弧长的尺寸起止符号宜用箭头表示。

4）尺寸数字

尺寸数字必须用阿拉伯数字注写。建筑工程图样中的尺寸数字表示建筑物或构配件的实际大小，与所绘图样的比例和精确度无关。在国标中规定，除总平面图上的尺寸和标高以“m”为单位外，其余尺寸均以“mm”为单位，在施工图中不注写单位。尺寸标注时，当尺寸线是水平线时，尺寸数字应写在尺寸线的上方，字头朝上；当尺寸线是竖线时，尺寸数字应写在尺寸线的左方，字头向左。当尺寸线为其他方向时，其注写方向如图1-5所示。

1.4.2　建筑制图的工具

手工绘图时，为了提高绘图质量、加快绘图速度，需要用到各种绘图工具和仪器。

1. 绘图板

绘图板简称图板，用胶合板制作，作用是固定图纸。要求板面平整光滑，有一定的弹性。由于丁字尺在边框上滑行，边框应平直，如图1-6所示。图板是木制品，用后应妥善保存，既不能曝晒，也不能在潮湿的环境中存放。

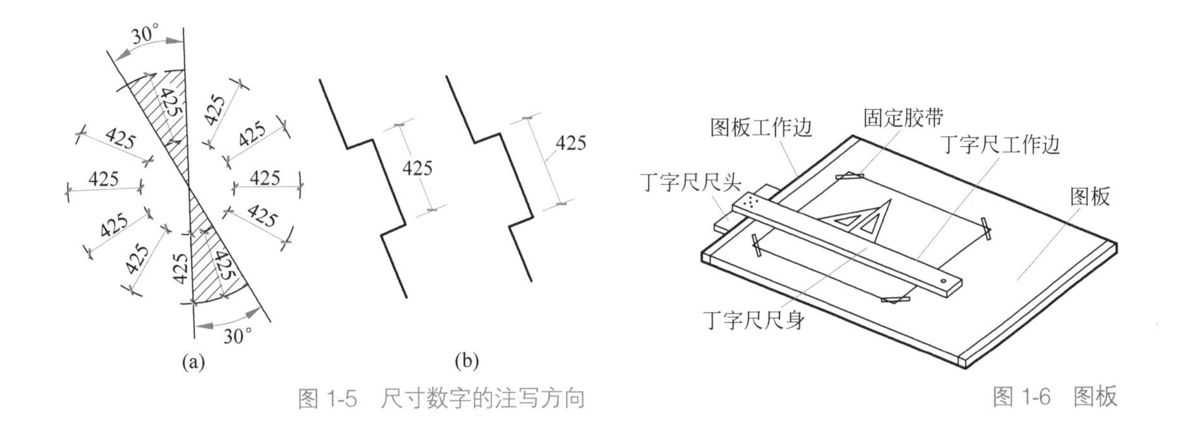

图1-5　尺寸数字的注写方向

图1-6　图板

2. 丁字尺

丁字尺又称T形尺，是一端有横档的“丁”字形直尺，由互相垂直的尺头和尺身构成，一般采用透明有机玻璃制作，工程设计中常在绘图时配合绘图板使用。丁字尺是画水平线和配合三角板作图的工具，一般可直接用于画平行线，或用作三角板的支撑物来绘制与直尺成各种角度的直线。丁字尺一般有600mm、900mm、1200mm三种规格。

3. 三角板

三角板与丁字尺配合使用，可以用来绘制铅垂线和与水平线成 15°、30°、45°、60° 等任意 15° 的整数倍的倾斜线。两个三角板配合使用可以绘制任意已知直线的平行线和垂直线。

4. 圆规

圆规是用来绘制圆和圆弧的。它的一条腿上装有钢针，另一条腿上可换装三种插脚和接长杆，如图 1-7 所示。

5. 分规

分规是用来量取尺寸、截取和等分线段或圆周的手工绘图工具，如图 1-8 所示。

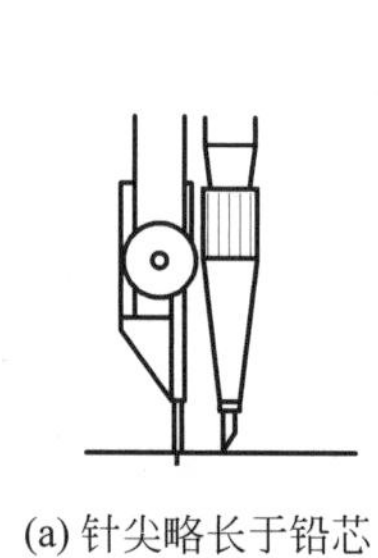

(a) 针尖略长于铅芯

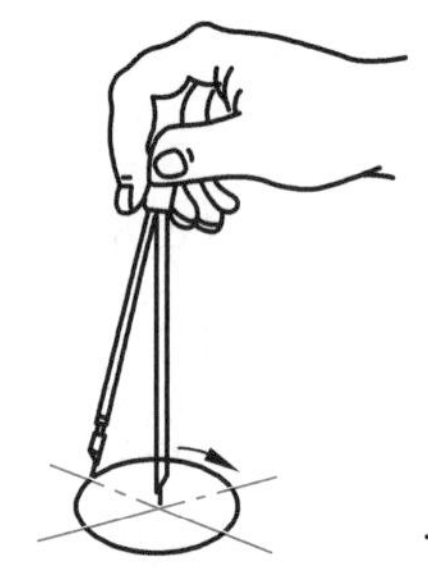

(b) 顺时针方向转动

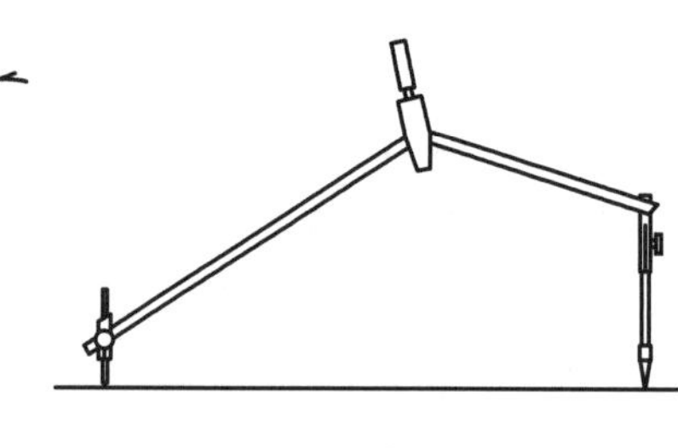

(c) 两脚与纸面垂直

图 1-7 圆规

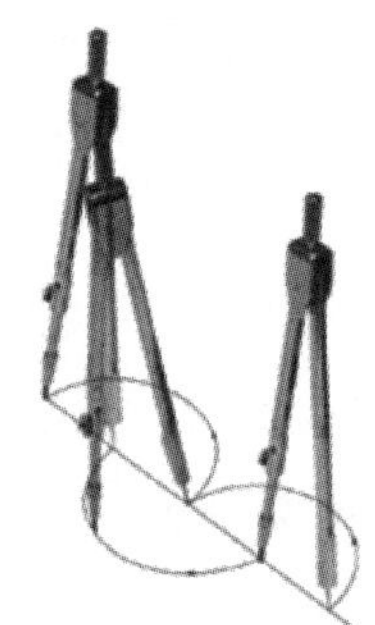

图 1-8 分规

6. 铅笔

绘图铅笔用“B”或“H”表示铅芯的软硬程度。“B”前面的数值越大，铅芯越软，颜色越黑；“H”前面的数值越大，铅芯越硬，颜色越淡，“HB”的铅芯软硬程度适中（见表 1-7）。

表 1-7 铅笔及铅芯的使用

名称	铅笔			圆规	
用途	画细线	写字	画粗线	画细线	画粗线
软硬程度	H 或 2H	HB	HB 或 B	HB 或 B	B 或 2B
削磨程度	≈10　20～30		b		
	锥形		铲形	楔形	截面为矩形的四棱柱

7. 曲线板

曲线板也称云形尺，是一种内外均为曲线边缘的薄板，用来绘制曲率半径不同的非圆自由曲线，如图 1-9 所示。

图 1-9　曲线板

8. 比例尺

为了方便绘制不同比例的图样，可使用比例尺来绘图。常用的比例尺是三棱比例尺，上有六种刻度，如图 1-10 所示。画图时可按所需比例用尺上标注的刻度直接量取，不需要换算。但若所画图样正好是比例尺上刻度的 10 倍或 1/10，则可换算使用比例尺。

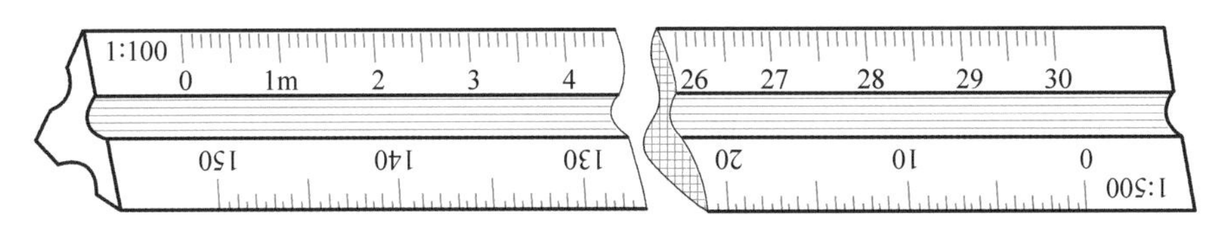

图 1-10　比例尺

9. 绘图墨线笔

绘图墨线笔由针管、通针、吸墨管和笔套组成，如图 1-11 所示，其作用是画墨线或描图。针管直径有 0.2~1.2mm 粗细不同的规格。画线时针管笔应略向画线方向倾斜，发现下水不畅时，应上下晃动笔杆，使通针将针管内的堵塞物穿通。绘图墨线笔应使用专用墨水，用完后立即清洗针管，以防堵塞。

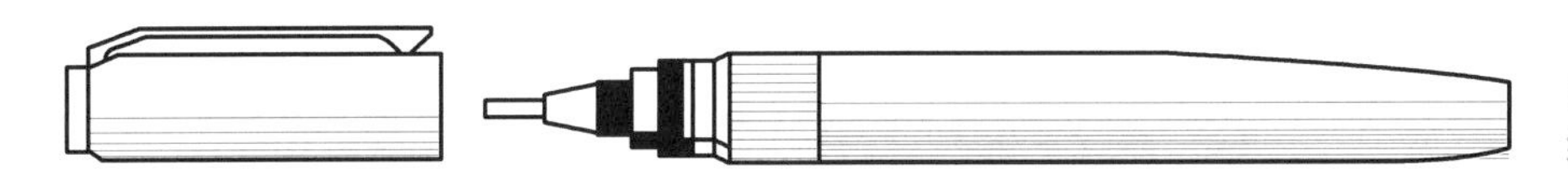
图 1-11　绘图墨线笔

10. 建筑模板

为了提高制图速度和质量，将图样上常用的符号、图形刻在有机玻璃板上，做成模板，方便使用。模板的种类很多，如建筑模板、家具模板、结构模板、给排水模板等。

1.5　计算机辅助设计工具

1.5.1　二维计算机辅助设计工具

计算机辅助设计（Computer Aided Design，CAD）是利用计算机及其图形设备帮助设计人员进行设计工作，在工程设计中应用最多的是由 Autodesk 公司研发的 AutoCAD。计算机制图的出现提高了设计师出图的效率。

图 1-12　AutoCAD

1. AutoCAD 简介

AutoCAD 是常用的建筑制图软件，通过图层定义不同类型线条代表的构件，并且能够对创建的线条进行尺寸标注、补图、打印等（见图 1-12）。

AutoCAD 的文件格式主要有以下几种。

（1）DWG 格式（AutoCAD 的标准格式）。

（2）DXF 格式（AutoCAD 的交换格式）。

（3）DWT 格式（AutoCAD 的样板文件）。

在工程中用的最多的就是 DWG 格式的图纸文件，由于其文件格式小，软件对计算机要求低，绘图及图纸管理方便等特点，在工程中得到广泛的推广和应用。

提示

常说的 CAD 一般指 AutoCAD，而除了 Autodesk 以外，其他公司也有 CAD 产品；AutoCAD 每年都会更新，目前已更新至 2018 版本，也可以进行三维设计。

2. 天正建筑

天正建筑是基于 AutoCAD 开发的一款针对建筑行业的设计产品，为设计师提供更便捷的解决方案，天正建筑（T20）界面如图 1-13 所示。它将建筑常用的标高、轴网、墙体、门窗、楼梯等绘制工具整理到 CAD 中，极大地提高了建筑设计效率；同时基于平面图，通过创建立面、剖面快速生成相应的图纸。天正建筑具有强大的出图功能，并且能根据平面图及设置的标高生成三维视图。

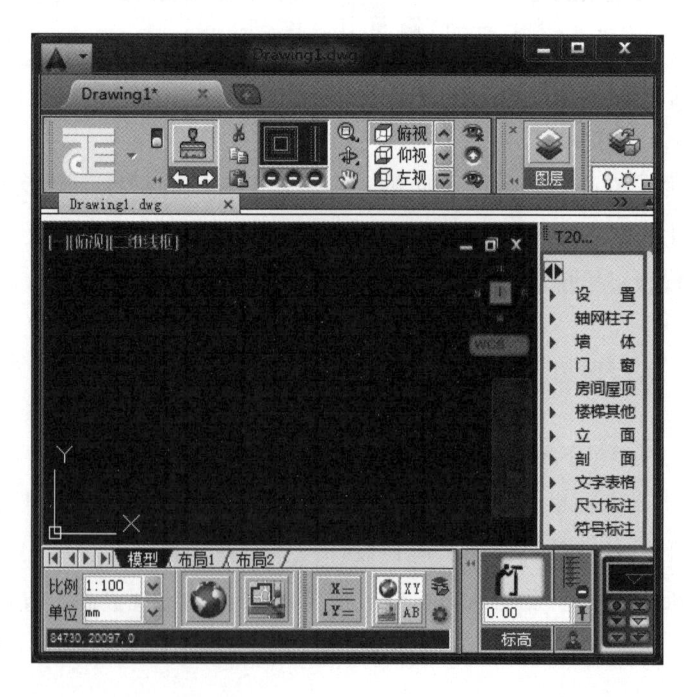

图 1-13　天正建筑（T20）界面

天正软件中以“块”的形式插入了建筑设计常用的构件，在建筑设计时，可直接从标准构件库中选择，包括一些装饰装修、家具、门窗、标准节点详图等，如图 1-14 所示。目前天正建筑也开发了基于三维设计（Revit）的 BIM 插件，实现 BIM 出图。

3. TH-Arch 建筑设计

斯维尔建筑设计软件（TH-Arch）是一款永久免费的建筑设计软件。首创构件自定义对象技术，首创设计绘图集成化，首创在位编辑、集成建筑渲染表现技术，首创智能剖面绘图功能，引领建筑设计革命。

该建筑设计软件也是基于 AutoCAD 开发的建筑设计解决方案，其界面、操作方式与天正建筑软件相似，为设计师提供便捷的建模方式。

4. 中望 CAD

中望 CAD 是中望软件自主研发的二维 CAD 平台软件，凭借良好的运行速度和稳定性，完美兼容主流 CAD 文件格式，界面友好易用、操作方便，帮助用户高效顺畅地完成设计绘图，如图 1-15 所示。

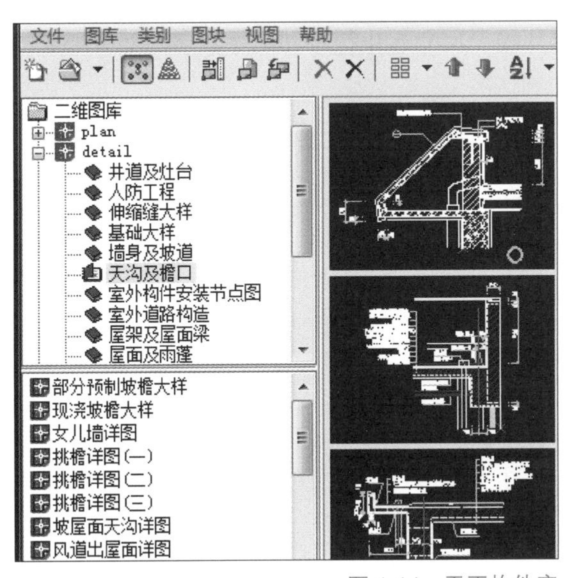

图 1-14　天正构件库

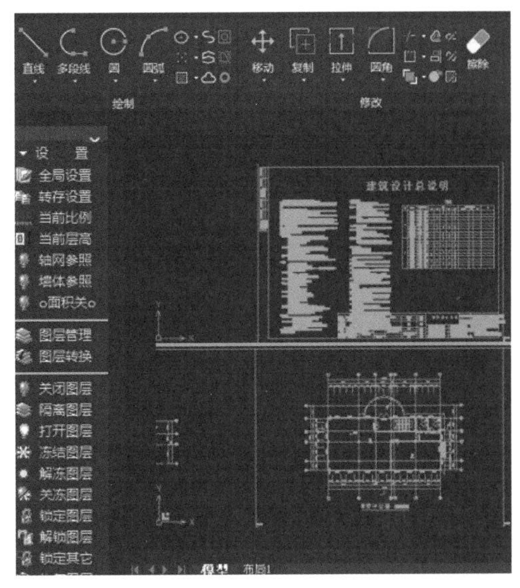

图 1-15　中望 CAD

中望 CAD 建筑版包含了 CAD 平台的面向建筑设计领域的国产专业设计软件，它在涵盖中望 CAD 平台全部功能的基础上，采用自定义对象技术，以建筑构件作为基本设计单元，具有人性化、智能化、参数化、可视化特征，集二维工程图、三维表现和建筑信息于一体，为建筑设计师轻松完成全程设计任务提供完整的解决方案。

除了上述设计软件外，还有其他的建筑设计软件，在此不再一一列举。

此类软件虽能实现三维的效果展示，但从根本上来说，还是以二维设计为主，与三维设计有所区别。

1.5.2 BIM 三维设计工具

BIM 三维设计不仅是平面图纸的设计，更是对建筑三维模型及模型信息的设计，常用的 BIM 三维设计工具包括 Revit（全专业综合设计）、Civil 3D（道路与场地设计）、Catia（曲面设计）等，本书的第 11 章将以 Autodesk 公司的 Revit 为例，讲解 BIM 三维模型设计的基本方法。

本章小结

1. 民用建筑按设计使用年限分为四级。

2. 一般民用建筑通常由基础、墙体、楼地层、楼梯、屋顶和门窗六大部分组成。

3. 建筑构造设计应遵循以下原则：坚固实用、技术先进、经济合理、美观大方。

4. 尺寸由尺寸界线、尺寸线、尺寸起止符号和尺寸数字四部分组成。

课后习题

1. 简述建筑物的分类。

2. 民用建筑的基本组成包括哪些部分？

3. 建筑物耐火等级是如何划分的？

4. 建筑构造的影响因素有哪些？

5. 尺寸由哪几部分组成？

6. 主要的建筑制图工具有哪些？

第 2 章　投影的基本知识

2.1　投影的概念

2.1.1　投影的基本概念

在日常生活中，物体在光线的照射下会在地面或墙面上产生影子，如图 2-1（a）和图 2-1（b）所示。假设光线能透过物体，形成的影子就称为投影，如图 2-1（c）所示。

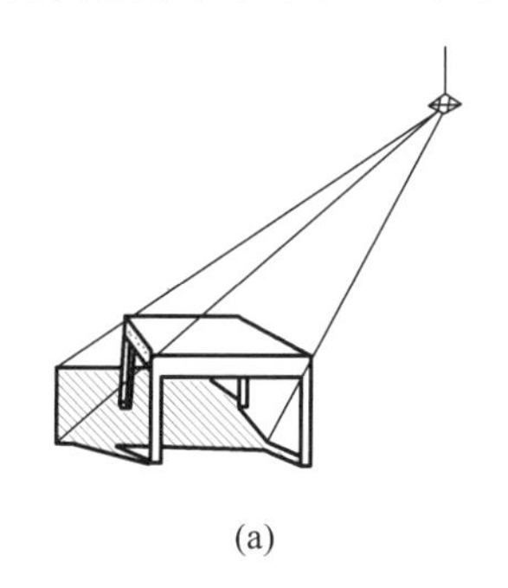

(a)

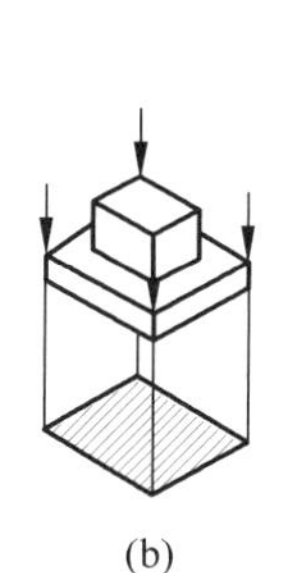

(b)

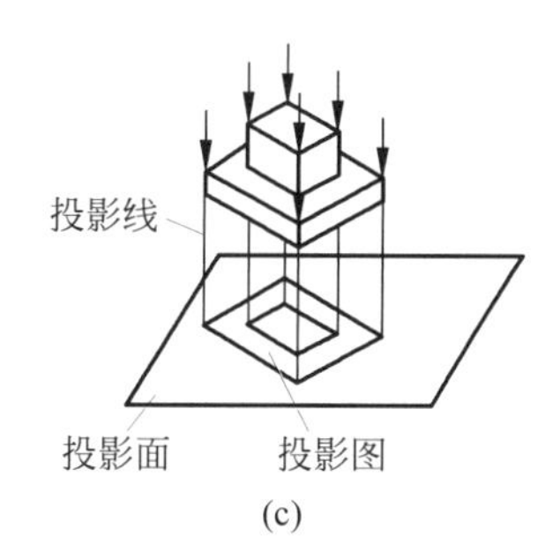

(c)

图 2-1　影子与投影

影子与投影的区别在于：前者只能反映出物体的轮廓，而不能表达物体的形状；而后者可表达物体的形状。我们将投影所在的平面称为投影面，光线称为投影线，在投影面上所得到的投影称为投影图。

2.1.2　投影的分类

投影分中心投影和平行投影两类。

1. 中心投影

由一点呈放射状发出的投影线所产生的投影称为中心投影，如图 2-2（a）所示。

2. 平行投影

由互相平行的投影线所产生的投影称为平行投影。平行投影又分为斜投影和正投影两种。

1）斜投影

投影线互相平行且倾斜于投影面的投影称为斜投影，如图 2-2（b）所示。

2）正投影

投影线互相平行且垂直于投影面的投影称为正投影，如图 2-2（c）所示。

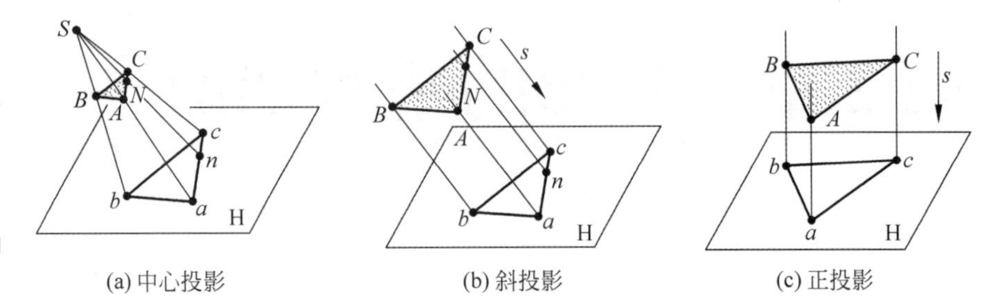

图 2-2 投影的分类

(a) 中心投影 (b) 斜投影 (c) 正投影

2.1.3 正投影的特性

在工程图中，最常用的是正投影图。工程图的对象都是立体的物体，各物体都可以看成是由点、线、面组成的形体。了解点、线、面的正投影规律，有助于理解和掌握形体的正投影。

1. 点的正投影特性

点的正投影仍然是点，如图 2-3（a）所示。

2. 线的正投影特性

（1）当直线平行于投影面时，其投影仍为直线，且其投影长度等于实长，这种特性称为真实性。如图 2-3（b）所示，空间直线 *AB* 平行于投影面，在投影面的投影为直线 *ab*，*ab* 的长度等于 *AB* 的长度。

（2）当直线垂直于投影面时，其投影积聚为一点，并产生重影点，这种特性称为积聚性。如图 2-3（c）所示，*AB* 直线垂直于投影面，在投影面上的投影积聚为一点 *a*（*b*），即 *a*、*b* 重影，图中 *B* 点在 *A* 点的下方，投影时 *B* 点被 *A* 点挡住，*b* 称为重影点，用（*b*）表示或标注在 *a* 点后边。

（3）当直线倾斜于投影面时，其投影仍为直线，且其投影长度小于实长，这种特性称为相似性。如图 2-3（d）所示，直线 *AB* 倾斜于投影面，在投影面上的投影 *ab* 仍为直线，但其投影长度 *ab* 小于 *AB* 实长。

（4）在直线上的点，其投影仍在直线的投影上。如图 2-3（e）所示，空间一点 *C* 在直线 *AB* 上，其投影 *c* 在 *AB* 线的投影 *ab* 上。

（5）一点分直线为两段，其投影也分直线的投影为两段，且其两段投影之比等于空间两线段之比，这种关系称为定比关系。如图 2-3（e）所示，空间一点 *C* 将 *AB* 线分为两段 *AC*、*CB*，其投影 *c* 也将 *AB* 线的投影 *ab* 分为两段 *ac*、*cb*，且 $ac : cb = AC : CB$。

3. 面的正投影规律

（1）当平面平行于投影面时，其投影仍为一平面且反映实形。如图 2-3（f）所示，平面 *ABCD* 平行于投影面，其投影 *abcd* 仍为一平面且反映空间平面 *ABCD* 的实形。

（2）当平面垂直于投影面时，其投影积聚为一条直线，这种特性称为积聚性。如图 2-3（g）所示，平面 *ABCD* 垂直于投影面，其投影 *abcd* 积聚为一条直线。

（3）当平面倾斜于投影面时，其投影仍为一个平面，不反映其实形，但反映其基本几何形状。如图 2-3（h）所示，平行四边形 *ABCD* 倾斜于投影面，其投影 *abcd* 仍为一平行四边形，但不反映其实形，其面积小于空间平面 *ABCD*。

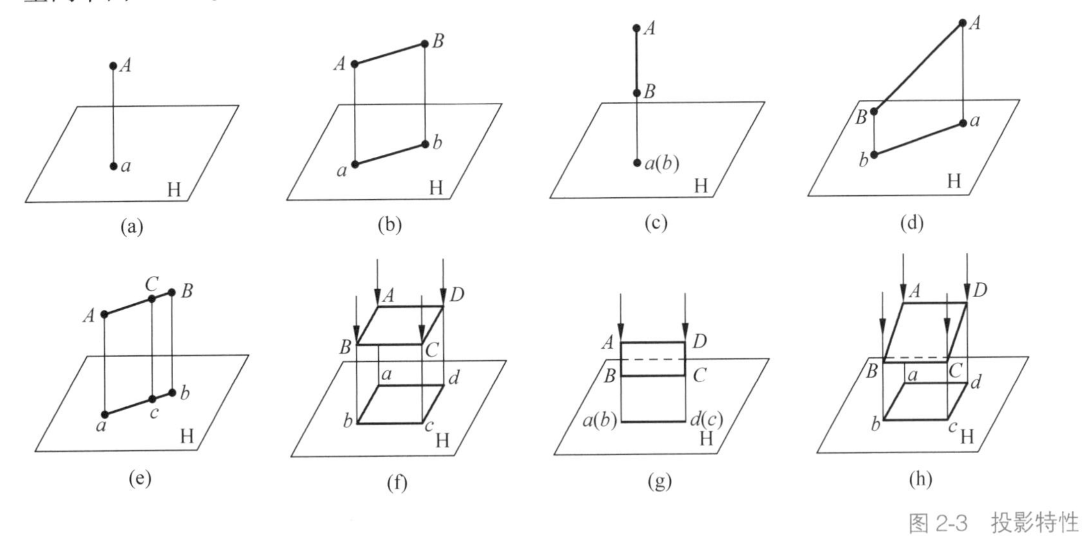

图 2-3　投影特性

2.2　点的投影

2.2.1　点的三面投影及其规律

三面投影体系由三个相互垂直的投影面构成。在三面投影体系中，水平投影面简称水平面或者 H 面，在其上的投影称为水平投影；正面投影面简称正平面或者 V 面，在其上的投影称为正面投影；侧面投影面简称侧平面或者 W 面，在其上的投影称为侧面投影；三个投影面的交线 *OX*、*OY*、*OZ* 称为投影轴，共同交于原点 *O*，分别表示形体长、宽、高的三个测量方向，同样两两垂直。

图 2-4（a）是空间点 *A* 三面投影的直观图。图 2-4（b）是三个投影面回转展开后所得点 *A* 的投影图。

在投影图中，空间点用大写字母表示，其水平投影用同一字母的小写表示，正面投影用同一字母的小写并在右上角加′表示，侧面投影用同一字母的小写并在右上角加″表示。如图 2-4（a）所示的空间点 A，其投影分别为 a、a' 和 a''。

从图 2-4（a）中可以看出，过点 A 分别向 H 面和 V 面投影成 Aa 和 Aa'，确定了一个既垂直于 H 面，又垂直于 V 面的平面，其与 H 面和 V 面的交线分别是 aa_x 和 $a'a_x$，因此，$OX \perp Aa a_x a'$，即 $OX \perp aa_x \perp a'a_x$，而 aa_x 和 $a'a_x$ 是相互垂直的两条直线，当 H 面绕 X 轴回转时，aa_x 和 $a'a_x$ 就成为一条垂直于 OX 轴的直线，即 $aa' \perp OX$［见图 2-4（b）］。同理可得，$a'a'' \perp OZ$，a_y 在展开后被分为 a_{yH} 和 a_{yW} 两个点，所以，$aa_{yH} \perp OY_H$，$a''a_{yH} \perp OY_W$，即 $aa_x = a''a_z$。

综上所述，可得点的投影规律。

（1）正面投影和水平投影连线一定垂直于 X 轴，即 $aa' \perp OX$。

（2）正面投影和侧面投影连线一定垂直于 Z 轴，即 $a'a'' \perp OZ$。

（3）水平投影到 X 轴的距离等于侧面投影到 Z 轴的距离，即 $aa_x = a''a_z$。

从图 2-4（a）中还可看出：$Aa = a'a_x = a''a_y$，其中 Aa 是空间点 A 到 H 面的距离；$Aa' = aa_x = a''a_z$，其中 Aa' 是空间点 A 到 V 面的距离；$Aa'' = a'a_z = aa_y$，其中 Aa'' 是空间点 A 到 W 面的距离。由此可以看到：点的三个投影到各投影轴的距离分别代表空间点到相应的投影面的距离，如图 2-4（b）所示。

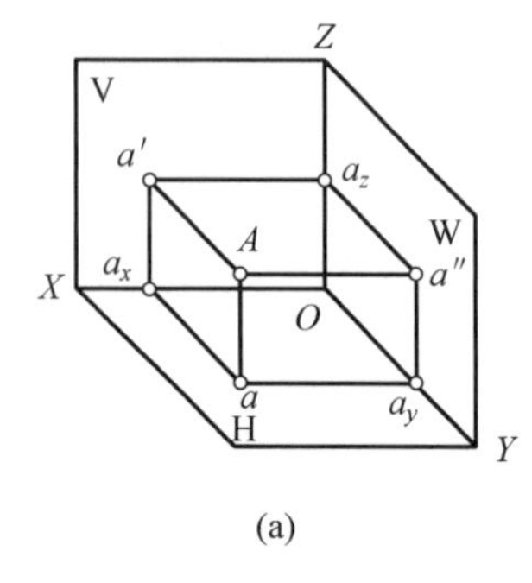

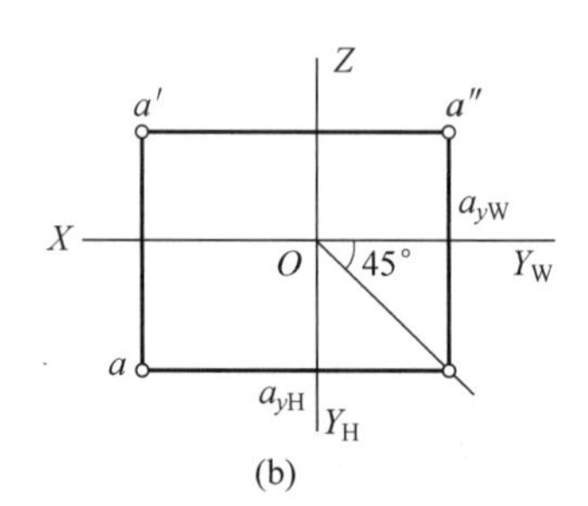

图 2-4 点的三面投影

以上特性说明，在点的三面投影中，任何两个投影都能反映出点到三个投影面的距离。因此，只要给出点的任意两个投影，就可以做出第三个投影。

2.2.2 点的坐标

在三面投影体系中，点的空间位置是由该点到三个投影面的距离来确定的。把三个投影体系看作空间直角坐标系，H、V 和 W 面相当于三个坐标面，X、Y 和 Z 轴相当于三个坐标轴，O 相当于坐标原点，则空间一点到三投影面的距离就是该点的三个坐标，分别用小写字母 x、y、z 表示。因此，点的空间位置也可用它的坐标 x、y 和 z 确定，点 A 的空间位

置可以表示为 A（x、y、z）。

点在空间的位置除了图 2-5 所示外，还有以下情况。

（1）点在某一投影面时，它的坐标必有一个为零。点的三面投影必然有两个投影位于投影轴上。

（2）点在某一投影轴上时，它的坐标必有两个为零。点的三面投影必然有一个投影在原点上，而另外两个投影重合于投影轴上。

（3）当空间点位于坐标原点时，它的坐标均为零，三个投影都在原点上。

在投影面上、投影轴上或坐标原点上的点称为特殊位置点。图 2-5 为投影面上的点的坐标，点 a' 在 V 面上，点 a 在 H 面上，点 a'' 在 W 面上。

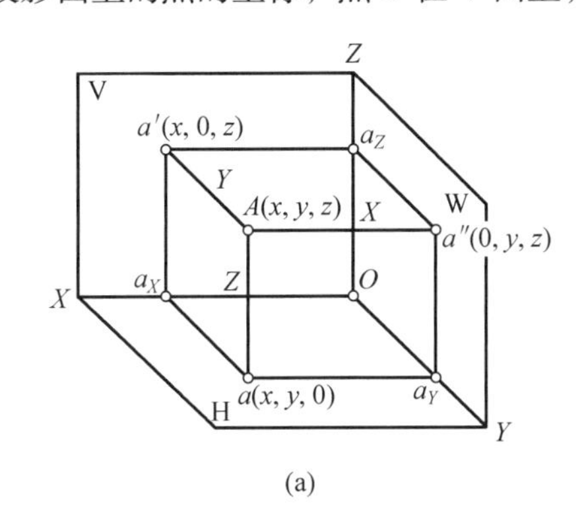

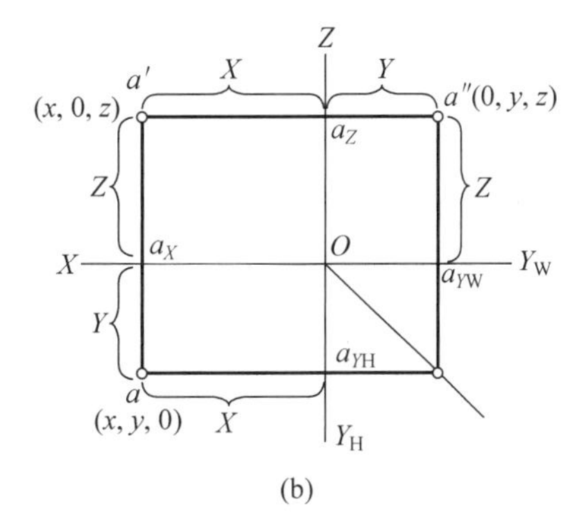

图 2-5　点的空间坐标

2.2.3　两点的相对位置

空间两点的相对位置在它们的三面投影中可以反映出来。V 投影反映出它们的上下左右关系；H 投影反映出它们的左右前后关系，W 投影反映出它们的上下前后关系，如图 2-6 所示。

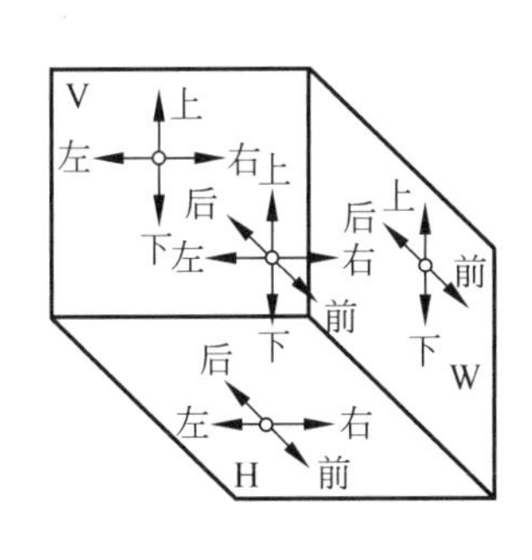

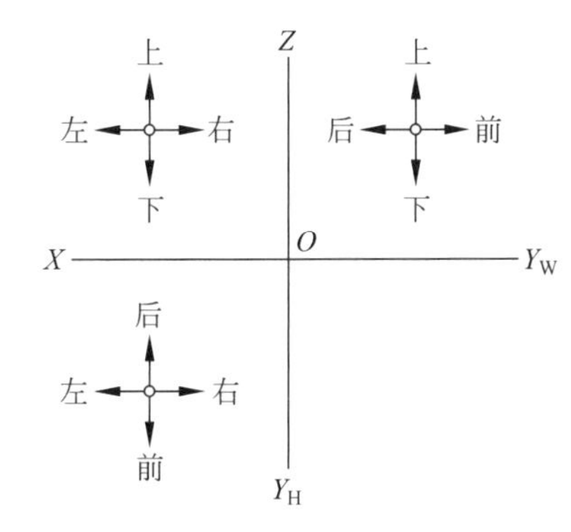

图 2-6　投影图的方位

2.2.4　重影点及其可见性

当空间两点位于垂直于某一投影面的同一投影线上时，这两点在该投影面上的投影重叠，这样的两个空间点叫做对这个投影面的重影点。这时离投影面较远的那个点是可见的，而另一个点则不可见。不可见点的投影采用在投影符号外面加括号的方式来表示。

2.3 直线的投影

直线按与投影面的相对位置可分为三类：一般位置直线（见图 2-7 中 *BC*、*EF* 等）、投影面平行线（见图 2-7 中 *AB* 等）、投影面垂直线（见图 2-7 中 *CD*、*CF*、*CJ* 等）。其中，投影面平行线和投影面垂直线又称为特殊位置直线。

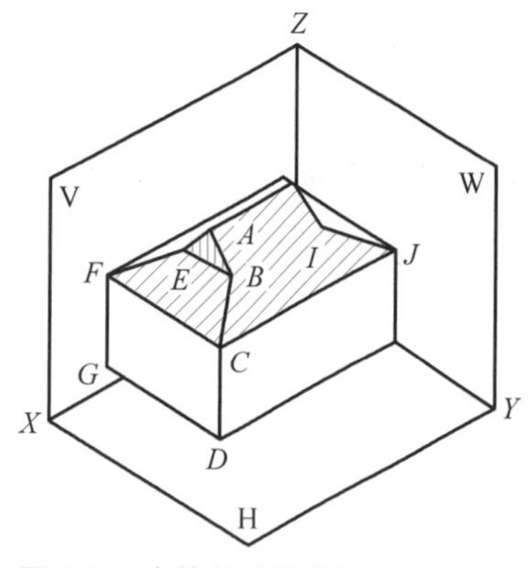

图 2-7 直线的空间位置

2.3.1 投影面平行线

1. 空间位置

投影面平行线平行于一个投影面，但倾斜于其他两个投影面。

投影面平行线可分为以下三种。

正平线：平行于 V 面，倾斜于 H、W 面的直线。

水平线：平行于 H 面，倾斜于 V、W 面的直线。

侧平线：平行于 W 面，倾斜于 H、V 面的直线。

2. 投影特点

投影面平行线在它所平行的投影面上的投影是倾斜的，但反映实长。该投影与投影轴的夹角反映该空间直线与相应的投影面的倾角，其余两个投影平行于相应投影轴，如表 2-1 所示。

表 2-1 投影面平行线的投影特性

名 称	正平线（*CD* // V）	水平线（*AB* // H）	侧平线（*EF* // W）
立体图	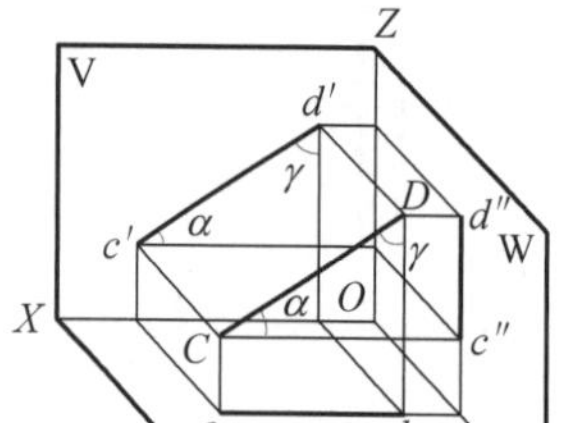	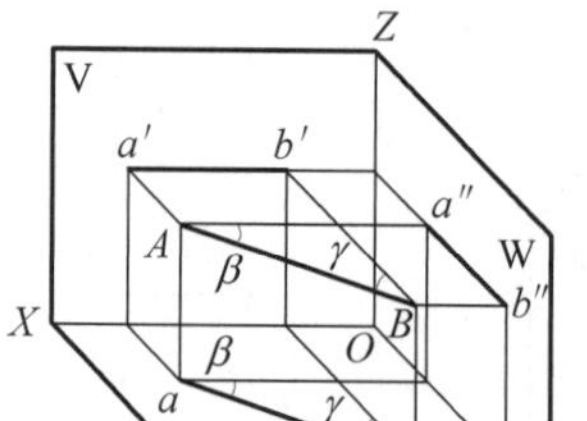	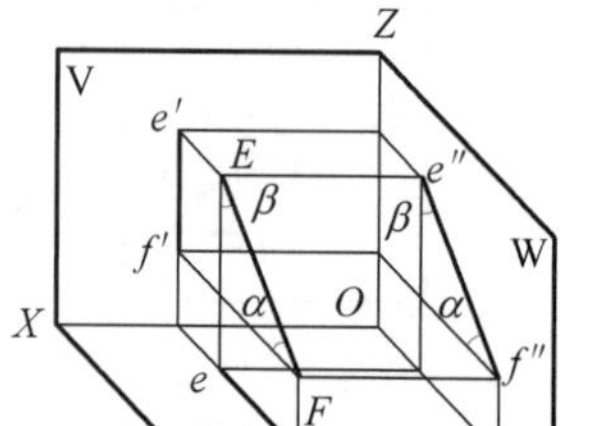
投影图	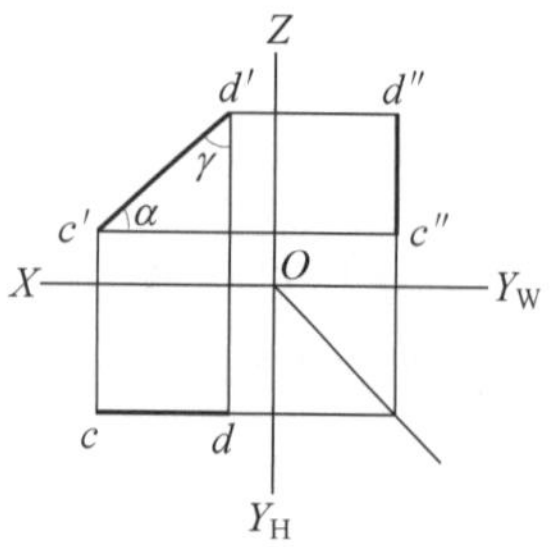	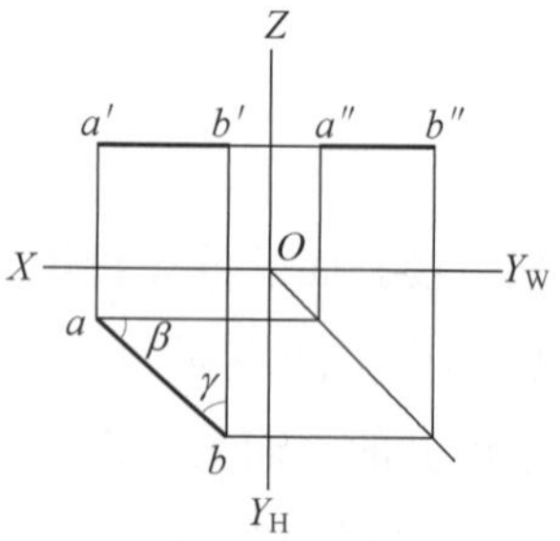	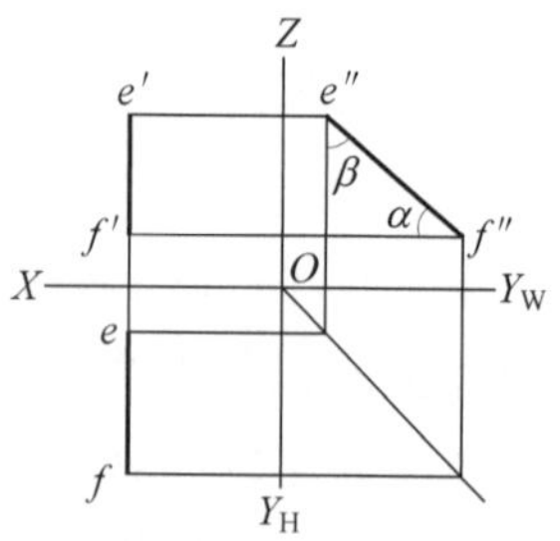

续表

名　称	正平线（CD // V）	水平线（AB // H）	侧平线（EF // W）
在形体投影图中的位置	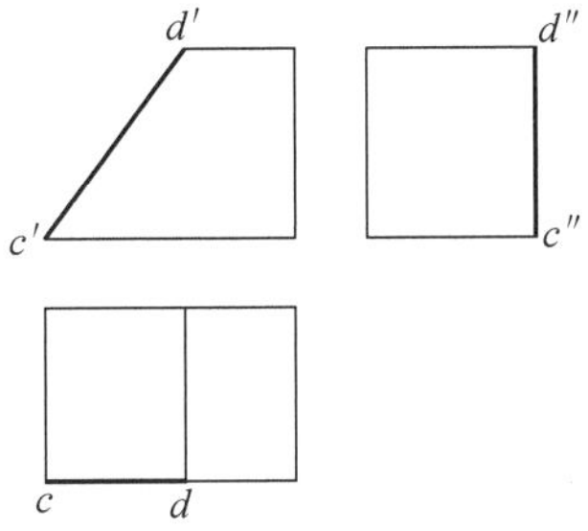	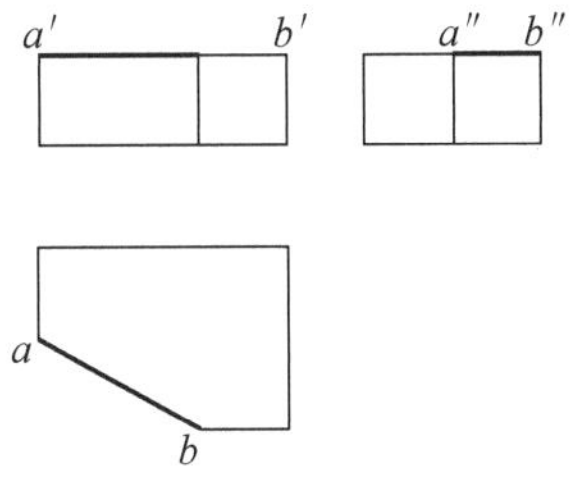	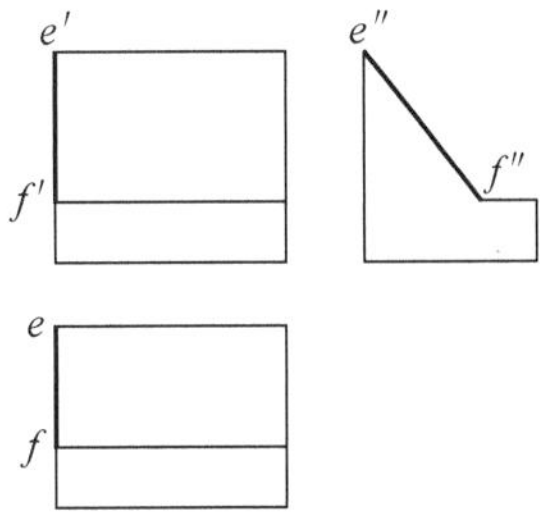
在物体轴测图中的位置	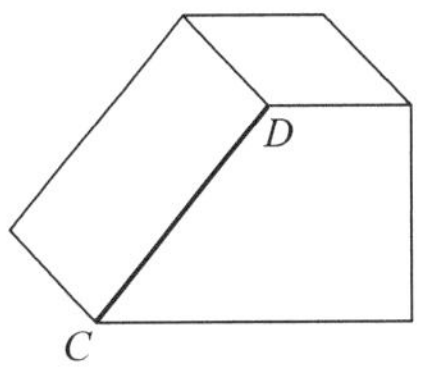	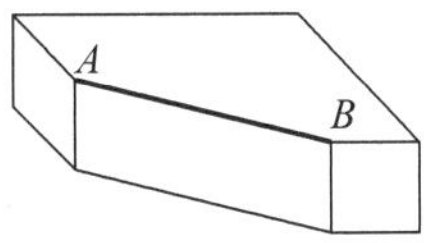	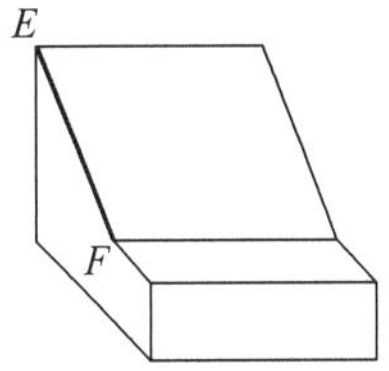
投影特点	① $c'd'$ 与投影轴倾斜，$c'd'=CD$；反映与 H 面、W 面倾角的实形； ② cd // OX、$c''d''$ // OZ	① ab 与投影轴倾斜，$ab=AB$；反映与 V 面、W 面倾角的实形； ② $a'b'$ // OX、$a''b''$ // OY_W	① $e''f''$ 与投影轴倾斜，$e''f''=EF$；反映与 H 面、V 面倾角的实形； ② ef // OY_H、$e'f'$ // OZ

3. 判别

直线如果有一投影平行于相应的投影轴，而有一投影倾斜于投影轴时，它就是一条投影面平行线，且平行于倾斜投影所在的投影面。

2.3.2　投影面垂直线

1. 空间位置

投影面垂直线垂直于某一个投影面，因而平行于另外两个投影面。

投影面垂直线可分为以下三种。

正垂线：垂直于 V 面，平行于 H、W 面的直线。

铅垂线：垂直于 H 面，平行于 V、W 面的直线。

侧垂线：垂直于 W 面，平行于 H、M 面的直线。

2. 投影特点

投影面垂直线在它所垂直的投影面上的投影积聚为一点。由于投影面垂直线与其他两投影面平行，所以其他两个投影平行于相应投影轴，表示投影面垂直线上各点与相应的投影面等距，并反映投影面直线的实长，如表 2-2 所示。

表 2-2　投影面垂直线的投影特性

名　称	正垂线（$CD \perp V$）	铅垂线（$AB \perp H$）	侧垂线（$EF \perp W$）
立体图	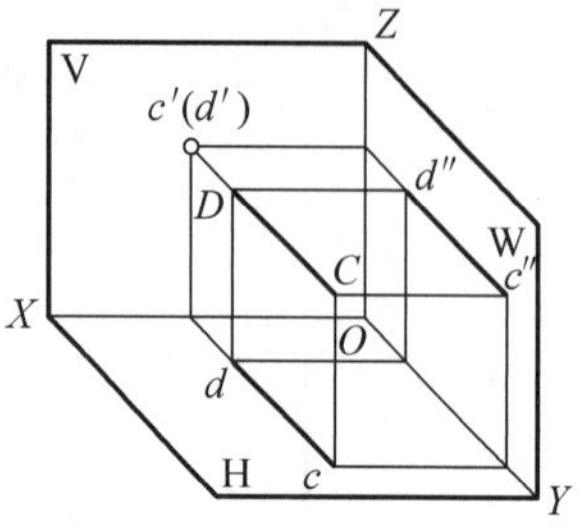 Z V c'(d') d'' D W c'' C X O d H c Y	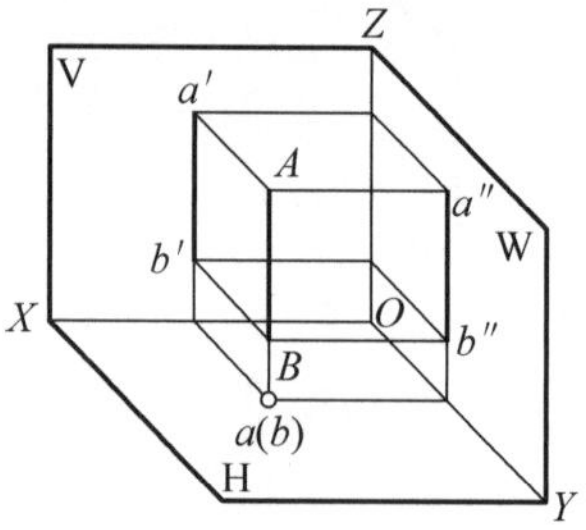 Z V a' A a'' W b' X O b'' B a(b) H Y	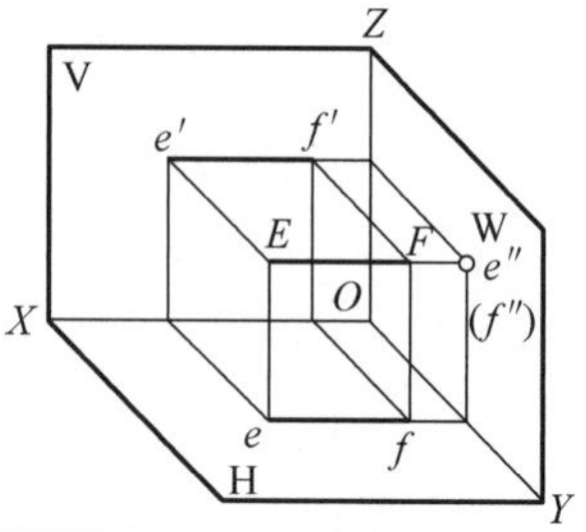 Z V e' f' E F W e''(f'') X O e f H Y
投影图	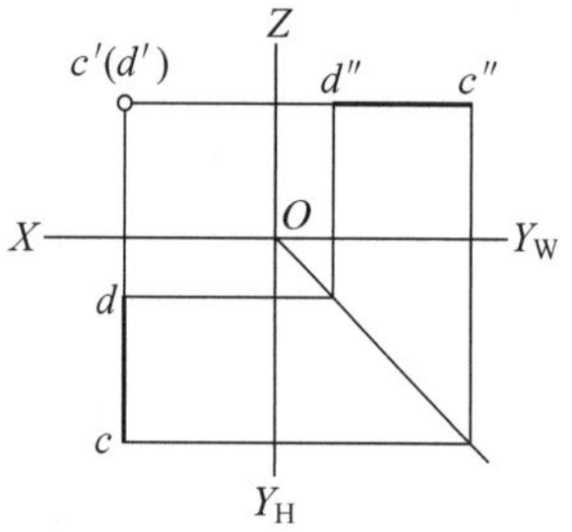 Z c'(d') d'' c'' X O Y_W d c Y_H	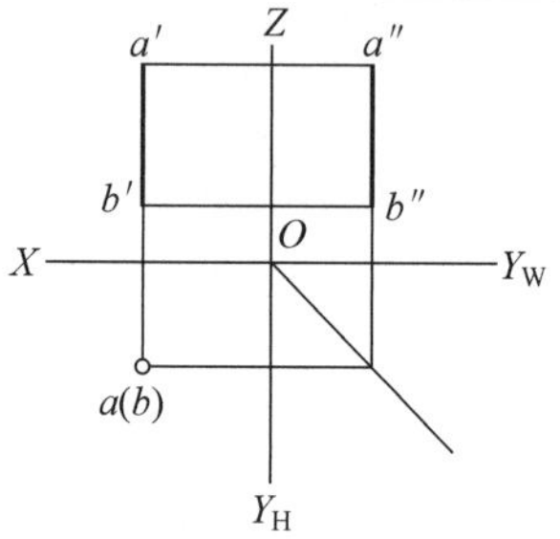 a' Z a'' b' b'' X O Y_W a(b) Y_H	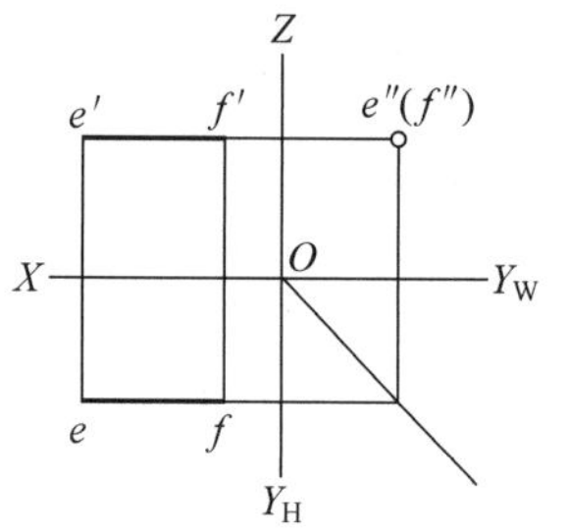 Z e' f' e''(f'') X O Y_W e f Y_H
在形体投影图中的位置	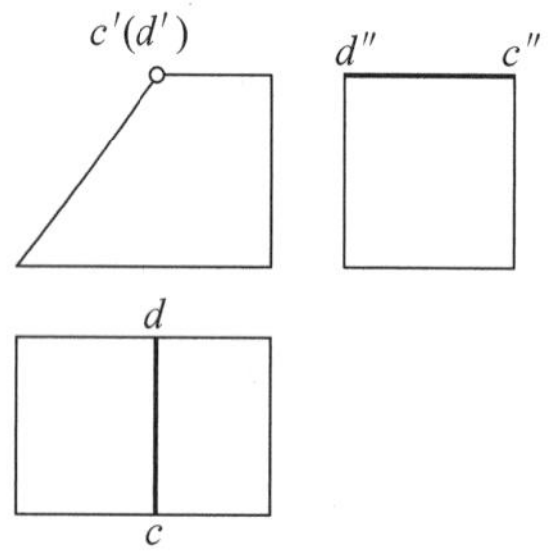 c'(d') d'' c'' d c	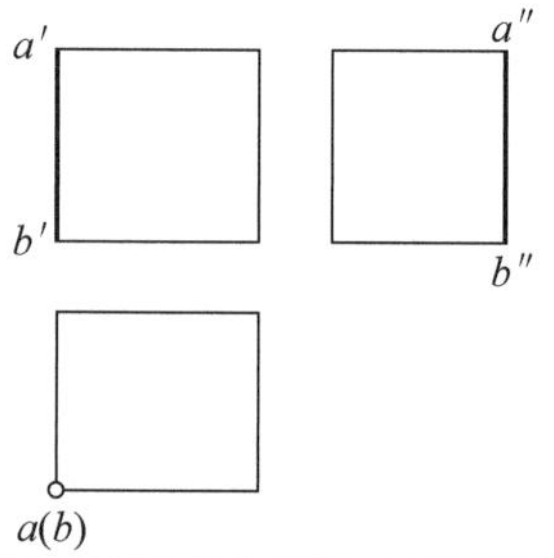 a' a'' b' b'' a(b)	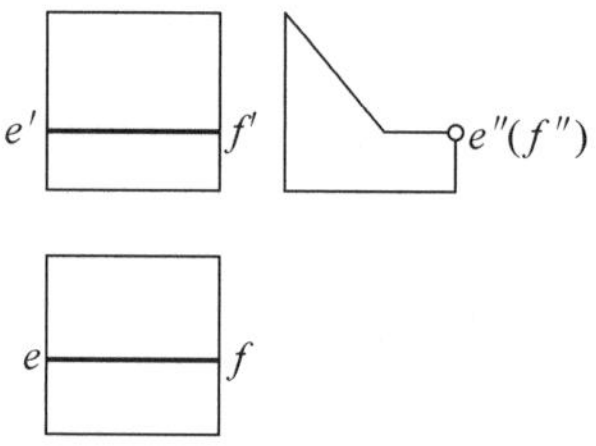 e' f' e''(f'') e f
在物体轴测图中的位置	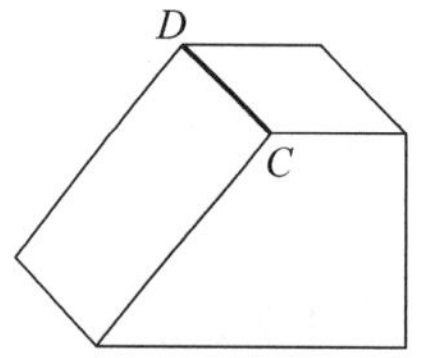 D C	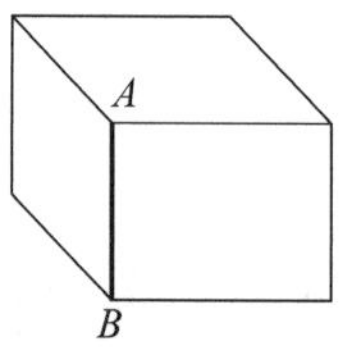 A B	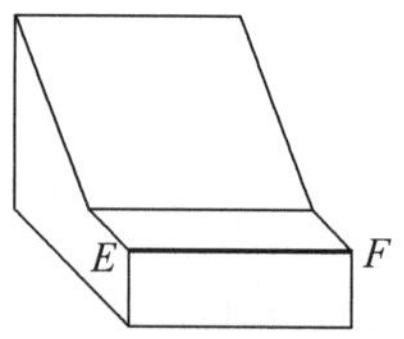 E F
投影特点	① $c'd'$ 积聚为一点； ② $cd \perp OX$、$c''d'' \perp OZ$； ③ $cd = c''d'' = CD$	① ab 积聚为一点； ② $a'b' \perp OX$、$a''b'' \perp OY_W$； ③ $a'b' = a''b'' = AB$	① $e''f''$ 积聚为一点； ② $ef \perp OY_H$、$e'f' \perp OZ$； ③ $ef = e'f' = EF$

3. 判别

直线只要有一投影积聚为点，它就必然是一条投影面垂直线，并垂直于积聚投影所在的平面。

2.3.3　一般位置直线

1. 空间位置

倾斜于所有投影面的直线称为一般位置直线，如图 2-8 中直线 AB。

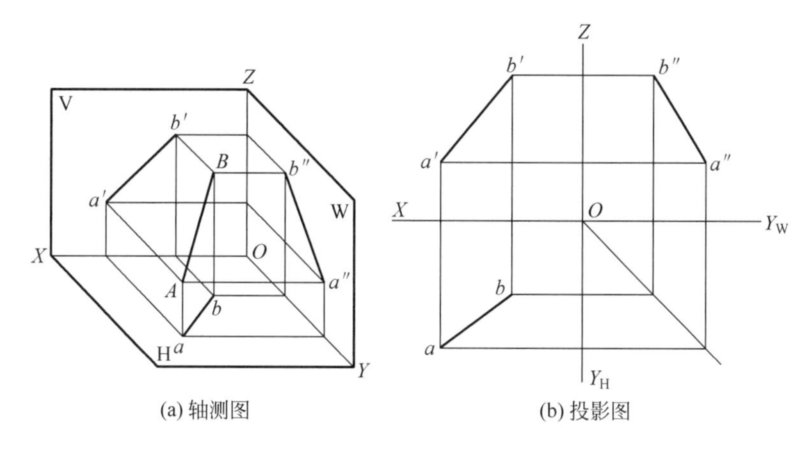

图 2-8　一般位置直线

2. 投影特点

一般位置直线的投影如图 2-8 所示。由于直线 AB 倾斜于 H、V 和 W 面，直线上各点到各投影面的距离都不相等，因此，一般位置直线的三面投影都与投影轴倾斜且不反映实长，其投影与投影轴的夹角也不反映直线对投影面的真实倾角。

3. 判别

直线只要有两个投影是倾斜的，一定是一般位置直线。

2.3.4　直线上的点

直线上的点的投影一定落在该直线的同面投影上；如果直线上一点把直线分成一定比例的两段，则该点投影也分直线同面投影为相同比例的两段，这种关系称为定比关系。如图 2-9 所示，直线 AB 和通过 AB 所作的投影线与其投影 ab 形成一个垂直于 H 面的平面，过直线上的点 C 所作的投影线 Cc 必然在这个平面内，且 $Aa \parallel Cc \parallel Bb$，所以 $AC:CB = ac:cb$。同理，$AC:CB = a'c':c'b'$。

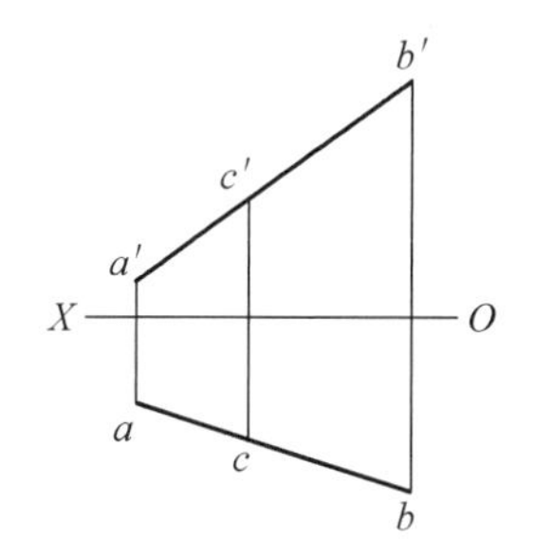

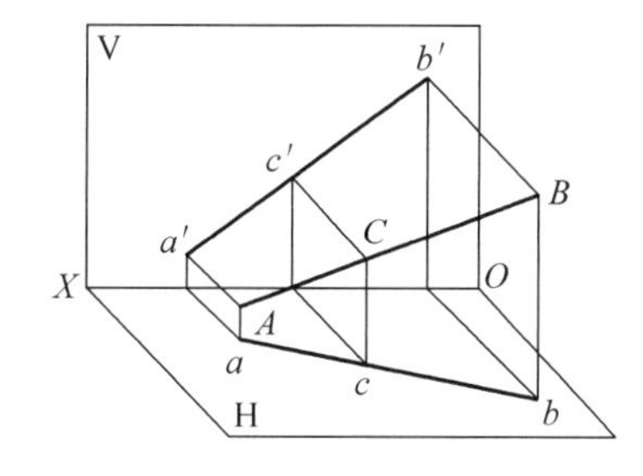

图 2-9　直线上点的投影

根据直线上点的投影特性可在投影图中判断一点是否在直线上，也可由此作出直线上点的未知投影。

2.4 平面的投影

平面是无限的，它的空间位置可用任一平面图形来确定。平面一般是由若干轮廓线围成的，而轮廓线可以由其上的若干点来确定。所以，求作平面的投影实质上就是求作点和线的投影。

在空间的平面，对基本投影面有三种不同的位置，即平行、垂直和一般位置。建筑形体中的平面以投影面平行面和投影面垂直面占多数。

2.4.1 投影面平行面

1. 空间位置

投影面平行面平行于一个投影面，因而垂直于另两个投影面。

投影面平行面可分为三种。

正平面：平行于 V 投影面，垂直于 H、W 投影面的平面。

水平面：平行于 H 投影面，垂直于 V、W 投影面的平面。

侧平面：平行于 W 投影面，垂直于 H、V 投影面的平面。

2. 投影特点

投影面平行面在它所平行的投影面上的投影反映该投影面平行面的实形；在另外两个投影面上的投影积聚为一条直线，且分别平行于相应的投影轴。

3. 判别

一个平面只要有一个投影积聚为一条平行于投影轴的直线，该平面就平行于非积聚投影所在的投影面。非积聚的投影反映该平面的实形。

投影面平行面的投影特点见表 2-3。

表 2-3 投影面平行面的投影特点

名 称	正 平 面	水 平 面	侧 平 面
空间位置	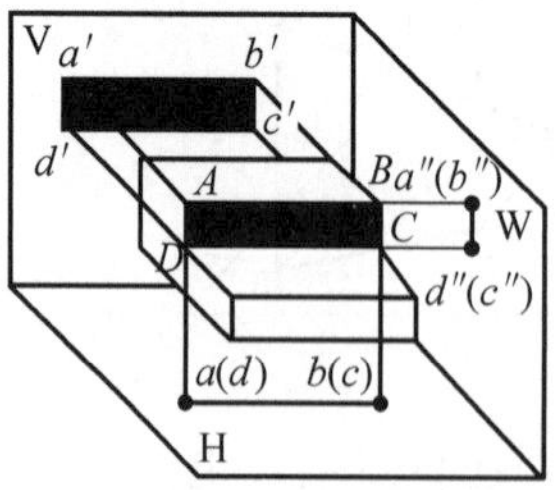 V a′ b′ c′ d′ A B a″(b″) C W D d″(c″) a(d) b(c) H	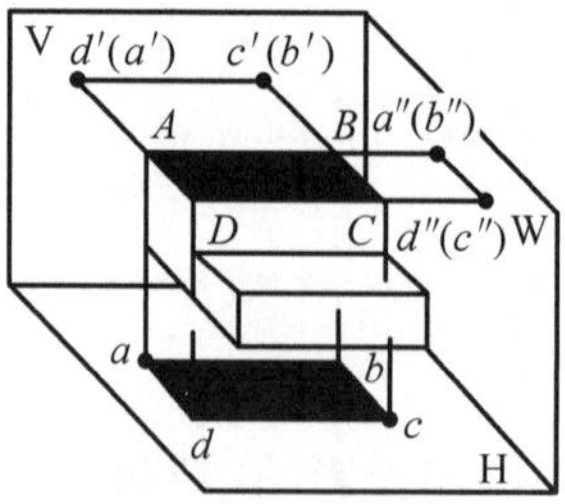 V d′(a′) c′(b′) A B a″(b″) D C d″(c″) W a b d c H	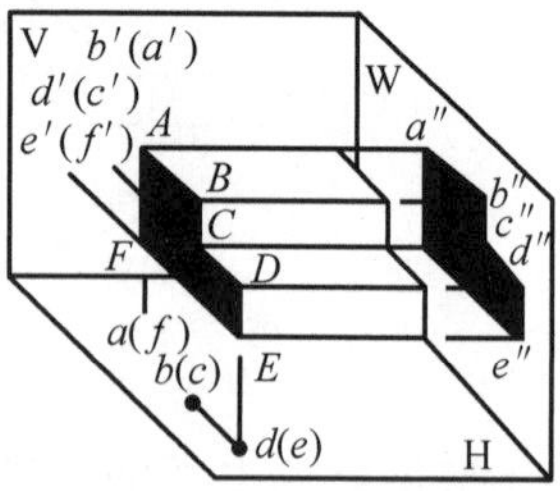 V b′(a′) d′(c′) e′(f′) A W a″ B b″ C c″ d″ F D a(f) b(c) E e″ d(e) H

续表

名　称	正　平　面	水　平　面	侧　平　面
投影图	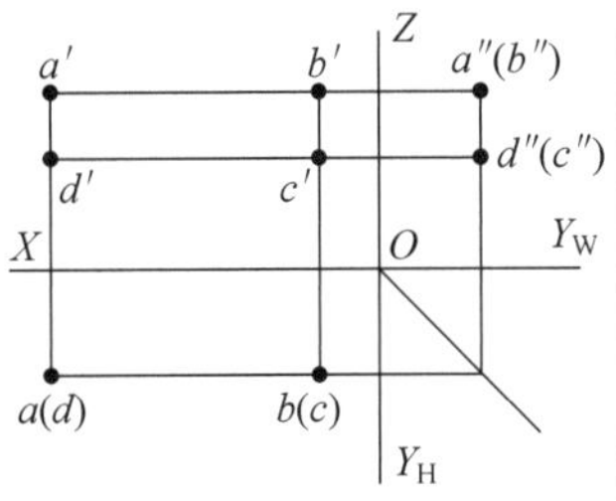	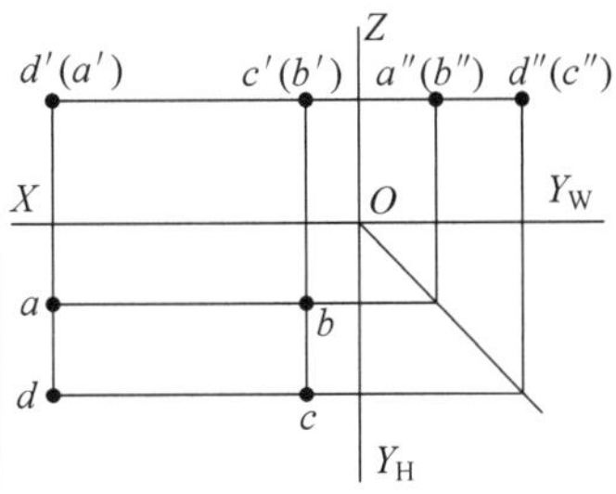	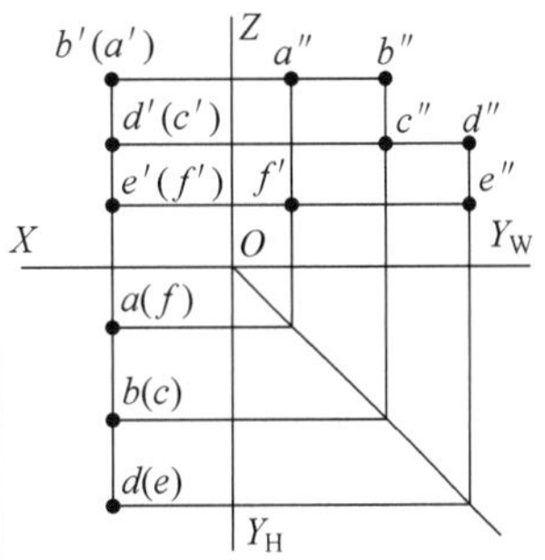
投影特点	① V 投影反映实形； ② H 投影积聚为一水平线，且平行于 OX； ③ W 投影积聚为一竖直线，且平行于 OZ	① H 投影反映实形； ② V 投影积聚为一水平线，且平行于 OX； ③ W 投影积聚为一水平线，且平行于 OY_W	① W 投影反映实形； ② V 投影积聚为一竖直线，且平行于 OZ； ③ H 投影积聚为一竖直线，且平行于 OY_H

2.4.2　一般位置平面

1. 空间位置

一般位置平面对各个投影面既不平行，也不垂直，对三个投影面都倾斜，简称一般面，如图 2-10 所示。

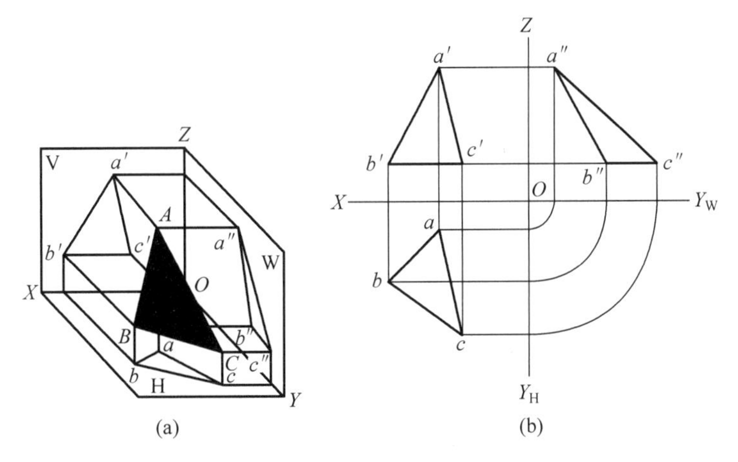

图 2-10　一般面投影的特点

2.　投影特点

一般面的三个投影都没有积聚性，也不反映平面实形，投影比它本身的实形小。

3. 判别

三个投影都是平面图形的平面必然是一般面。

2.4.3 平面上的点和直线

1. 平面上点和直线的几何条件

平面上点的几何条件：在多边形平面中，多边形的顶点和多边形线上的点必是平面上的点；若一点在平面内的一直线上，则该点必在该平面上。

平面上直线的几何条件：若一直线上有两点在平面上，则该直线必在平面上；若一直线上有一点在一平面上，且平行于平面上任一直线，则该直线也必在平面上。

2. 平面上点和直线的判别和作图

在投影图中作平面上的点、直线，以及判别点、直线是否在平面上的作图方法都是以上述几何条件为依据的。

2.5 基本形体的投影

2.5.1 棱柱体的投影

图 2-11 是一个直立的三棱柱，有一对互相平行且相等的底面，其余三个棱面的三根交线互相平行且相等。为了使投影图简单，应该在摆放时将主要的棱线和棱面放在平行或垂直于投影面的位置。图中三棱柱两底面平行于 H 面，后棱面平行于 V 面，左右二棱面垂直于 H 面。

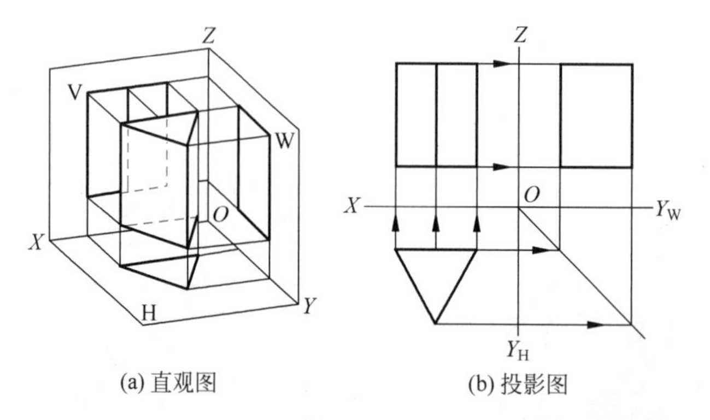

图 2-11 三棱柱的投影

棱柱体的投影就是画出围成棱柱的两底面和各棱面的投影。

三棱柱的 H 投影为三角形，是上、下底面投影的重合，且反映实形；三角形的三条边即为三个棱面的积聚投影；三角形的三个顶点即为三条棱线的积聚投影。

三棱柱的 V 投影为左右两个棱面与后棱面的重合投影，其图形为两个矩形合成的大矩形；大矩形的上、下边分别是三棱柱上、下底面的积聚投影；三条竖线为三条棱线的投影，且反映实长。

三棱柱的 W 投影是一个矩形。矩形的上、下边是三棱柱上、下底面的积聚投影；其左边铅垂线为后棱面的积聚投影，右边铅垂线为前棱线的投影。

由图 2-11 可知，在形体的三面投影中，正面投影反映了物体的长度和高度；水平投影反映了物体的长度和宽度；侧面投影反映了物体的宽度和高度。三面投影的投影规律可归纳为：

正面投影、水平投影长对正
正面投影、侧面投影高平齐
水平投影、侧面投影宽相等

上述投影规律简记为长对正、高平齐、宽相等，或称“三等”关系。同时，三面投影图还反映了物体上、下、左、右、前、后六个方位。

正面投影反映了物体上、下、左、右的方位
水平投影反映了物体前、后、左、右的方位
侧面投影反映了物体上、下、前、后的方位

具体作图步骤如下［见图 2-11（b）］：

（1）画投影轴；

（2）画上、下底面的 H 投影；

（3）画左、右棱面与后棱面相重合的 V 投影；

（4）根据“三等”关系画左、右棱面相重合的 W 投影。

2.5.2 棱锥体的投影

图 2-12（a）是一个三棱锥，其底面为等边三角形，三个棱面为相等的三个等腰三角形，三条棱线交于一个顶点，且三条棱线长度相等。为使作图简单易读，在摆放时将底面与 H 面平行，后棱面垂直于 W 面，左、右棱面既不平行也不垂直于任何一个投影面，为一般位置平面。

三棱锥的投影就是画出围成棱锥的底面和各棱面的投影。

三棱锥的 H 投影是三个棱面与底面投影的重合，三个棱面为可见，底面为不可见。

三棱锥的 V 投影是左、右棱面与后棱面投影的重合，左、右棱面为可见，后棱面为不可见。

作图步骤如下［见图 2-12（b）］：

（1）画投影轴；

（2）画三个棱面与底面相重合的 H 投影；

（3）画左、右棱面与后棱面相重合的 V 投影；

（4）根据“三等”关系画左、右棱面相重合的 W 投影。

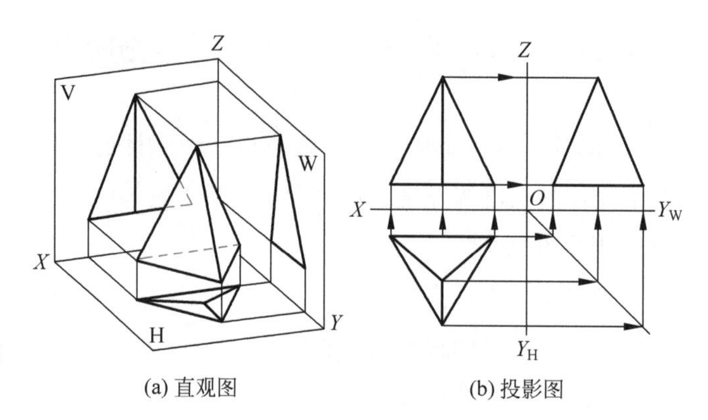

(a) 直观图 (b) 投影图

图 2-12 三棱锥的投影

2.5.3 圆柱体的投影

1. 圆柱体的形成

圆柱体由圆柱面和上下两底圆围成，圆柱面可以看成一直线绕与之平行的另一直线（轴线）旋转而成。原始直线称为母线，直线旋转到任意位置时称为素线，两底圆可以看成是母线的两端点向轴线作垂线并绕其旋转而成，如图 2-13（a）所示。

2. 圆柱体的投影

圆柱体的投影包括画出上下底面和圆柱面的投影，如图 2-13（b）和（c）所示。当选定旋转轴垂直于 H 面时，上下底面平行于 H 面，圆柱面垂直于 H 面。

圆柱体的 H 投影是一个圆，该圆是上下底面的重影，上底为可见，下底为不可见；其圆周是圆柱面的积聚投影。由此可知，在圆柱面上的点、线的 H 投影必然积聚在这个圆周上。

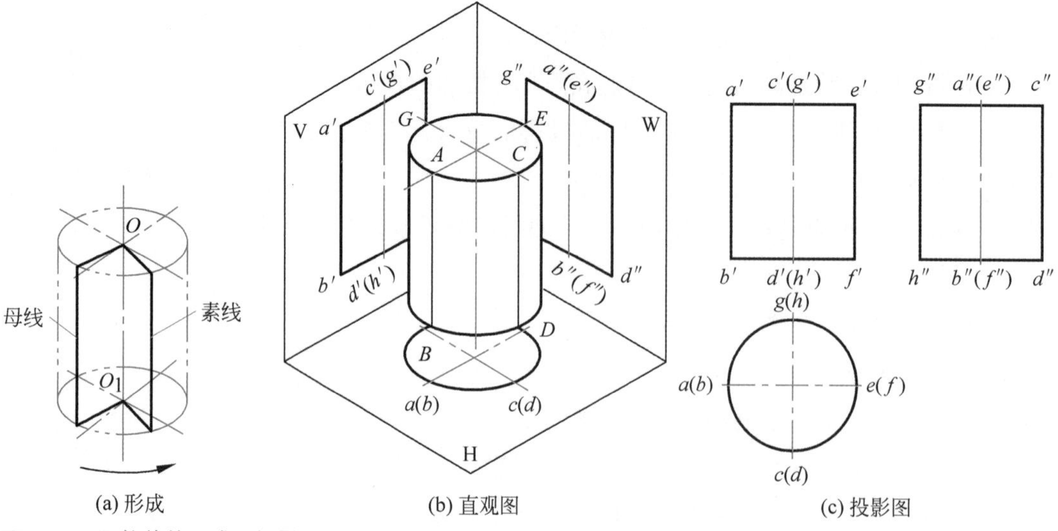

(a) 形成 (b) 直观图 (c) 投影图

图 2-13 圆柱体的形成及投影

圆柱体的 V 投影是矩形，矩形的左、右两边分别是圆柱面上最左、最右两条素线的 V 投影，最左、最右两条素线又称为圆柱面的正面转向轮廓线；矩形上、下两条水平线分别是上、下底圆的积聚投影。

圆柱体的 W 投影也是矩形，矩形的左、右两边分别是圆柱面上最后、最前两条素线的 W 投影，最后、最前两条素线又称为圆柱面的侧面转向轮廓线；矩形上、下两条水平线也是上、下底圆的积聚投影。

圆柱面的投影还存在可见性问题，它的 V 投影是前半圆柱面和后半圆柱面投影的重合，前半圆柱面为可见，后半圆柱面为不可见；它的 W 投影是左半圆柱面和右半圆柱面投影的重合，左半圆柱面为可见，右半圆柱面为不可见。

3. 圆柱面上点的投影

可充分利用圆柱面对投影面的积聚性作圆柱面上点的投影。

2.5.4　圆锥体的投影

1. 圆锥体的形成

圆锥体由圆锥面和底面围成。圆锥体的形成可以看成是直角三角形 *SAO* 绕其一直角边 *SO* 旋转而成。原始的斜边 *SA* 称为母线，母线旋转到任意位置时称为素线，如图 2-14（a）所示。

2. 圆锥体的投影

圆锥体的投影就是圆锥面和底圆的投影，如图 2-14（b）和（c）所示。当选定旋转轴垂直于 H 面时，底圆平行于 H 面，圆锥体的 H 投影是个圆，

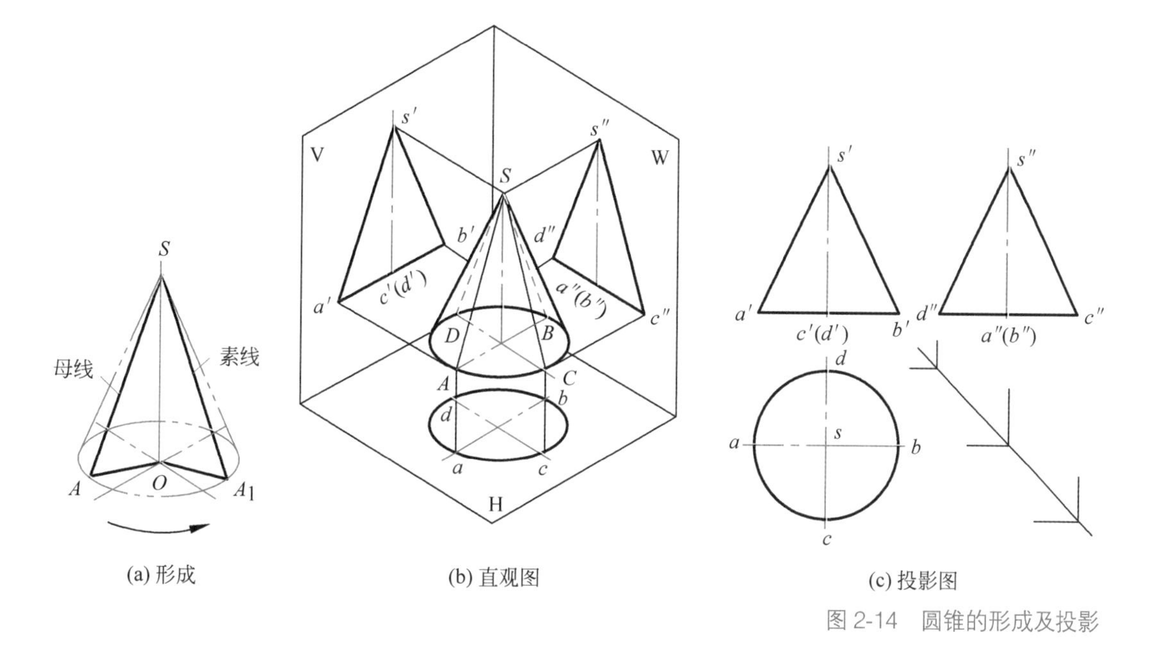

(a) 形成　(b) 直观图　(c) 投影图

图 2-14　圆锥的形成及投影

它是圆锥面与底圆投影的重合，圆锥面为可见，底圆为不可见。

圆锥体的 V、W 投影均为等腰三角形，两个等腰三角形的底边是底圆的积聚投影，V 投影的三角形的两腰分别是圆锥面上最左、最右素线的投影，以最左、最右素线为分界线，前半个锥面为可见，后半个锥面为不可见；W 投影的三角形的两腰分别是圆锥面上最后、最前素线的投影，以最后、最前素线为分界线，左半个锥面为可见，右半个锥面为不可见。

2.5.5 球体的投影

1. 球体的形成

圆面绕其轴旋转形成球体。圆周绕其直径旋转形成球面。球体由球面围成，如图 2-15（a）所示。

2. 球体的投影

用平面切割球体，球面与该平面的交线是圆，如果该平面通过球心，则球面与该平面的交线是最大的圆，该圆的直径就是球体的直径。因此球体的三个投影就是通过球心且分别平行于三个投影面的圆的投影，如图 2-15（b）和（c）所示。

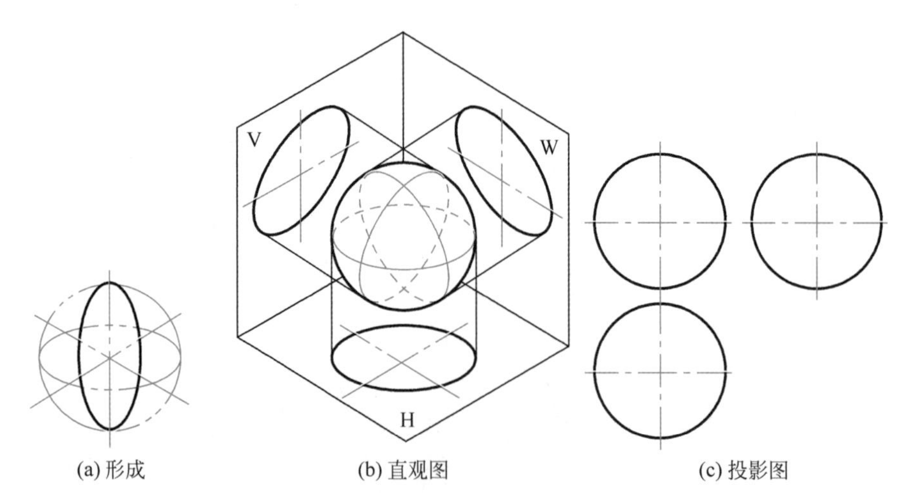

图 2-15 球体的形成及投影

球体的 H 投影是球面上最大的纬圆（即上、下半球的分界线）的投影；球体的 V 投影是球面上最左、最右素线（即前、后半球的分界线）的投影；球体的 W 投影是球面上最前、最后素线（即左、右半球的分界线）的投影。

2.6 组合体的投影

2.6.1 组合体的组合方式

由基本几何体（如圆柱、圆锥、圆球、棱柱、棱锥、棱台等，简称基本体）组合而成的形体称为组合体。常见的组合体归纳为以下三类。

1. 叠加型组合体

叠加型组合体是由两个或两个以上的基本体叠加而成。如图 2-16（a）所示，该组合体是由一个圆柱体、一个四棱锥台和一个长方体叠加而成。

2. 切割型组合体

切割型组合体是由基本体切去一部分而成。如图 2-16（b）所示，该组合体是一个长方体，其左、右边各切去一个三棱柱，顶面中部又切去一个长方体。

3. 综合型组合体

综合型组合体是既有叠加又有切割的组合体。如图 2-16（c）所示，该组合体是长方体上部叠加一个半圆柱体，长方体两端各切去一个四棱柱体，中部又切去一个圆柱体。

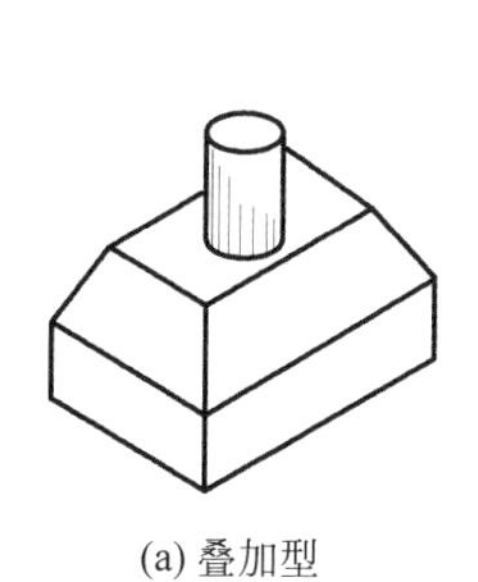
(a) 叠加型

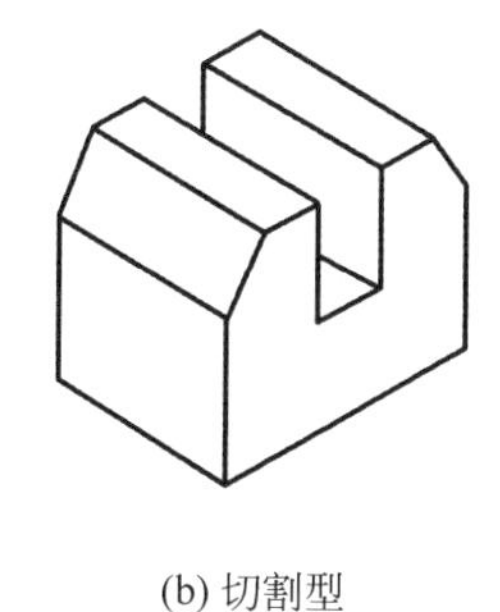
(b) 切割型

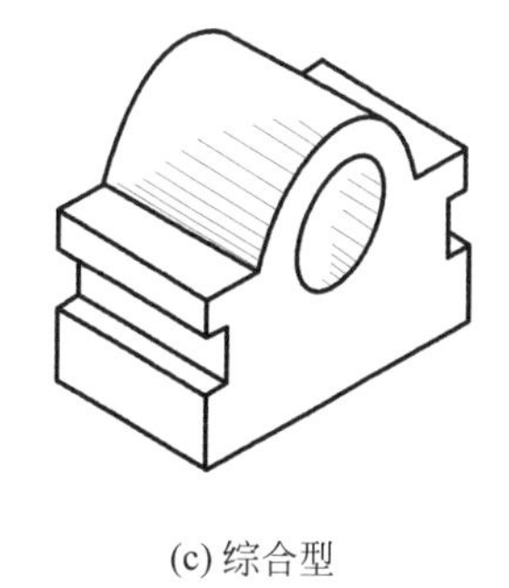
(c) 综合型

图 2-16　组合体的组合方式

2.6.2　组合体三视图的画法

画组合体的三视图时，可将其分解为若干基本体后分别画出三视图，再进行组合。画出的三视图必须符合三等关系和方位关系。

画三视图的一般步骤如下。

步骤 1　形体分析。弄清组合体的类型、各部分的相对位置、是否有对称性等。

步骤 2　选择视图。首先要确立安放位置，定出主视方向，将形体的主要面垂直或平行于投影面，使得到的视图既清晰又简单，且实形性好，同时注意使最能反映形体特征的面置于前方且图虚线最少。

步骤 3　画视图。根据选定的比例和图幅布置视图位置，使四边空档留足。画图时先画底图，经检查修改后再加深，不可见棱线画成虚线。

步骤 4　标注尺寸。

2.7 剖面图与断面图

运用形体基本视图可以把物体的外部形状和大小表达清楚，物体内部的不可见部分在视图中用虚线表示。如果物体内部的形状比较复杂，在视图中就会出现较多的虚线，甚至虚实线相互重叠或交叉，致使视图很不明确，较难辨认，也不便于标注尺寸。因此，在工程制图中通常采用剖面图和断面图来解决这一问题。

2.7.1 剖面图

1. 剖面图的形成与类型

假想用一个剖切平面将形体切开，移去剖切面与观者之间的部分形体，将剩下的部分形体向基本投影面投射，所得到的投影图称为剖面图，如图 2-17 所示。形体被切开移去部分后，其内部结构就显露出来，于是在视图中表示内部结构的虚线在剖面图中变成可见的实线。

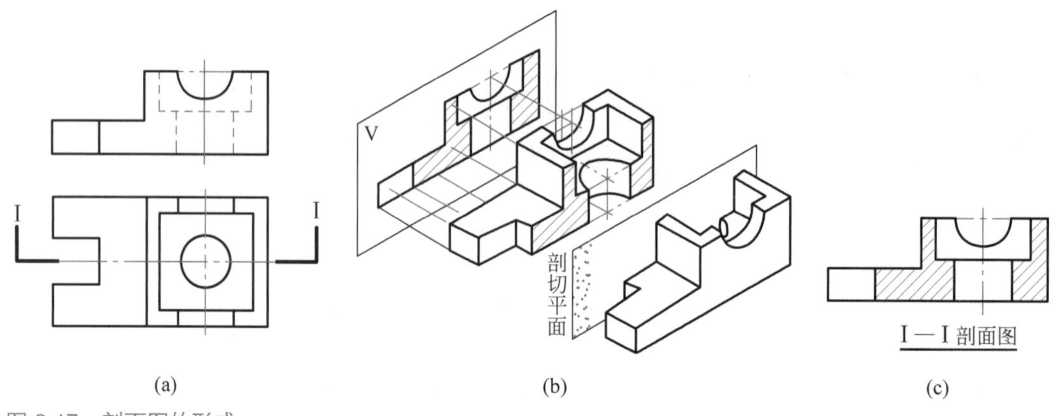

图 2-17 剖面图的形成

按剖切范围的大小和剖切方式，剖面图分为全剖面图、半剖面图、阶梯剖面图、局部剖面图、分层剖面图。

（1）全剖面图。剖切面完全剖开形体所得到的剖面图称为全剖面图，如图 2-17（c）所示。

（2）半剖面图。当形体的外部和内部均需表达且具有对称面时，在垂直于对称平面的投影面上投影所得的图形，以对称中心线为界，一半画成剖面，另一半画成视图，这种图形称为半剖面图，如图 2-18 所示。

（3）阶梯剖面图。若形体上有较多的孔、槽等，当用一个剖切平面不能都剖到时，则可以假想用几个互相平行的剖切平面通过孔、槽的轴线把形体剖开，所得到的剖面图称为阶梯剖面图，如图 2-19 所示。

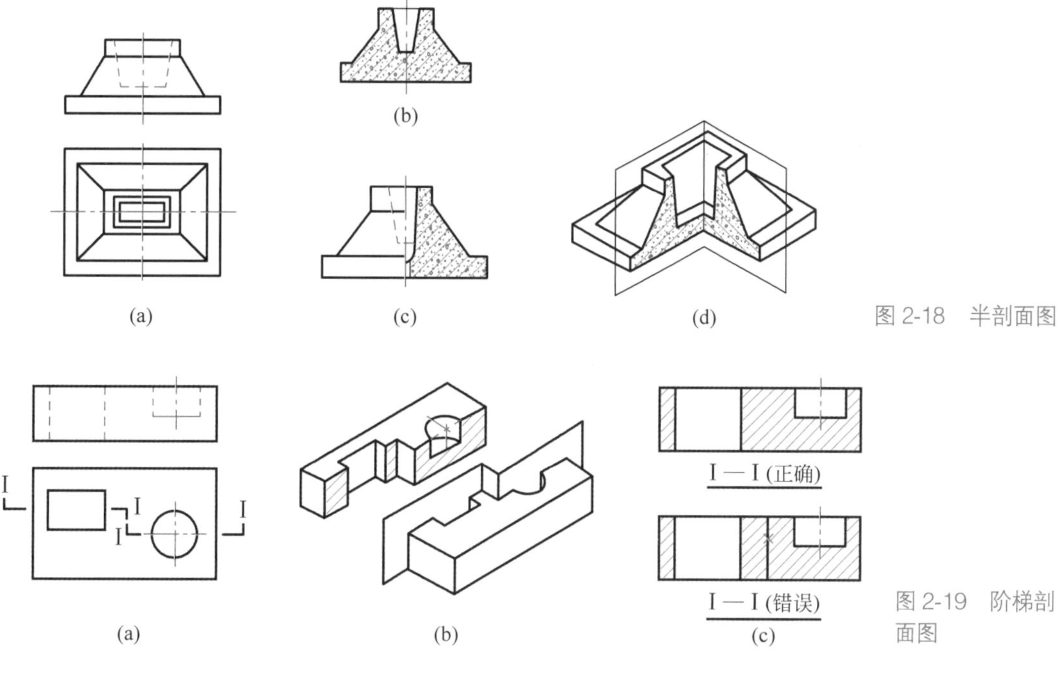

(a) (b) (c) (d)

图 2-18 半剖面图

(a) (b) (c)

图 2-19 阶梯剖面图

(4) 局部剖面图。当形体仅需一部分采用剖面图就可以表示内部构造时，可采用仅将该部分剖开形成局部剖面的形式，称为局部剖面图，如图 2-20 所示。

(5) 分层剖面图。为了表示建筑物局部的构造层次，并保留其部分外形，可局部分层剖切，由此得到的图形称为分层剖面图，如图 2-21 所示。

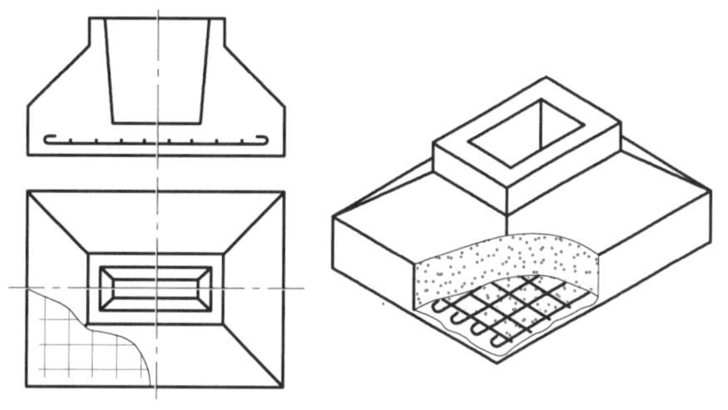

图 2-20 局部剖面图

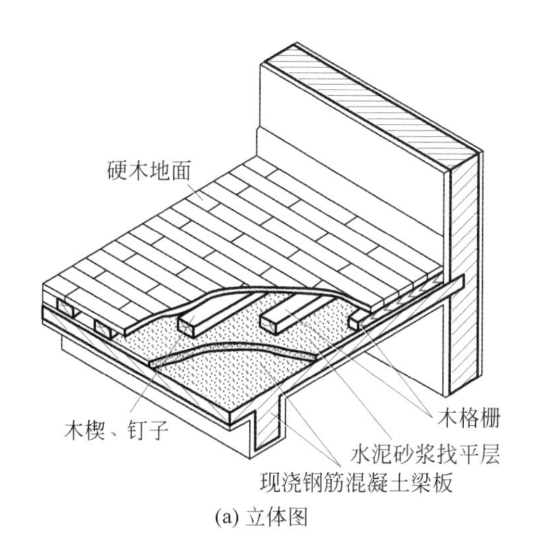

(a) 立体图

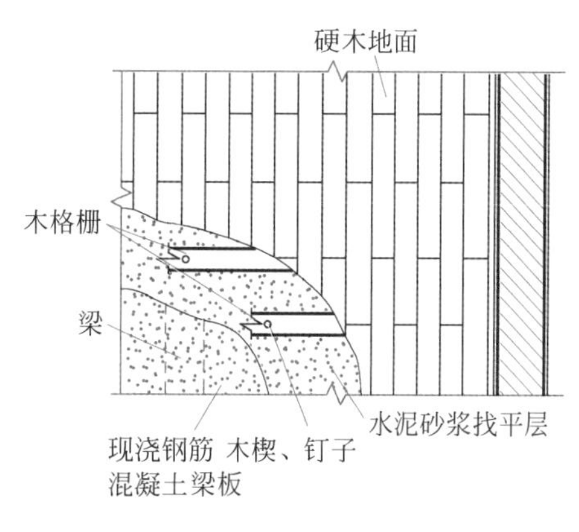

(b) 平面图

图 2-21 分层剖面图

2. 剖面图的画法

画剖面图首先要确定剖切位置。剖切位置要适当，剖切面应尽量通过形体内的孔、洞、槽的对称轴线或对称平面，并平行于选定的投影面，以使截面的投影反映实形。

剖切位置线用粗实线绘制且不得与图中其他图线相交，长度为6~10mm；剖视方向线用粗实线垂直画在剖切位置线的两端，长度为4~6mm，剖视方向线的指向即为投射方向。剖面图编号用数字注写在剖视方向线的端部。剖面图名称用与剖切符号相同的编号命名，并注写在剖面图的下方，如图2-17（c）中的Ⅰ—Ⅰ剖面图。

物体被剖切后所形成的断面轮廓线用粗实线画出，物体上未被剖切到但可看见的部分的投影轮廓线用细实线画出，看不见的虚线一般省略不画。为使物体被剖到部分与未剖到部分区别开来，使图形清晰可辨，应在断面轮廓范围内画上表示其材料种类的图例。如未注明形体材料时，用间距相等的45°细斜线表示。

画半剖面图时，半剖面图和半外形图应以对称面或对称线为界。半剖面图一般应画在水平对称轴线的下侧或竖直对称轴线的右侧，且不画剖切符号和编号，分界线用细点画线画出。

画阶梯剖面图时，其剖切位置线的转折处用两段端部垂直相交的粗实线表示，如图2-19（a）所示。需要注意的是，由于剖切平面是假想的，所以剖切平面转折处由于剖切而使形体产生的轮廓线不应在剖面图中画出，这种转折一般以一次为限，如图2-19（c）所示。

画局部剖面图时，投影图与局部剖面之间应用细波浪线分开；波浪线不能与视图中的轮廓线重合，也不能超出图形轮廓线；局部剖面图的范围通常不超过该投影图形的1/2；不标注剖切符号和编号，图名沿用原投影图的名称。

2.7.2 断面图

1. 断面图的形成和分类

当剖切平面剖开物体后，其剖切平面与物体的截交线所围成的截断面就是断面。如果只画出该断面的实形投影，则称为断面图，如图2-22所示。

根据安放位置不同，断面图可分为移出断面图、中断断面图、重合断面图。

（1）移出断面图。画在视图外的断面图称为移出断面图，如图2-22（b）

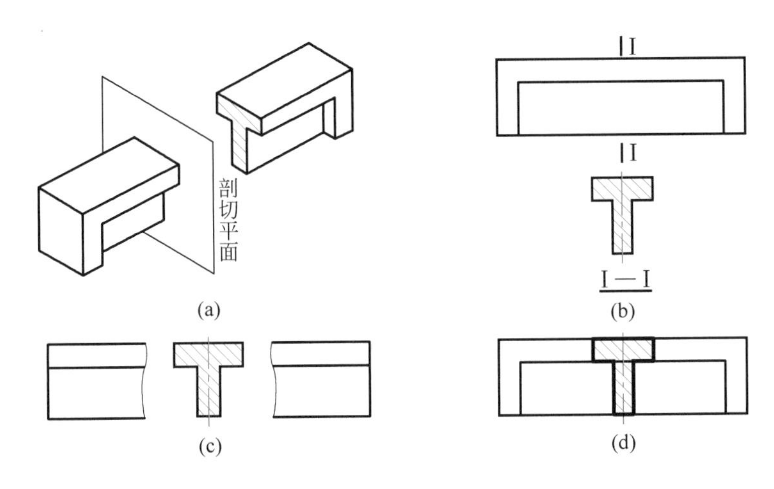

图 2-22 断面图

所示。

（2）中断断面图。对于一些较长且均匀变化的单一构件，可以在构件投影图的某一处用折断线断开，然后将断面图画在中间，且不画剖切符号，如图 2-22（c）所示。

（3）重合断面图。画在视图以内的断面图称为重合断面图，如图 2-22（d）所示。

2. 断面图的画法

断面图和剖面图都是用来表示形体的内部形状的。剖面图表示形体剖切后剩余部分的投影，而断面图只表示形体剖切后的断面形状，如图 2-23 所示。因此，断面图的画法与剖面图基本相同，但断面图只画出形体剖切后的断面形状。

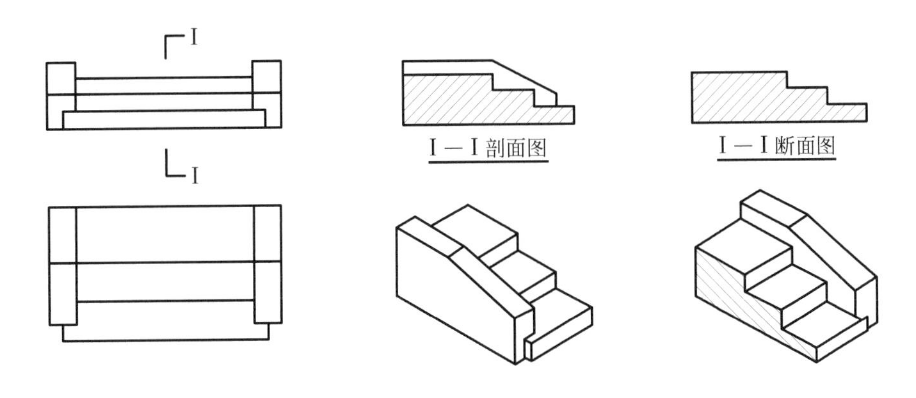

图 2-23 剖面图与断面图的比较

画移出断面图时，移出断面图的外形轮廓线用粗实线绘制，如图 2-22（b）所示。当形体需要作出多个断面图时，可将各个断面整齐地排列在视图的周围。

画中断断面图时，在构件投影图的某一处用折断线断开，然后将断面图画在中间，且不画剖切符号，如图 2-22（c）所示。

画重合断面图时，将断面图画在视图以内，其比例与基本投影图相同，且可省去剖切位置线和编号。为了使断面轮廓线区别于投影轮廓线，断面轮廓线应以粗实线绘制，而投影轮廓线则以中粗实线绘制，如图 2-22（d）所示。

本章小结

1. 点的正投影仍然是点。

2. 当直线平行于投影面时，其投影仍为直线，且其投影长度等于实长；当直线垂直于投影面时，其投影积聚为一点，并产生重影点；当直线倾斜于投影面时，其投影仍为直线，且其投影长度小于实长。

在直线上的点，其投影仍在直线的投影上。一点将直线分为两段，其投影也将直线的投影分为两段，且其两段投影之比等于空间两线段之比。

3. 当平面平行于投影面时，其投影仍为一平面且反映实形；当平面垂直于投影面时，其投影积聚为一条直线；当平面倾斜于投影面时，其投影仍为一个平面，不反映其实形，但反映其基本几何形状。

4. 形体三面投影的投影规律可归纳为长对正、高平齐、宽相等，即“三等”关系。同时，正面投影反映了物体上、下、左、右的方位；水平投影反映了物体前、后、左、右的方位；侧面投影反映了物体上、下、前、后的方位。

5. 剖面图和断面图都是用来表示形体的内部形状的。剖面图表示形体剖切后剩余部分的投影，而断面图只表示形体剖切后的断面形状。按剖切范围的大小和剖切方式，剖面图可分为全剖面图、半剖面图、阶梯剖面图、局部剖面图、分层剖面图。根据安放位置不同，断面图可分为移出断面图、中断断面图、重合断面图。

课后习题

1. 下列投影是平行投影的是（　　）。

A. 路灯下一个变长的身影　　B. 照相机拍摄的照片

C. 俯视图　　D. 电影院幕布上投射的图像

2. 已知点 *A*、*B*、*C*、*D* 的三面投影（见图 2-24），试判断它们的相对位置，并判断各重影点的可见性。

A 点在 *B* 点的（　　）方

B 点在 *D* 点的（　　）方

D 点在 *C* 点的（　　）方

3. 已知直线 *AB*、*CD*、*EF* 的两面投影，补绘第三面投影（见图 2-25）。

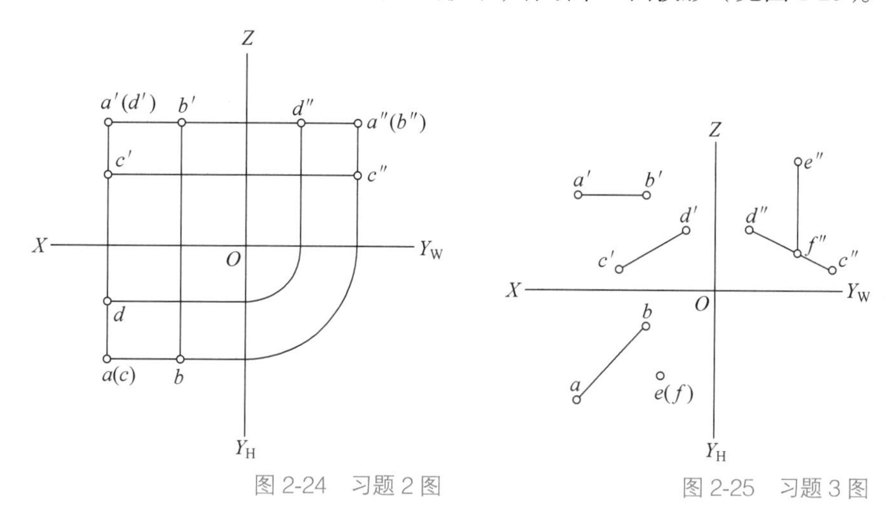

图 2-24　习题 2 图　　　图 2-25　习题 3 图

4. 直线 *AB* 平行于水平面，已知其水平投影 *ab* 及点 *A* 的正面投影 *a′*，求正面投影（见图 2-26）。

5. 已知 *D* 是平面 *ABC* 内的一点，补绘其 V 面投影，并判断点 *E*、*F* 是否在平面内（见图 2-27）。

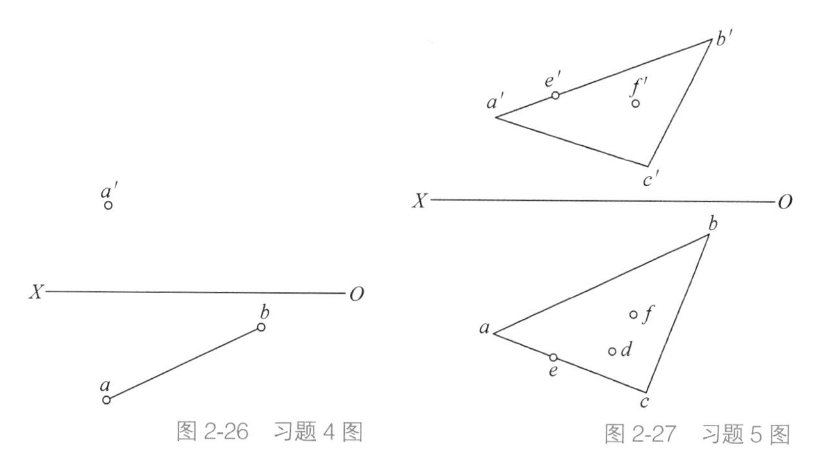

图 2-26　习题 4 图　　　图 2-27　习题 5 图

6. 根据形体的正面投影和侧面投影，补绘水平投影（见图 2-28）。

7. 根据形体的正面投影和水平投影，补绘侧面投影（见图 2-29）。

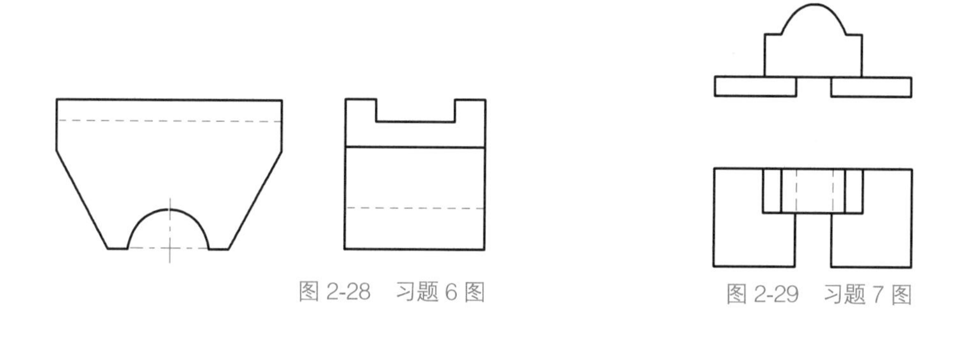

图 2-28　习题 6 图　　　图 2-29　习题 7 图

8. 已知正立面图和 1—1 剖面图，绘出 2—2 剖面图（见图 2-30）。

9. 绘出 1—1 剖面图和 2—2 断面图（见图 2-31）。

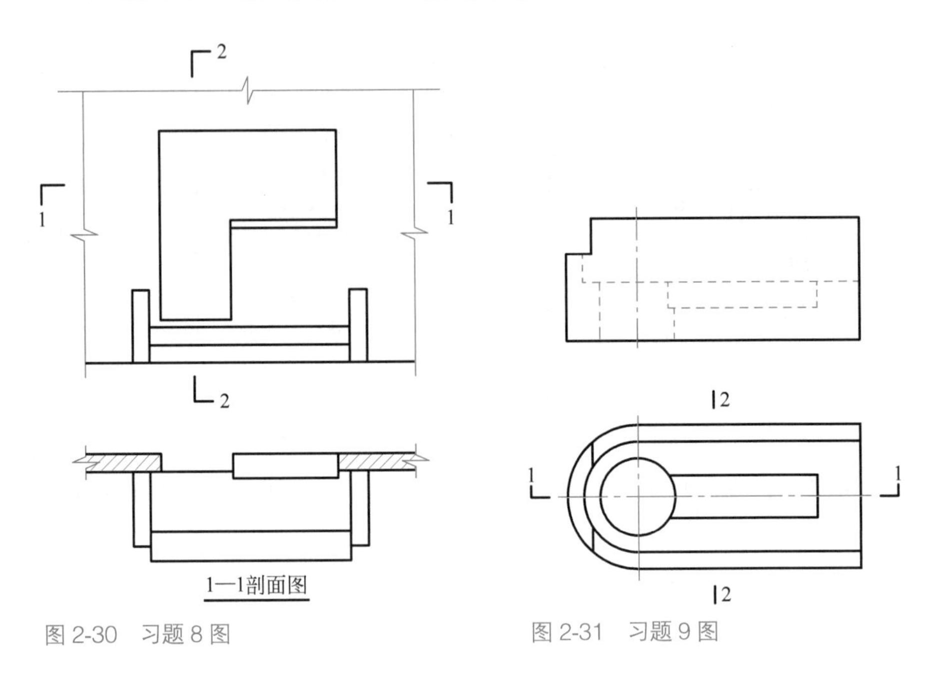

图 2-30　习题 8 图　　　图 2-31　习题 9 图

10. 绘出 1—1 阶梯剖面图（见图 2-32）。

11. 补绘 2—2 剖面图（见图 2-33）。

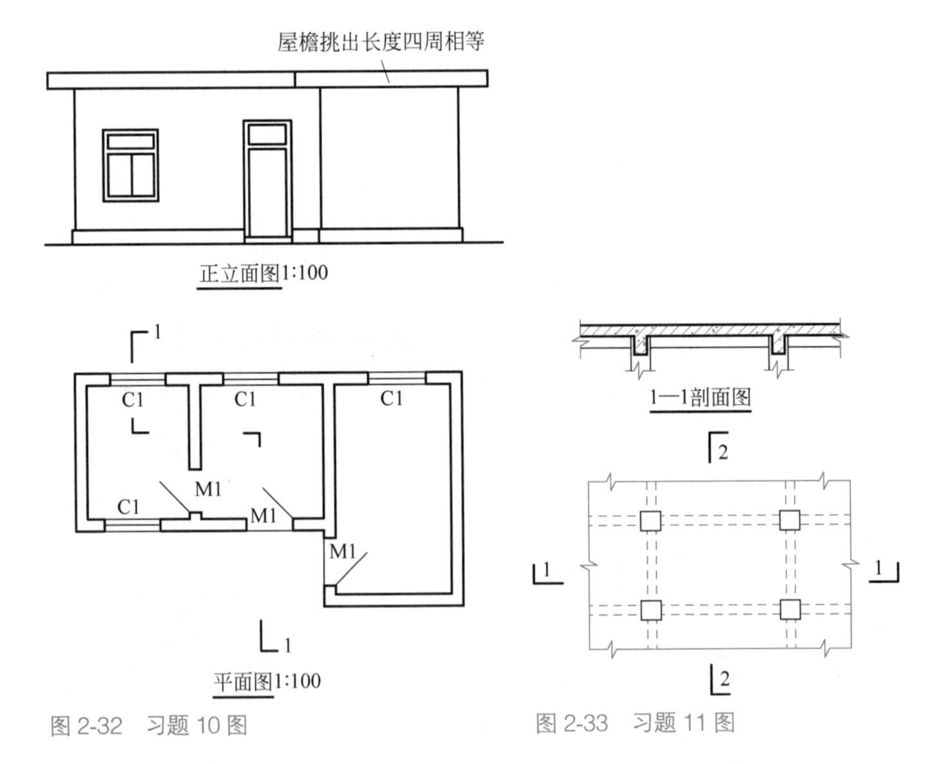

图 2-32　习题 10 图　　　图 2-33　习题 11 图

12. 已知组合体的两面投影，完成第三面投影，并作 1—1 断面图（见图 2-34）。

13. 补绘 1—1、2—2、3—3 断面图（见图 2-35）。

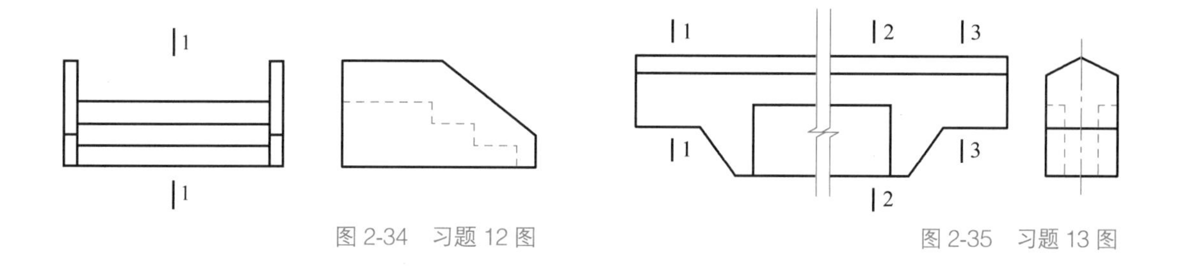

图 2-34　习题 12 图

图 2-35　习题 13 图

第 3 章　基础与地下室的构造

3.1　地基与基础

3.1.1　地基的概念

地基是基础下面的土层，它的作用是承受基础传来的全部荷载。地基虽然不是建筑物的组成部分，但是它的好坏直接影响基础方案的确定及工程造价。

3.1.2　基础的概念

基础是建筑物埋在地面以下的承重构件，是建筑物的重要组成部分，它的作用是承受上部建筑物传递下来的全部荷载，并将这些荷载连同自重传给下面的土层。

从设计的室外地面至基础底面的深度称为基础埋置深度，简称基础埋深。基础按其埋置深度大小分为浅基础和深基础，基础埋深不超过 5m 时称为浅基础。

3.1.3　地基与基础的区别

地基是指建筑物下面支承基础的土体或岩体。作为建筑地基的土层分为岩石、碎石土、砂土、粉土、黏性土和人工填土。地基有天然地基和人工地基两类。天然地基是不需要人工加固的天然土层。人工地基需要人工加固处理，常见加固方式有石屑垫层、砂垫层、混合灰土回填再夯实等。

基础是指建筑底部与地基接触的承重构件，它的作用是把建筑上部的荷载传给地基。因此，地基必须坚固、稳定、可靠。

基础是建筑物的重要组成部分，而地基则不是，它只是承受建筑物荷载的土壤层。

3.2　基础的类型

3.2.1　按材质特性分类

基础按照材质特性可分为刚性基础、柔性基础两类，如图 3-1 所示。

1. 刚性基础

刚性基础是用刚性材料建造、受刚性角限制的基础，如砖基础、毛石基础、混凝土基础、毛石混凝土基础、灰土基础、三合土基础等。这类基础的特点是放脚较高、抗压强度大、抗拉强度小，适用于地基土质均匀、地下水位较低、6 层以下的砖混结构建筑。由砖、毛石、混凝土或毛石混凝土、灰土和三合土等材料制成的墙下条形基础或柱下独立基础又称为无筋扩展基础。

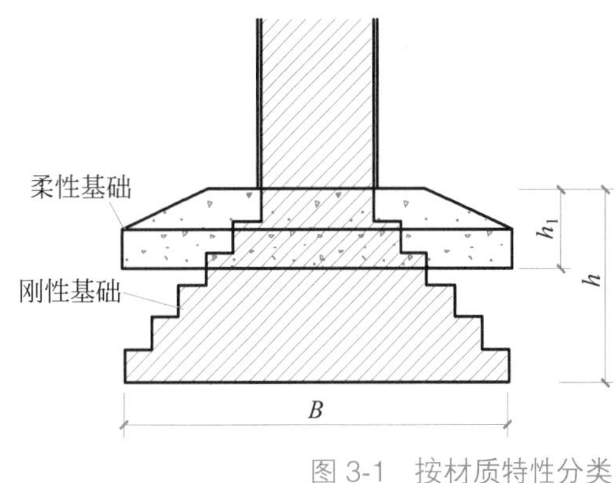

图 3-1　按材质特性分类

2. 柔性基础

柔性基础是指钢筋混凝土基础，其特点是放脚矮，抗压、抗拉强度都很高。适用于土质较差、荷载较大、地下水位高等条件下的大中型建筑。由钢筋混凝土制成的柱下独立基础和墙下条形基础称为扩展基础。

3.2.2　按构造形式分类

基础按照构造形式可分为条形基础、独立基础、筏板基础、箱形基础和桩基础等。

1. 条形基础

条形基础为连续的带形，是墙基础的主要形式，如图 3-2 所示，常用砖、石、混凝土建造。当地基承载力较小、上部荷载较大时，可采用钢筋混凝土条形基础。

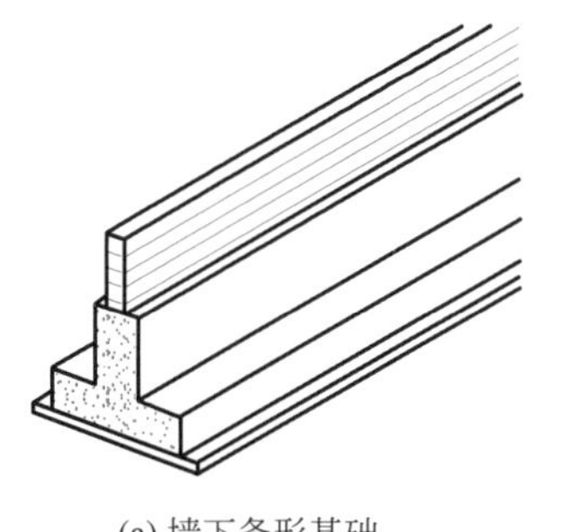
(a) 墙下条形基础

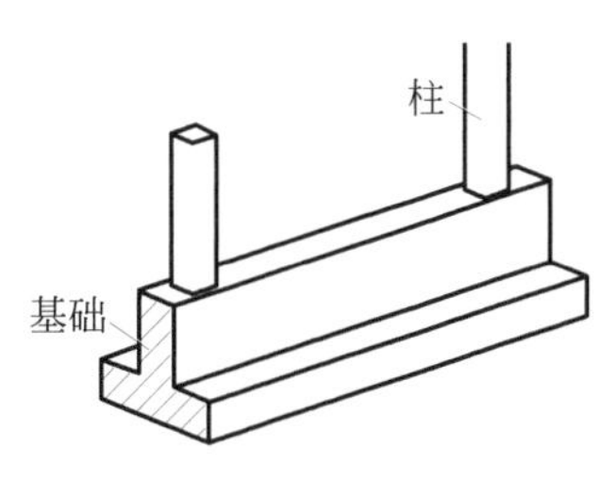

(b) 柱下条形基础

图 3-2　条形基础

当建筑物上部结构采用墙承重时，基础沿墙身设置，多做成长条形，这类基础称为条形基础或带形基础，是墙承式建筑基础的基本形式。当房屋为骨架承重或内骨架承重且地基条件较差时，为提高建筑物的整体性，避免各承重柱产生不均匀沉降，常将柱下基础沿纵横方向连接起来，形成柱下条形基础。

2. 独立基础

独立基础呈柱墩形。当建筑物为柱承重且柱距较大时，宜采用独立基础。独立基础包括阶梯形、锥形、怀形，常用钢筋混凝土材料，如图 3-3 所示。

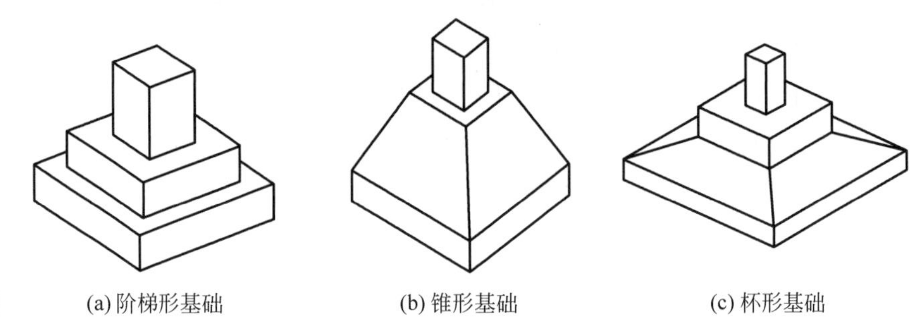

图 3-3　独立基础　(a) 阶梯形基础　(b) 锥形基础　(c) 杯形基础

当建筑物上部结构采用框架结构或单层排架结构承重时，基础常采用方形或矩形的独立式，这类基础称为独立式基础或柱式基础。独立式基础是柱下基础的基本形式。

当柱采用预制构件时，则基础做成杯口形，然后将柱子插入并嵌固在杯口内，故称杯形基础。

3. 筏板基础

当地基特别软弱、建筑物荷载较大而使得柱下独立基础宽度较大又相互接近时，或当建筑物有地下室时，可将基础底板连成一片，故称为筏板基础。筏板基础一般做成等厚度的钢筋混凝土平板。筏板基础有平板式和梁板式两种。柱间有梁则为梁板式筏板基础，形同倒置的肋形楼盖；柱间无梁则为平板式筏板基础，形同倒置的无梁楼盖，如图 3-4 所示。

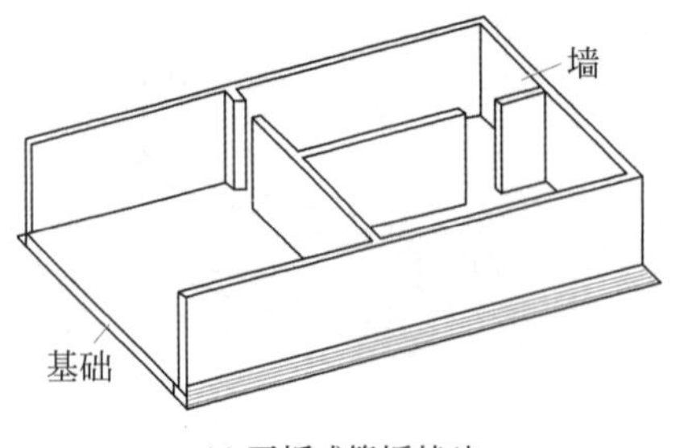

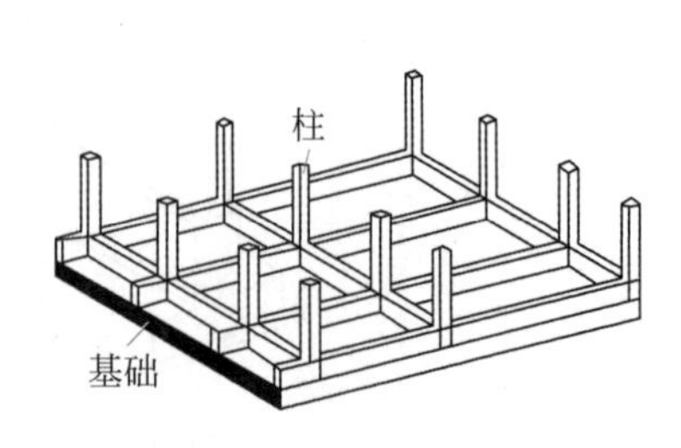

图 3-4　筏板基础　(a) 平板式筏板基础　(b) 梁板式筏板基础

4. 箱形基础

当筏板基础埋深较大时，常将基础改做成箱形基础。箱形基础是由钢筋混凝土底板、顶板和若干纵、横隔墙组成的整体结构。基础的中空部分可用作地下室（单层或多层的）或地下停车库。箱形基础整体空间刚度大、整体性强，能抵抗地基的不均匀沉降，适用于高层建筑或在软弱地基上建造的重型建筑物。

5. 桩基础

当建筑物的荷载较大，而地基的弱土层较厚，地基承载力不能满足要求，采取其他措施又不经济时，可采用桩基础。桩基础由承台和桩柱组成，如图 3-5 所示。

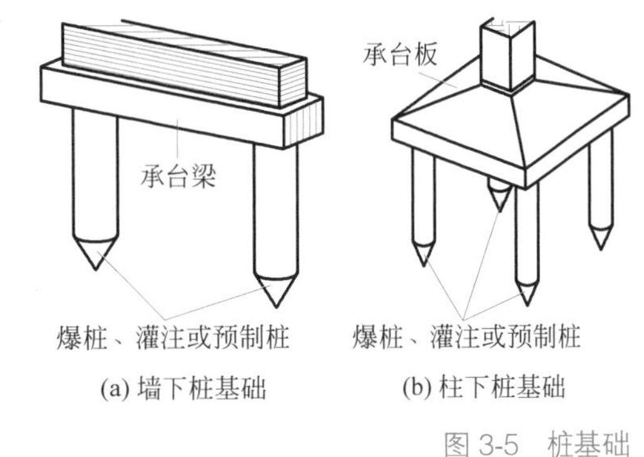

图 3-5　桩基础

3.3　地下室的类型

地下室是建筑物首层下面的房间。利用地下空间可节约建设用地。地下室可用作设备间、储藏间、旅馆、餐厅、商场、车库以及用作战备人防工程。高层建筑常利用深基础（如箱形基础）建造一层或多层地下室，既增加了使用面积，又省掉室内填土需要花费的费用。地下室构造如图 3-6 所示。

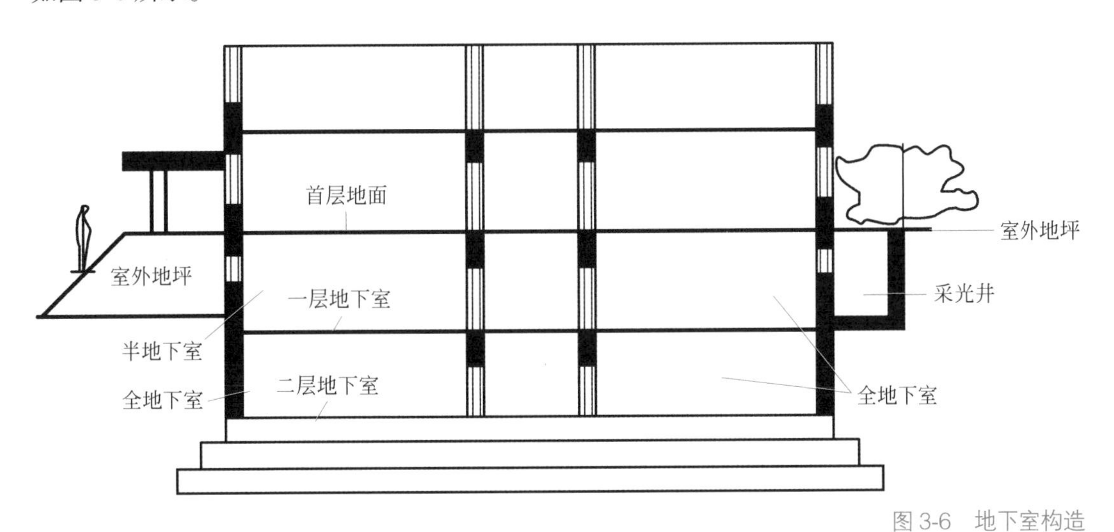

图 3-6　地下室构造

3.3.1　按功能分类

1. 普通地下室

普通地下室可用以满足多种建筑功能的要求，如居住、办公、食堂、储藏等。

2. 防空地下室

防空地下室即人民防空地下室。除按人防管理部门的要求建造外，还应考虑平时的使用，提高利用效率。防空地下室应有妥善解决紧急状态下的人员隐蔽与疏散、保证人身安全的技术措施。

3.3.2 按顶板标高分类

1. 全地下室

全地下室是指地下室地面低于室外地坪面的高度超过该房间净高的1/2。防空地下室多采用这种类型。

2. 半地下室

半地下室是指地下室地面低于室外地坪面的高度超过该房间净高的1/3，且不超过1/2。由于地下室一部分在地坪以上，因此易于解决采光、通风问题。普通地下室多采用这种类型。

3.3.3 按结构材料分类

1. 砖混结构地下室

砖混结构地下室用于上部荷载不大及地下水位较低的情况。

2. 钢筋混凝土结构地下室

当地下水位较高及上部荷载很大时，常采用钢筋混凝土墙结构的地下室。

3.4 地下室的构造

3.4.1 地下室的组成

地下室一般由墙体、顶板、底板、门窗、楼梯五大部分组成，如图3-7所示。

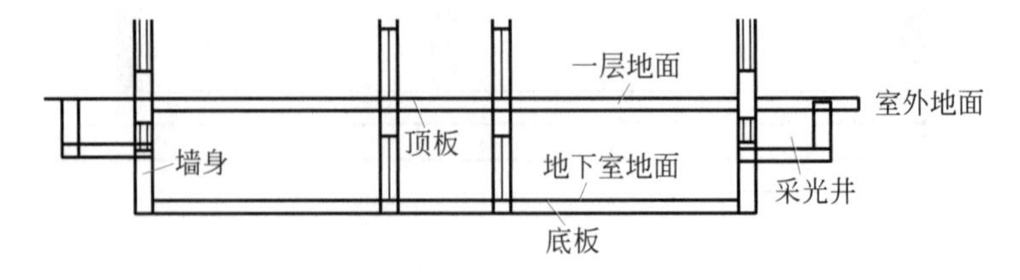

图 3-7 地下室组成

1. 墙体

地下室的外墙不仅承受垂直荷载，还承受土、地下水和土壤冻胀的侧压力。因此，地下室的外地应按挡土墙设计，如用钢筋混凝土或素混凝土墙，其最小厚度除应满足结构要求外，还应满足抗渗厚度的要求，其厚度不小于 300mm，外墙应作防潮或防水处理；如用砖墙（现在较少采用）其厚度不小于 490mm。

2. 顶板

顶板可用预制板、现浇板或者预制板上做现浇层（装配整体式楼板）。防空地下室必须采用现浇板，并按有关规定决定厚度和混凝土强度等级。在无采暖的地下室顶板上即首层地板处应设置保温层，以利于首层房间的舒适使用。

3. 底板

底板处于最高地下水位以上并且无压力产生作用的可能时，可按一般地面工程处理，即垫层上现浇混凝土 60~80mm 厚，再做面层。如底板处于最高地下水位以下时，底板不仅承受上部垂直荷载，还承受地下水的浮力荷载。因此，应采用钢筋混凝土底板，双层配筋，底板下垫层上还应设置防水层，以防渗漏。

4. 门窗

普通地下室的门窗与地上房间门窗相同，地下室外窗如在室外地坪以下时，应设置采光井和防护蓖，以利于室内采光、通风和室外行走安全。防空地下室一般不允许设窗，如需要开窗，应设置战时堵严措施。防空地下室的外门应按防空等级要求设置相应的防护装置。当地下室窗台低于室外地面时，为达到采光和通风的目的，应设采光井。地下室采光如图 3-8 所示。

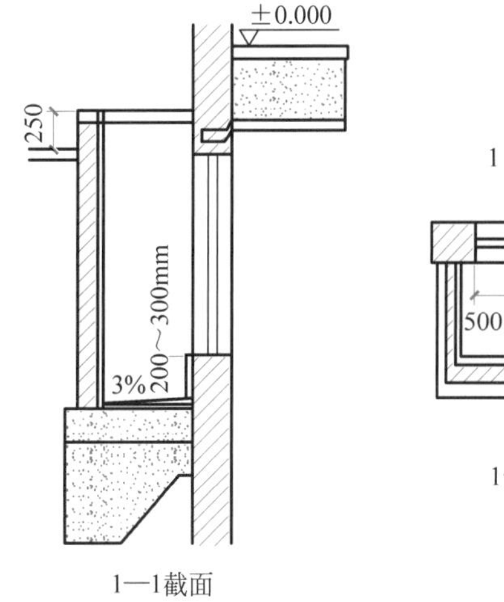

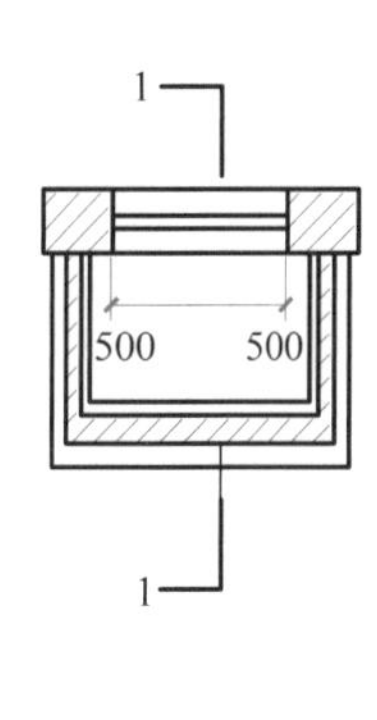

图 3-8　地下室采光

5. 楼梯

楼梯可与地面上房间结合设置。层高小或用作辅助房间的地下室可设置单跑楼梯；防空地下室至少要设置两部楼梯通向地面的安全出口，并且必须有一个是独立的安全出口。独立安全出口周围不得有较高建筑物，以防空袭倒塌堵塞出口影响疏散。安全出口与地下室用能承受一定荷载的通道连接。

3.4.2　地下室防潮防水构造

地下室外墙和底板都埋于地下，如地下水通过地下室围护结构渗入室内，不仅影响使用，而且当水中含有酸、碱等腐蚀性物质时，还会对结构产生腐蚀，影响其耐久性。因此，地下室防潮、防水往往是地下室构造处理的重要问题。

当设计最高地下水位高于地下室底板，或地下室周围土层属于弱透水性土，存在滞水可能时，应采取防水措施。当地下室周围土层为强透水性土，设计最高地下水位低于地下室底板且无滞水可能时，应采取防潮措施。

1. 地下室防潮

当设计最高地下水位低于地下室底板且无形成上层滞水可能时，地下水不能渗入地下室内部，地下室底板和外墙可以做防潮处理。地下室防潮只适用于防无压水。

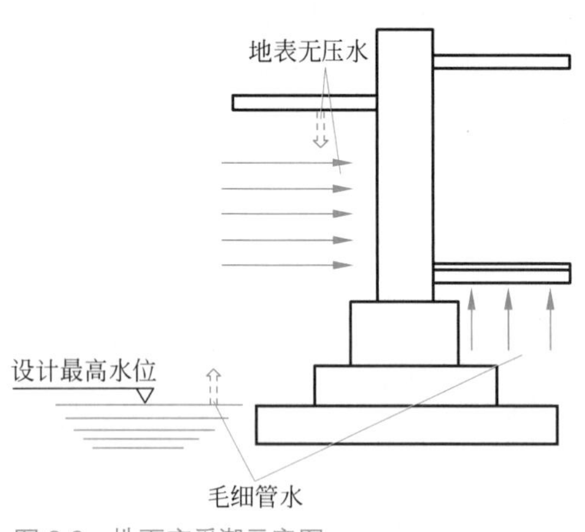

图 3-9 地下室受潮示意图

地下室防潮的构造要求是：砖墙体必须采用水泥砂浆砌筑，灰缝必须饱满。在外墙外侧设垂直防潮层，防潮层做法一般为 1∶2.5 水泥砂浆找平，刷冷底子油一道、热沥青两道，防潮层做至室外散水处，然后在防潮层外侧回填低渗透性土壤，如黏土、灰土等，底宽 500mm 左右，并逐层夯实。此外，地下室所有墙体必须设两道水平防潮层，一道设在底层地坪附近，一般设置在结构层之间；另一道设在室外地面散水以上 150~200mm 的位置，如图 3-9~ 图 3-11 所示。

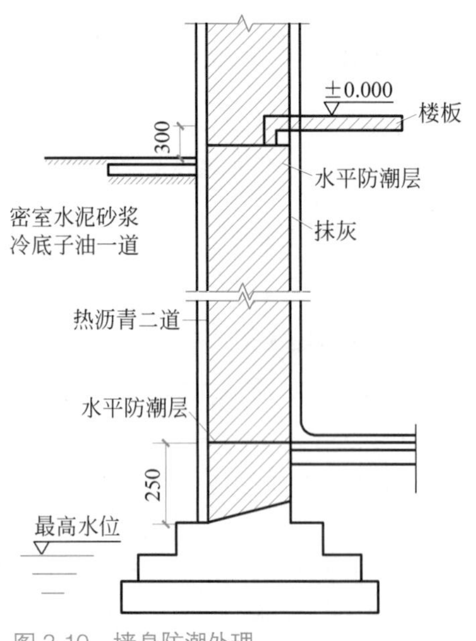

图 3-10 墙身防潮处理

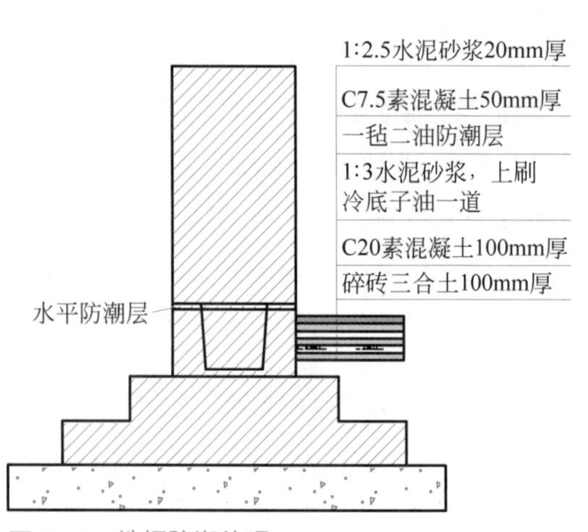

图 3-11 地坪防潮处理

2. 地下室防水构造

地下室防水方案应“防、排、截、堵”相结合，因地制宜，综合治理，努力达到防水可靠、经济合理的目的。设计前应考虑各种水作用下的最不利情况（包括近期和远期），以及一切可能的人为因素造成水文地质变化对地下室防水的影响，同时结合地质、地形、地下工程结构、防水材料供应及当地施工条件等，综合、全面研究防水方案和构造。目前采用的防水措施有卷材防水、钢筋混凝土自防水和涂料防水三类。

1）卷材防水

卷材防水的施工方法有两种：外防水和内防水。卷材防水层设在地下工程围护结构外侧（即迎水面）时称为外防水，这种防水做法效果较好，应用普遍。卷材粘贴于结构内表面时称为内防水，这种防水做法效果较差，但施工简单，便于修补，常用于修缮工程。

外防水施工一般采用外防外贴法。首先在抹好水泥砂浆找平层的混凝土垫层四周砌筑永久性保护墙，其下部干铺一层卷材作为防水层，上部用石灰砂浆砌筑临时保护墙，先铺贴平面，后铺贴立面，平、立面处应交叉搭接。防水层铺贴完经检查合格后立即进行保护层施工，再进行主体结构施工。主体结构完工后，拆除临时保护墙，再做外墙面防水层。其构造做法如图 3-12 所示。卷材防水层直接粘贴在主体外表面，防水层与混凝土结构同步，减少受结构沉降变形影响，施工时不易损坏防水层，也便于检查混凝土结构及卷材防水质量，发现问题易修补；缺点是防水层要几次施工，工序较多，工期较长，需较大的工作面，且土方量大，模板用量多，卷材接头不易保护，易影响防水工程质量。内防水构造做法如图 3-13 所示。

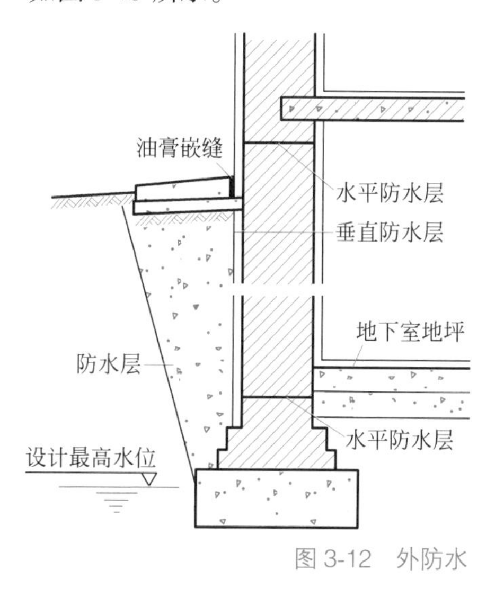

图 3-12　外防水

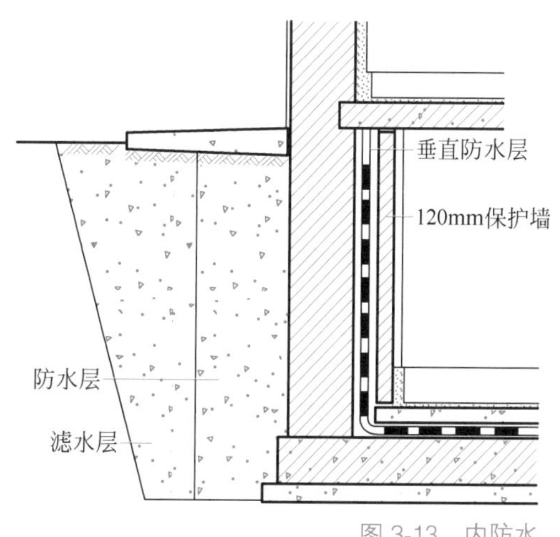

图 3-13　内防水

2）钢筋混凝土自防水

当地下室的墙和底板均采用钢筋混凝土时，通过调整混凝土的配合比或在混凝土中掺入外加剂等手段，可以改善混凝土的密实性，提高混凝土的抗渗性能，使地下室结构构件的承重、围护、防水功能三者合一。为防止地下水对钢筋混凝土构件的侵蚀，在墙外侧应抹水泥砂浆，然后涂刷热沥青。同时要求混凝土外墙、底板均不宜太薄，一般外墙厚度应为 200mm 以上，底板厚度应在 150mm 以上，否则影响抗渗效果，如图 3-14 所示。

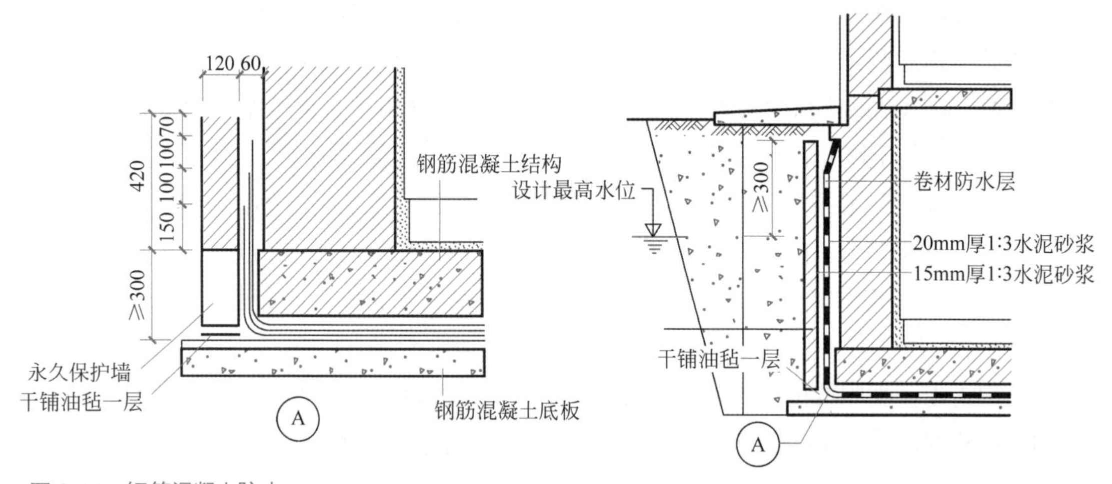

图 3-14 钢筋混凝土防水

3）涂料防水

涂料防水是指在施工现场以刷涂、刮涂或滚涂等方法，将无定型液态冷涂料在常温下涂敷在地下室结构表面的一种防水做法，一般为多层敷设。为增强其抗裂性，通常还夹铺 1~2 层纤维制品（如玻璃纤维布、聚酯无纺布）。涂料防水层的组成有底涂层、多层基本涂膜和保护层，做法有外防外涂和外防内涂两种。目前我国常用的防水涂料有三大类，即水乳型、溶剂型和反应型。由于材料不同，工艺各异，产品多样，一般在同一工程同一部位不能混用。

涂料防水能防止地下无压水（渗流水、毛细水等）及小于或等于 1.5m 水头的静压水的侵入。涂料防水适用于新建砖石或钢筋混凝土结构的迎水面做专用防水层；或新建防水钢筋混凝土结构的迎水面做附加防水层，加强防水、防腐能力；或已建防水或防潮建筑外围结构的内侧，做补漏措施。涂料防水不适用或慎用于含有油脂、汽油或其他能溶解涂料的地下环境，且涂料与基层应有很好的黏结力，涂料层外侧应做砂浆或砖墙保护层。

本章小结

1. 基础是建筑物的墙或柱埋在地下的扩大部分，它承受着上部结构的全部荷载，并通过自身的调整传给地基。地基是基础底面以下荷载作用影响范围内的土体。基础是建筑物的重要组成部分，而地基则不是，它只是承受建筑物荷载的土壤层。

2. 地基可分为天然地基和人工地基两种类型。

3. 基础埋深是指从设计的室外地面至基础底面的深度。基础按其埋置深度大小分为浅基础和深基础。基础埋深不超过 5m 时称为浅基础。

4. 基础按材质特性可分为刚性基础和柔性基础（即钢筋混凝土基础）。基础常见的构造形式有独立基础、条形基础、筏板基础、箱形基础和桩基础。

5. 地下室是建筑物首层下面的房间。由于地下室外墙和底板都埋于地下，要重视地下室的防潮、防水。当设计最高地下水位低于地下室底板且无滞水可能时可采取防潮措施；当设计最高地下水位高于地下室底板，或地下室周围存在滞水可能时，应采取防水措施。目前采用的防水措施有卷材防水、钢筋混凝土自防水和涂料防水三类。卷材防水的施工方法有外防水和内防水。一般工程采取外防水，内防水常用于修缮工程。

课后习题

1. 什么是地基和基础？地基和基础有何区别？

2. 什么是刚性基础和柔性基础？

3. 什么是天然地基？什么是人工地基？

4. 地下室是由哪几部分组成的？什么是全地下室和半地下室？

5. 地下室在什么情况下应进行防潮处理？什么情况下应进行防水处理？

第4章　墙体的构造

墙体是建筑物的重要组成部分。在砌体结构房屋中，墙体是主要的承重构件，墙体的重量占总重量的40%~65%，墙体的造价占工程总造价的30%~40%。

4.1　墙体的作用与要求

4.1.1　墙体的作用

房屋建筑中的墙体一般有以下3个作用。

承重作用：墙体承受屋顶和楼板传给它的荷载、本身的自重荷载和风荷载等。

围护作用：墙体隔住了自然界的风、雨、雪的侵袭，防止太阳的辐射、噪声的干扰以及室内热量的散失等，起保温、隔热、隔声、防水等作用。

分隔作用：墙体把房屋划分为若干个房间和使用空间。

以上关于墙体的3个作用并不是指一面墙体会同时具有这些作用。有的墙体既起承重作用，又起围护作用，比如墙承重体系中的外墙；有的墙体只起围护作用，比如框架结构中的外墙；还有的墙体只起分隔作用，比如框架结构中的内墙。

4.1.2　墙体构造的要求

1. 结构要求

以墙体承重为主的结构，各层的承重墙上下必须对齐；各层的门、窗洞口也以上下对齐为佳。此外，还需考虑以下两方面的要求。

1）合理选择墙体结构布置方案

墙体结构布置方案有：横墙承重、纵墙承重、纵横墙承重、墙与内柱混合承重，如图4-1所示。

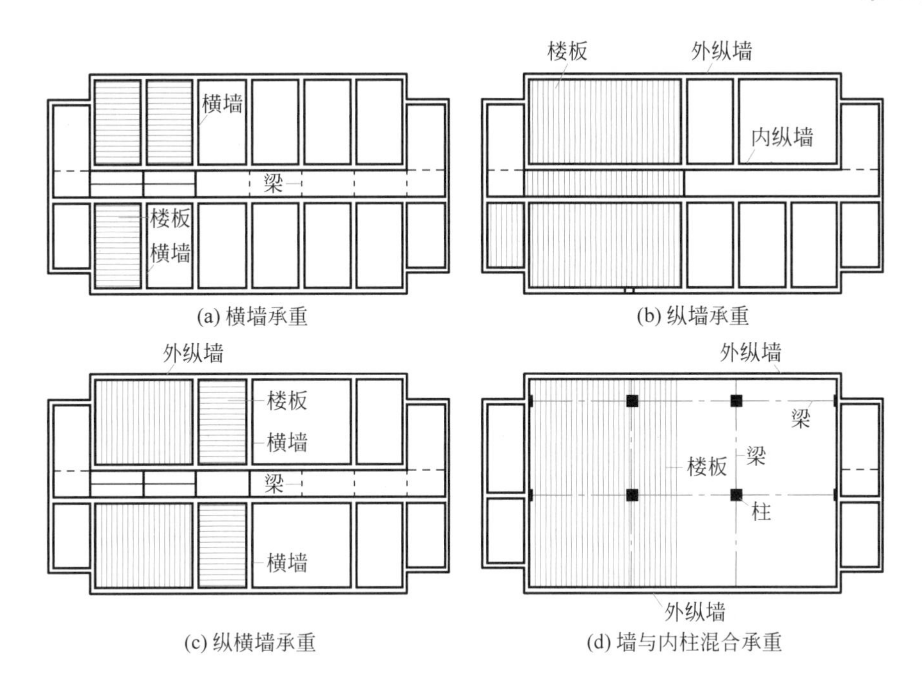

图 4-1　墙体结构布置方案

横墙承重：凡以横墙承重的结构布置称为横墙承重方案或横向结构系统。该系统中，楼板、屋顶上的荷载均由横墙承受，纵墙只起纵向稳定和拉结的作用。它的主要特点是横墙间距密，加上纵墙的拉结，使建筑物的整体性好、横向刚度大，对抵抗地震力等水平荷载有利。但横墙承重方案的开间尺寸不够灵活，适用于房间开间尺寸不大的宿舍、住宅及病房楼等小开间建筑。

纵墙承重：凡以纵墙承重的结构布置称为纵墙承重方案或纵向结构系统。该系统中，楼板、屋顶上的荷载均由纵墙承受，横墙只起分隔房间的作用，有的起横向稳定作用。纵墙承重可使房间开间的划分灵活，适用于需要较大房间的办公楼、商店、教学楼等公共建筑。

纵横墙承重：凡由纵向墙和横向墙共同承受楼板、屋顶荷载的结构布置称为纵横墙（混合）承重方案。该方案房间布置较灵活，建筑物的刚度也较好。承重方案多用于开间、进深尺寸较大且房间类型较多的建筑和平面复杂的建筑中，如教学楼、住宅等建筑。

墙与内柱混合承重：在结构设计中，有时采用墙体和钢筋混凝土梁、柱组成的框架共同承受楼板和屋顶的荷载，这时，梁的一端支承在柱上，而另一端则搁置在墙上，这种结构布置方案称为部分框架结构或内部框架承重方案。它较适合于室内需要较大使用空间的建筑，如商场等，现已很少采用。

2）具有足够的强度和稳定性

强度是指墙体抵抗破坏的能力。作为承重墙的墙体，必须具有足够的强度，以确保结构的安全。

提高墙体强度的措施包括：选用适当的墙体材料，加大墙体截面积，在截面积相同的情况下提高砖、砂浆的强度等级等。

墙体的稳定性与墙的高度、长度和厚度有关。高而薄的墙稳定性差，矮而厚的墙稳定性好；长而薄的墙稳定性差，短而厚的墙稳定性好。

提高墙体稳定性的措施包括：增加墙体的厚度（但这种方法有时不够经济），提高墙体材料的强度等级，增加墙垛、壁柱、圈梁等构件等。

2. 热工要求

对有保温要求的墙体，通常采取以下措施提高其构件的热阻。

（1）增加墙体的厚度。

墙体的热阻与其厚度成正比，欲提高墙身的热阻，可增加其厚度。

（2）选择导热系数小的墙体材料。

要增加墙体的热阻，常选用导热系数小的保温材料，如泡沫混凝土、加气混凝土、陶粒混凝土、膨胀珍珠岩、膨胀蛭石、浮石及浮石混凝土、泡沫塑料、矿棉及玻璃棉等。保温构造有单一材料的保温结构和复合保温结构之分。

（3）做复合保温墙体及热桥部位的保温处理。

单纯的保温材料一般强度较低，大多无法单独作为墙体使用。利用不同性能的材料组合就构成了既能承重又可保温的复合墙体，在这种墙体中，轻质材料（如泡沫塑料）起保温作用，强度高的材料（如黏土砖等）起承重作用。

由于结构上的需要，外墙中常嵌有钢筋混凝土柱、梁、垫块、圈梁、过梁等构件，钢筋混凝土的传热系数大于砖的传热系数，热量很容易从这些部位传出去。因此，它们的内表面温度比主体部分的温度低，这些保温性能低的部位通常称为冷桥或热桥。热桥部位的保温处理措施如图 4-2 所示。

（4）采取隔蒸汽措施。

空气中含水蒸气，当空气温度下降时，如果水蒸气的含量达到了相对饱和，多余的水蒸气就会从空气中析出，在温度较低的物体表面凝结成冷凝水，这种现象称为结露。结露变成冷凝水的温度称为露点温度。

冬季，室内空气的温度和绝对湿度都比室外高，因此，在围护结构两侧存在着水蒸气压力差，水蒸气分子由压力高的一侧向压力低的一侧扩散，这种现象叫蒸汽渗透。在渗透过程中，水蒸气遇到露点温度时，会出现结露现象，降低了材料的保温效果。

为防止墙体产生内部凝结，常在墙体的保温层靠高温一侧，即蒸汽渗入的一侧，设置一道隔蒸汽层（见图 4-3）。隔蒸汽材料一般采用沥青、卷材、隔汽涂料以及铝箔等防潮、防水材料。

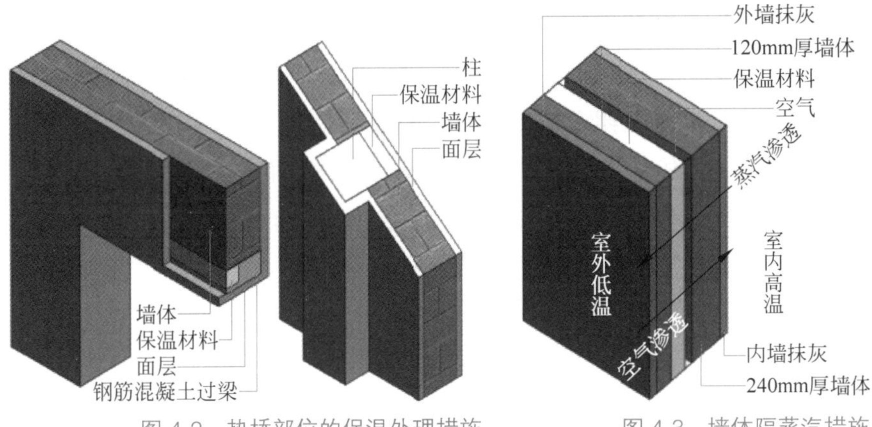

图 4-2　热桥部位的保温处理措施　　图 4-3　墙体隔蒸汽措施

3. 建筑节能要求

为贯彻国家的节能政策，改善严寒和寒冷地区居住建筑采暖能耗大、热工效率差的状况，必须通过建筑设计和构造措施来节约能耗，如外挂保温板等。

4. 隔声要求

声音的传递有两种形式。

（1）空气传声：一是通过墙体的缝隙和微孔传播；二是在声波的作用下，墙体受到振动，声音通过墙体传播。

（2）固体传声：直接撞击墙体或楼板，发出的声音再传递到人耳，称为固体传声。

墙体主要隔离由空气直接传播的噪声，一般采取以下措施：加强墙体缝隙的加密处理；增加墙厚和墙体的密实性；采用有空气间层式多孔性材料的夹层墙；尽量利用垂直绿化降噪声。

5. 其他要求

对墙体的其他要求包括防火的要求，防水、防潮的要求，建筑工业化的要求等。建筑工业化的关键是墙体改造，采用轻质高强的墙体材料，减轻自重，降低成本，通过提高机械化程度来提高功效。

4.2　墙体的类型

墙体的类型很多，分类方法也很多，根据墙体在建筑物中的位置及布置的方向、受力情况、材料、构造方式和施工方法的不同，可将墙体分为不同类型。

4.2.1 按位置分类

墙体按照所处位置的不同分为内墙和外墙。内墙是位于建筑物内部的墙，主要起分隔内部空间的作用。外墙是位于建筑物四周的墙，又称为外围护墙。墙体按照布置的方向不同可分为纵墙和横墙。沿建筑物长轴方向布置的墙体称为纵墙，外纵墙也称为檐墙；沿建筑物短轴方向布置的墙体称为横墙，外横墙俗称为山墙。窗与窗之间和窗与门之间的墙称为窗间墙，窗台下面的墙称为窗下墙。

墙体各部分名称如图 4-4 所示。

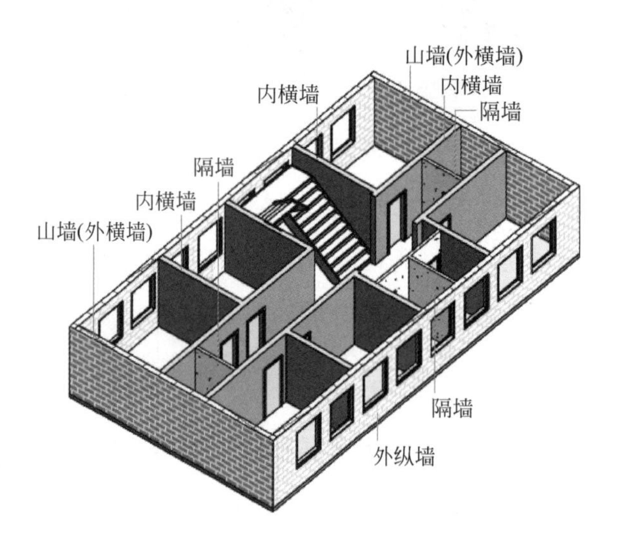

图 4-4 墙体各部分名称

4.2.2 按受力情况分类

在混合结构建筑中，按墙体受力方式分为两种：承重墙和非承重墙。非承重墙又可分为两种：一是自承重墙，不承受外荷载，仅承受自身重量并将其传至基础；二是隔墙，起分隔房间的作用，不承受外荷载，仅承受自身重量并将其传给梁或楼板。框架结构中的墙称为框架填充墙。

4.2.3 按构造方式分类

墙体可以分为实体墙、空体墙和复合墙 3 种。实体墙由单一材料组成，如砖墙、砌块墙等。空体墙也是由单一材料组成，可由单一材料砌成内部空腔，也可用具有孔洞的材料建造墙，如空斗砖墙、空心砌块墙等。复合墙由两种以上材料组合而成，例如混凝土、加气混凝土复合板材墙，其中混凝土起承重作用，加气混凝土起保温隔热作用。

4.2.4 按施工方法分类

墙体可以分为块材墙、板筑墙及板材墙 3 种。块材墙是用砂浆等胶结材料将砖、石、砌块等块材砌筑而成，例如砖墙、石墙及各种砌块墙等。板筑墙是在现场立模板现浇而成的墙体，例如现浇混凝土墙等。板材墙是预先制成墙板，施工时安装而成的墙，例如预制混凝土大板墙、各种轻质条板内隔墙等。

4.2.5 按材料分类

墙体按材料不同可分为砖墙、夯土墙、石墙、砌块墙、板材墙、钢筋混凝土墙等。

（1）砖墙：用砖和砂浆砌筑成的墙体，用作墙体的砖有黏土实心砖、灰砂砖、焦渣砖等。

（2）夯土墙：用夯土方法修筑的墙体。

（3）石墙：用石材和砂浆砌筑成的墙体，主要用于山区和产石地区。

（4）砌块墙：用砌块和砂浆砌筑成的墙体，可作为工业与民用建筑的承重墙和围护墙。

（5）板材墙：板材多采用条板，如加气混凝土条板、石膏条板、炭化石灰板、石膏珍珠岩板以及各种复合板。

（6）钢筋混凝土墙：以钢筋混凝土为材料制作成的墙体。

4.3 墙体构造

4.3.1 砖墙材料

砖墙是用砂浆将砖按一定技术要求砌筑而成的砌体，其材料是砖和砂浆。

1. 砖

砖按原料不同，分为黏土砖、页岩砖、粉煤灰砖、灰砂砖、炉渣砖等；按形状不同，分为实心砖、多孔砖和空心砖等。

黏土砖属于烧结砖，是以黏土为主要原料，经成型、干燥焙烧而成，有红砖和青砖之分。蒸压砖属于非烧结砖。其中，蒸压灰砂砖是以石灰和砂为主要原料，经坯料制备、压制成型、蒸压养护而成的实心砖；蒸压粉煤灰砖以粉煤灰为主要原料，掺加适量石膏和集料，经坯料制备、压制成型、高压蒸汽养护而成的实心砖。

我国标准砖的规格为 240mm × 115mm × 53mm，如图 4-5（a）所示，

砖长 : 宽 : 厚 ≈ 4 : 2 : 1（包括 10mm 宽灰缝）。标准砖砌筑墙体时是以砖宽度的倍数，即以 115mm + 10mm = 125mm 为模数。这与我国现行《建筑模数协调统一标准》中的基本模数 1M = 100m 不协调，因此，在使用中需注意标准砖的这一特征。

常见多孔砖尺寸为 240mm × 115mm × 90mm，如图 4-5（b）所示。

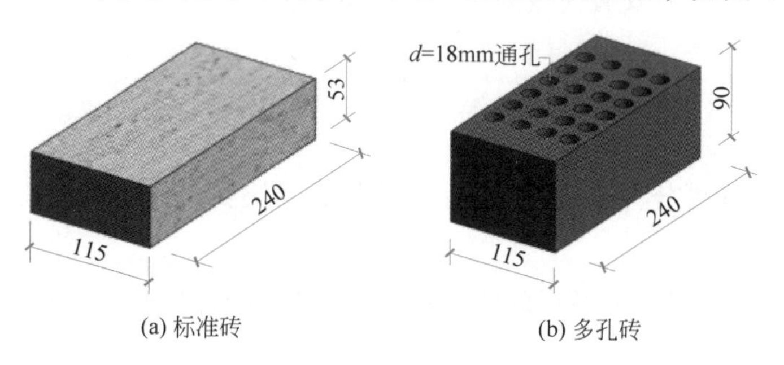

图 4-5 砖

2. 砂浆

砂浆是砌体的胶结材料。常用的砂浆有水泥砂浆、石灰砂浆、混合砂浆和黏土砂浆。

水泥砂浆由水泥、砂加水拌和而成，属水硬性材料，强度高，但可塑性和保水性较差，适宜砌筑湿环境下的砌体，如地下室、砖基础等。

石灰砂浆由石灰膏、砂加水拌和而成。由于石灰膏为塑性掺合料，所以石灰砂浆的可塑性很好，但它的强度较低，且属于气硬性材料，遇水强度即降低，所以适宜砌筑次要的民用建筑的地上砌体。

混合砂浆由水泥、石灰膏、砂加水拌和而成，既有较高的强度，也有良好的可塑性和保水性，故民用建筑地上砌体中被广泛采用。

黏土砂浆由黏土、砂加水拌和而成，强度很低，仅适于土坯墙和临时性砌体的砌筑。

4.3.2 砖墙的组砌方式

砖墙的组砌是指砖在砌体中的排列。砖墙组砌中需要了解以下概念（见图 4-6）。

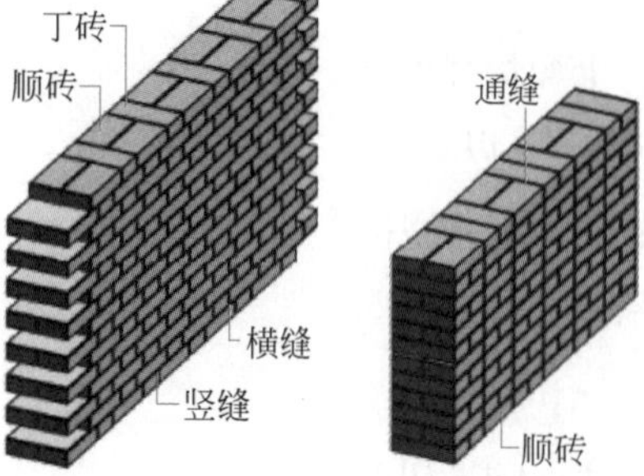

图 4-6 砖砌筑方式

丁砖：在砖墙组砌中，砖的长方向垂直于墙面砌筑的砖叫丁砖。

顺砖：在砖墙组砌中，砖的长方向平行于墙面砌筑的砖叫顺砖。

横缝：上下皮之间的水平灰缝称横缝。

竖缝：左右两块砖之间的垂直缝称竖缝。

为了保证墙体的强度，砖砌体的砖缝必须横平竖直，错缝搭接，避免通缝。同时砖缝砂浆必须饱满，厚薄均匀。常用的错缝方法是将丁砖和顺砖上下皮交错砌筑。每排列一层砖称为一皮。

1. *砖墙组砌方式*

常见的砖墙组砌方式有全顺式、一顺一丁式、三顺一丁式或多顺一丁式、每皮丁顺相间式、两平一侧式等。砖墙的常见组砌方式如图 4-7 所示。

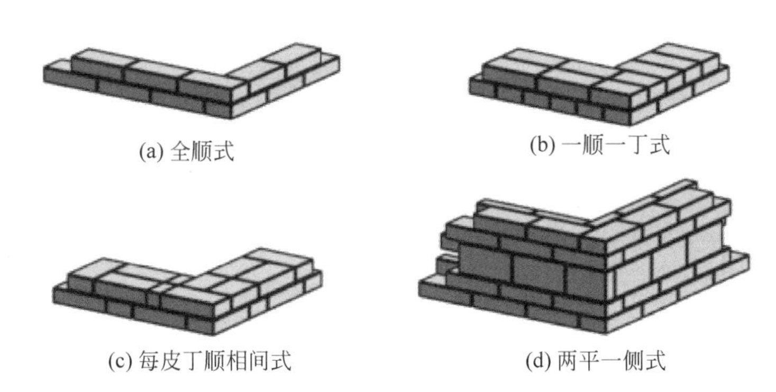

图 4-7　砖墙组砌方式

全顺式：每皮均为顺砖，上下皮错缝 120mm，适用于砌筑 120mm 厚砖墙。

一顺一丁式：丁砖和顺砖隔层砌筑，这种砌筑方法整体性好，主要用于砌筑一砖以上的墙体。

多顺一丁式：多层顺砖、一皮丁砖相间砌筑。

每皮丁顺相间式：又称为“梅花丁”“沙包丁”。在每皮之内，丁砖和顺砖相间砌筑而成，优点是墙面美观，常用于清水墙的砌筑。

两平一侧式：每层由两皮顺砖与一皮侧砖组合相间砌筑而成，主要用来砌筑 180mm 厚砖墙。

2. *烧结多孔砖墙的组砌方式*

P 型多孔砖宜采用一顺一丁式或梅花丁的砌筑方式。

M 型多孔砖应采用全顺式的砌筑形式。

3. *空斗墙*

用实心砖侧砌或平砌与侧砌相结合砌成的空体墙称为空斗墙（见图 4-8），现基本不采用。

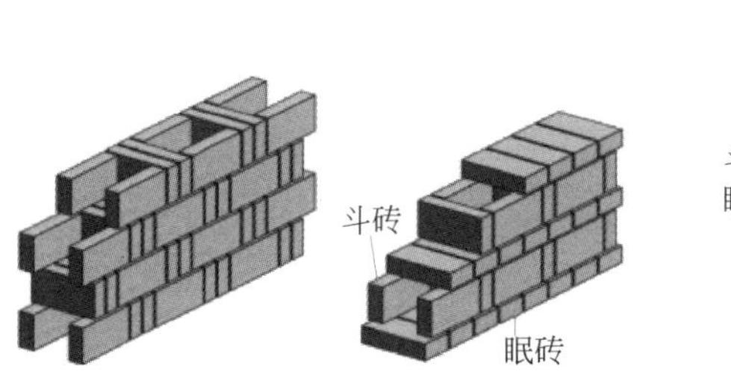

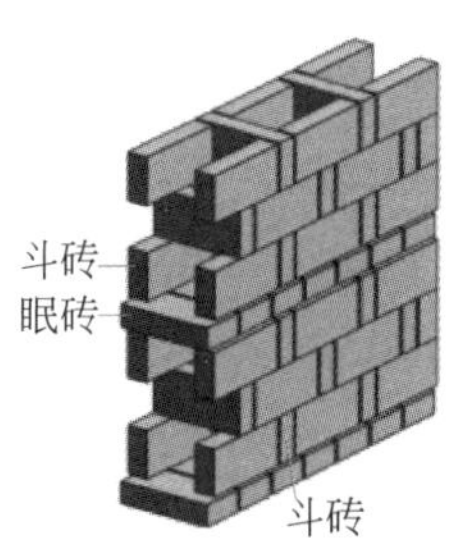

图 4-8　空斗砌筑

4. 墙的厚度及局部尺寸

1）砖墙厚度

常见的标准砖砌筑墙体厚度为115mm、178mm、240mm、365mm、490mm等，简称为12墙（半砖墙）、18墙（3/4墙）、24墙（1砖墙）、37墙（1砖半墙）、49墙（2砖墙），如图4-9所示。

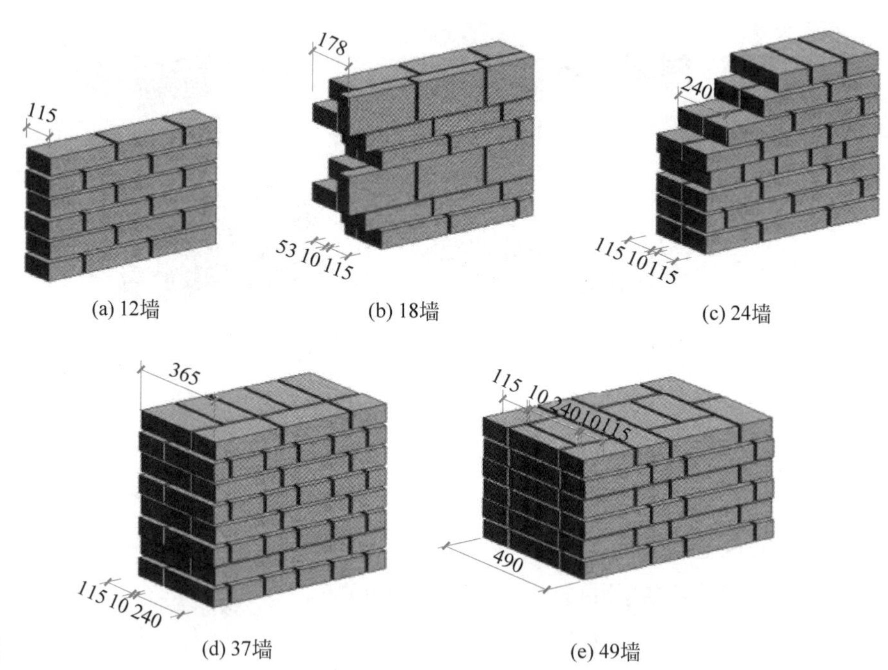

(a) 12墙　(b) 18墙　(c) 24墙　(d) 37墙　(e) 49墙

图4-9　砖墙厚度

2）砖墙局部尺寸

砖墙砌筑模数：115mm+10mm = 125mm。

当墙体长度小于1m时，为避免砍砖过多影响砌体强度，设计、施工时砖墙砌筑模数应为125mm的倍数。在抗震设防地区，砖墙的局部尺寸应符合表4-1的规定。

表4-1　砖墙局部尺寸限值表　　单位：m

构造类别	设防烈度			备　注
	6、7度	8度	9度	
承重窗间墙最小宽度	1.0	1.2	1.5	在墙角设钢筋混凝土构造柱时，不受此限制
承重外墙尽端至门窗洞边最小距离	1.0	1.2	1.5	
非承重外墙尽端至门窗洞边最小距离	1.0	1.0	1.0	
内墙阳角至门窗洞边最小距离	1.0	1.5	2.0	
无锚固女儿墙（非入出口）的最大高度	0.5	0.5	0.0	

4.3.3　砌块墙

1. 砌块墙材料

砌块墙是采用砌块按一定技术要求砌筑而成的墙体。

砌块按重量及幅面大小可分为小型砌块、中型砌块和大型砌块。

小型砌块：高度为 115~380mm，单块质量小于 20kg。

中型砌块：高度为 380~980mm，单块质量在 20~35kg。

大型砌块：高度大于 980mm，单块质量大于 35kg。

混凝土小型空心砌块由普通混凝土或轻骨料混凝土制成，主规格尺寸为 390mm × 190mm × 190mm，空心率在 25%~50% 之间，其强度等级为 MU20、MU15、MU10、MU7.5、MU5。

2. 砌块砌筑要求

砌块必须在多种规格间进行排列设计，即设计时需要在建筑平面图和立面图上进行砌块的排列，并注明每一砌块的型号；砌块排列设计应正确选择砌块规格尺寸，减少砌块规格类型，优先选用大规格的砌块做主要砌块，以加快施工速度；上下皮应错缝搭接，内外墙和转角处砌块应彼此搭接，以加强整体性；空心保证有足够的受压面积。砌块上下皮应孔对孔、肋对肋，上下皮搭接长度不小于 90mm，保证有足够的受压面积。

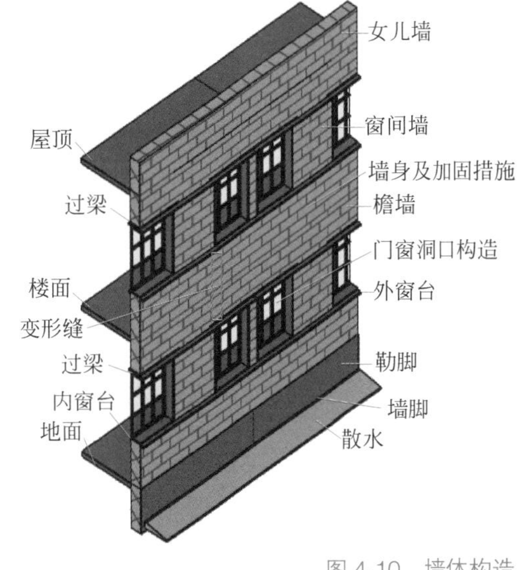

图 4-10　墙体构造

4.3.4　墙体的细部构造

墙体的细部构造如图 4-10 所示。

1. 墙脚

底层室内地面以下、基础以上的墙体常称为墙脚，如图 4-11 所示。

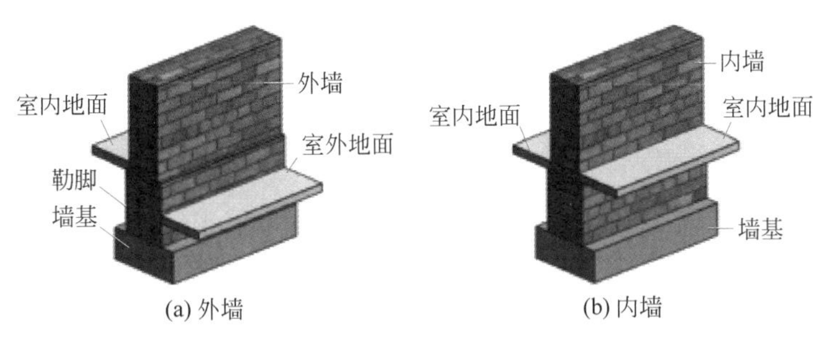

图 4-11　墙脚

1）勒脚

勒脚是外墙的墙脚，是外墙墙身接近室外地面的部分，建造目的是防止雨水溅湿墙身和机械外力破坏等，所以要求勒脚坚固、耐久、防潮且美观。

勒脚一般采用以下几种构造做法（见图 4-12）。

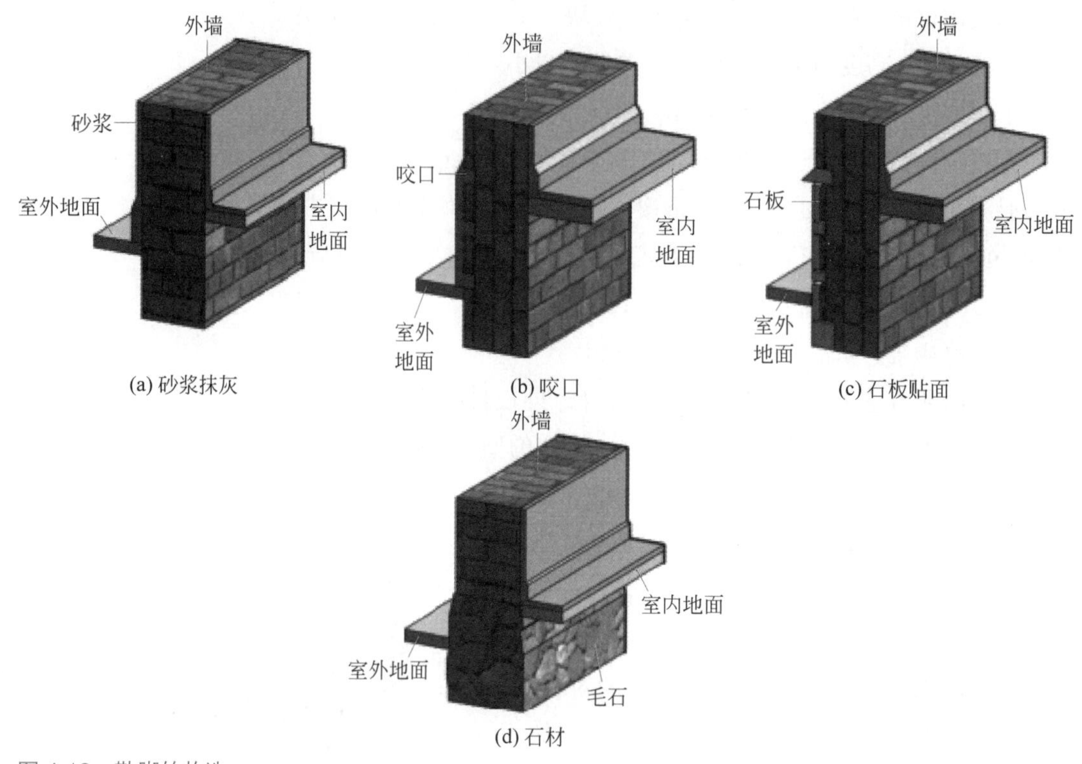

图 4-12 勒脚的构造

（1）砂浆抹灰：可采用 20~30mm 厚 1∶3 水泥砂浆抹面，1∶2 水泥白石子浆水刷石或斩假石抹面。此种做法多用于一般建筑。

（2）咬口：为了保证抹灰层与砖墙黏结牢固，施工时应注意清扫墙面，浇水润湿，也可在墙面上留槽，使抹灰嵌入，称为咬口。

（3）石板贴面：可采用天然石材或人工石材，如花岗石、水磨石板等。其耐久性强、装饰效果好，用于高标准建筑。

（4）石材：勒脚部位的墙体可采用天然石材砌筑，如毛石、条石等。

2）防潮层

当室内地面垫层为混凝土等密实材料时，内、外墙防潮层应设在垫层范围内低于室内地坪 60mm 处。

室内地面为透水材料（如炉渣、碎石）时，水平防潮层的位置应平齐或高于室内地面 60mm。

当室内地面垫层为混凝土等密实材料且内墙面两侧地面出现高差时，高低两个墙脚处分别设一道水平防潮层。在土壤一侧的墙面设垂直防潮层。垂直防潮层的做法为：20mm 厚 1∶2.5 水泥砂浆找平，外刷冷底子油一道、热沥青两道，或用建筑防水涂料、防水砂浆作为防潮层。

墙身水平防潮层的常用构造做法有以下 3 种（见图 4-13）。

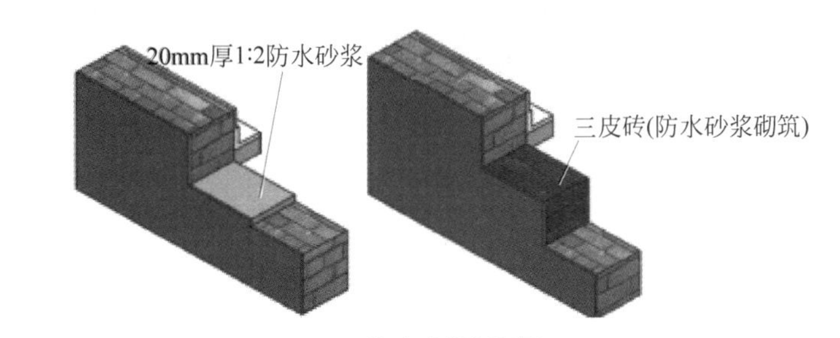

(a) 防水砂浆防潮层

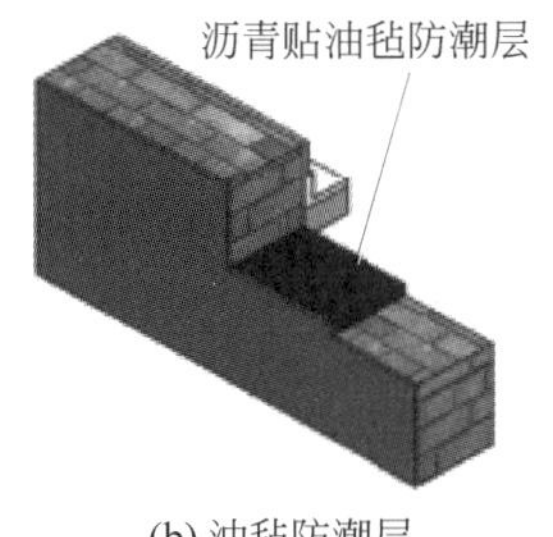

(b) 油毡防潮层

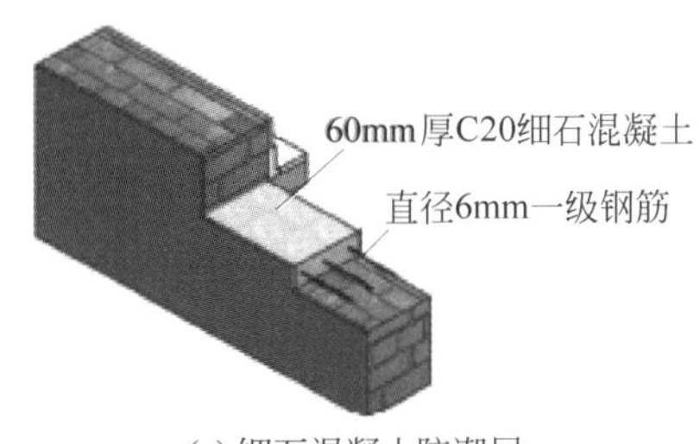

(c) 细石混凝土防潮层

图 4-13　墙身水平防潮层构造

防水砂浆防潮层：采用 1∶2 水泥砂浆加 3%~5% 防水剂，厚度为 20~25mm，或用防水砂浆砌三皮砖作防潮层。此种做法构造简单，但砂浆开裂或不饱满时影响防潮效果。

油毡防潮层：先抹 20mm 厚水泥砂浆找平层，上铺一毡二油。此种做法防水效果好，但有油毡隔离，削弱了砖墙的整体性，不应在刚度要求高或地震区采用。如果墙脚采用不透水的材料（如条石或混凝土等），或设有钢筋混凝土地圈梁时，可以不设防潮层，而由圈梁代替防潮层。

细石混凝土防潮层：采用 60mm 厚的细石混凝土带，内配 3 根 $\phi 6$ 钢筋，其防潮性能好。

3）散水与明沟

房屋四周可采取散水或明沟排除雨水。

散水是沿建筑物外墙设置的倾斜坡面，又称排水坡或护坡。当屋面为有组织排水时一般设明沟或暗沟，也可设散水。当屋面为无组织排水时一般设散水，但应加滴水砖（石）带。散水的做法通常是在素土夯实上铺三合土、混凝土等材料，厚度 60~70mm。散水应设不小于 3% 的排水坡，散水宽度一般为 0.6~1m。当屋面排水方式为自由排水时，散水应比屋面檐口宽 200mm。散水与外墙交接处应设分格缝，分格缝用弹性材料嵌缝，防止外墙下沉时将散水拉裂。散水整体面层纵向每隔 6~12m 做一道伸缩缝。如图 4-14 所示。

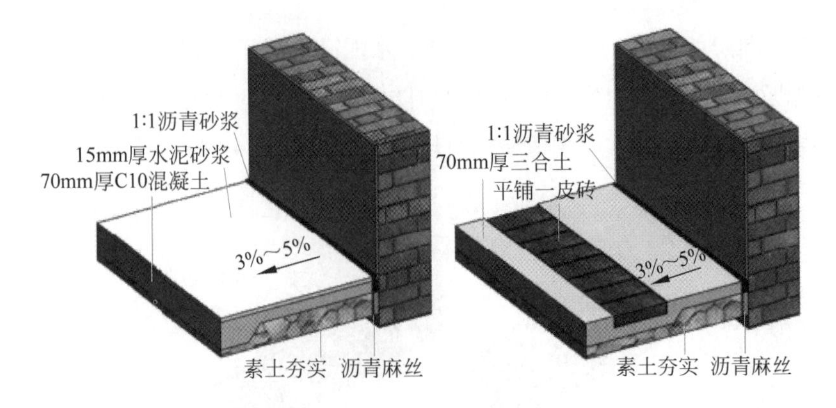

图 4-14 散水

明沟是在建筑物四周设置的排水沟，将水有组织地导向集水井，然后流入排水系统。明沟一般用混凝土浇筑而成，或用砖、石砌筑。明沟沟底应做纵坡，坡度为 0.5%~1%，坡向集水井。外墙与明沟之间需做散水，宽度为 220~350mm，如图 4-15 所示。

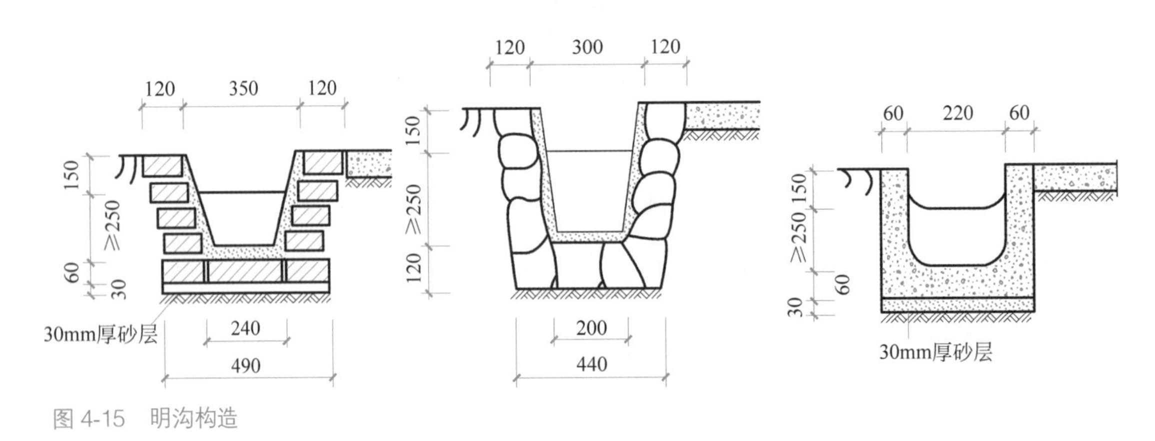

图 4-15 明沟构造

2. 门窗洞口构造

1）窗台

窗台按位置和构造做法不同分为外窗台和内窗台，外窗台设于室外，内窗台设于室内。

（1）外窗台

外窗台是窗洞下部的排水构件，它排除窗外侧流下的雨水，防止雨水积聚在窗下侵入墙身和向室内渗透。

窗台分悬挑窗台和不悬挑窗台。

窗台表面应做不透水面层，如抹灰或贴面处理。

窗台表面应做一定的排水坡度，并应注意抹灰与窗下槛交接处的处理，防止雨水向室内渗入。

窗台下做滴水或斜抹水泥砂浆，引导雨水垂直下落，不致影响窗下墙面。

（2）内窗台

内窗台一般水平放置，通常结合室内装修做成水泥砂浆抹面、贴面砖、木窗台板、预制水磨石窗台板等形式。在我国严寒地区和寒冷地区，室内为暖气采暖时，为便于安装暖气片，窗台下留凹龛，称为暖气槽。暖气槽一般进墙 120mm，此时应采用预制水磨石窗台板或木窗台板，形成内窗台。窗板支撑在两边的墙上，每端伸入墙内不小于 60mm。

（3）窗套与腰线

窗套是由带挑檐的过梁、窗台、窗边挑出立砖构成，其构造如图 4-16 所示。腰线是指将带挑檐的过梁或窗台连接起来形成的水平线条。

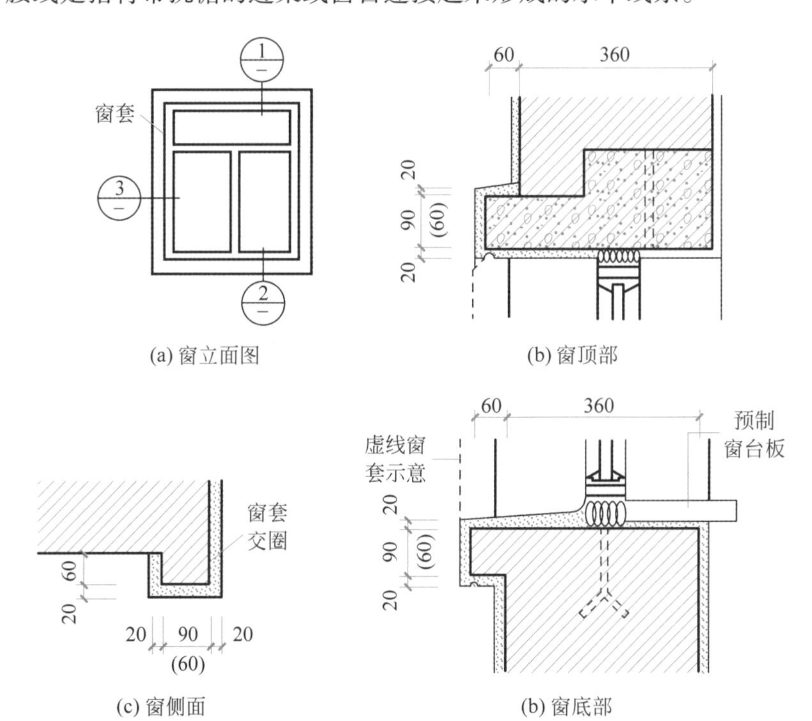

图 4-16 窗套构造示意图

2）门窗过梁

当墙体开设洞口时，为了承受上部砌体传来的各种荷载，并把这些荷载传给两侧的墙体，常在门窗洞口上设置横梁，即门窗过梁。过梁的形式有砖拱过梁、钢筋砖过梁和钢筋混凝土过梁三种。

（1）砖拱过梁

砖拱过梁分为平拱和弧拱，如图 4-17 所示。砂浆灰缝做成上宽下窄，上宽不大于

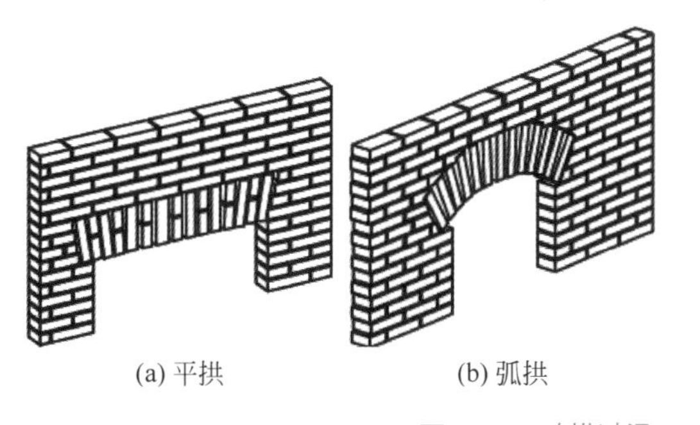

图 4-17 砖拱过梁

20mm，下宽不小于 5mm。砖不低于 MU7.5，砂浆不能低于 M5，砖砌平拱过梁净跨不应大于 1.2m，弧拱的跨度可稍大些，中部起拱高约为 1/50L。砖拱过梁节约钢材和水泥，但施工麻烦，整体性差，不宜用于上部有集中荷载、振动较大或地基承载力不均匀以及地震区的建筑。

（2）钢筋砖过梁

钢筋砖过梁用砖不低于 MU7.5，砌筑砂浆不低于 M5。一般在洞口上方先支木模，砖平砌，设 3~4 根 $\phi 6$ 钢筋，要求伸入两端墙内不少于 240mm，间距不大于 120mm，并设 90° 直弯钩埋在墙体的竖缝中。

钢筋砖过梁高度一般不小于五皮砖，且不小于门窗洞口宽度的 1/4，净跨不应大于 1.5m。

（3）钢筋混凝土过梁

钢筋混凝土过梁有现浇和预制两种，梁高及配筋由计算确定。梁高应与砖的皮数相适应，以方便墙体连续砌筑，故常见梁高为 60mm、120mm、180mm、240mm，即为 60mm 的整倍数。梁宽一般同墙厚，梁两端支承在墙上的长度不小于 240mm，以保证足够的承压面积。

3. 圈梁

圈梁是指沿建筑物外墙四周及部分内墙设置的连续封闭的梁。圈梁的主要作用是增加墙体的整体性，提高房屋的整体刚度，减少地基不均匀沉降引起的墙身开裂，提高房屋的抗震能力。

4. 构造柱

在房屋四角及内外墙交接处、楼梯间等部位按构造要求设置的现浇钢筋混凝土柱称为构造柱。构造柱的主要作用是与圈梁共同形成空间骨架，以增加房屋的整体刚度，提高墙体抵抗变形的能力。

5. 变形缝

在某些变形敏感部位先沿整个建筑物的高度设置预留缝，将建筑物分成独立的单元，或分为简单、规则、均匀的段，以避免应力集中，并给变形留下适当的余地，如图 4-18 所示。这种将建筑物垂直分开的缝称为变形缝。

图 4-18　变形缝实物图

变形缝根据外界破坏因素的不同分为三种，即伸缩缝、沉降缝和防震缝。其中伸缩缝是考虑环境温度变化对建筑物的影响而设置的；沉降缝是考虑房屋有可能会在某些部位出现不均匀沉降而设置的；防震缝是考虑地震对建筑的破坏而设置的。

4.3.5　墙面的装饰装修

1. 作用和分类

墙面装修是建筑装修中的重要内容，其主要作用如下：

（1）保护墙体，提高墙体的耐久性；

（2）改善墙体的热工性能、光环境、卫生条件等；

（3）美化环境，丰富建筑的艺术形象。

墙体装修按其所处的部位不同可分为室外装修和室内装修。室外装修应选择强度高、耐水性好、抗冻性强、抗腐蚀、耐风化的建筑材料。室内装修材料应根据房间的功能要求及装修标准来确定。

室内装修的主要作用是保护墙体，改善室内卫生条件，提高墙体的保温、隔热和隔声性能以及室内的采光效果，并能美化室内环境，对于一些特殊要求的房间，如卫生间、实验室，还需考虑室内装修材料的防水、防潮、防尘、防腐等方面的要求。室外装修的作用是保护墙体不受风、雨、潮气等外界侵袭的影响，提高墙体的防潮、防风化、保温、隔热及耐大气污染的能力，增强墙体坚固耐久性，延长建筑物的使用寿命，同时可通过饰面材料的质感、线形的变化、色彩的搭配等来增强建筑的艺术效果。

按材料及施工方式的不同，常见的墙面装修可分为抹灰类、贴面类、涂料类、裱糊类和铺钉类五大类。

2. 墙面装修的方法

1）抹灰类墙面装修

抹灰又称粉刷，是我国传统的饰面做法。它是用砂浆或石碴浆涂抹在墙体表面上的一种装修做法。其材料来源广泛，施工操作简便，造价低廉，通过改变工艺可获得不同的装饰效果，因此在墙面装修中应用广泛。但目前多为手工式作业，工效低、劳动强度大。为了避免出现裂缝，保证抹灰层牢固和表面平整，施工时须分层操作。抹灰装修层由底层、中间层和面层组成。普通抹灰分底层和面层，对一些标准较高的中级抹灰和高级抹灰，在底层和面层之间还要增加一层或数层中间层（见图 4-19）。

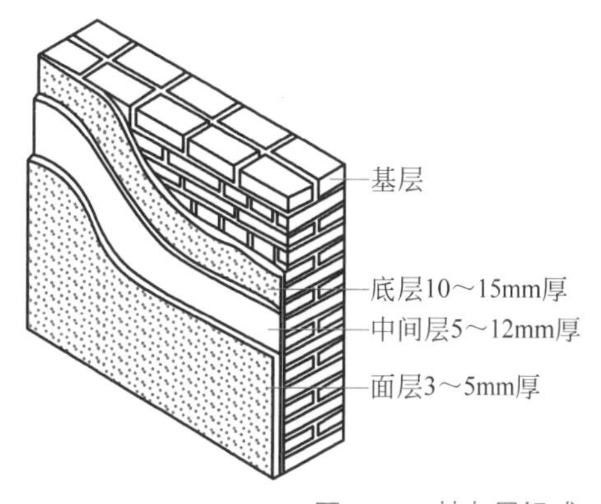

图 4-19　抹灰层组成

底层抹灰的作用是与基层（墙体表面）黏结和初步找平，其用料视基层材料而定。普通砖墙常用石灰砂浆和混合砂浆，混凝土墙应采用混合砂浆和水泥砂浆，板条墙的底灰用麻刀石灰浆或纸筋石灰砂浆。另外，对湿度较大的房间或有防水、防潮要求的墙体，底灰应选用水泥砂浆或水泥混合砂浆。

中层抹灰起进一步找平作用，其所用材料与底层相同。

面层抹灰主要起装饰作用，要求表面平整、色彩均匀、无裂纹，可以做成光滑、粗糙等不同质感的表面。

根据面层所用材料，抹灰装修有很多类型，常见抹灰的具体构造做法见表 4-2。

表 4-2 墙面抹灰做法举例

抹灰名称	做法说明	适用范围
水泥砂浆墙面	① 刷界面处理剂一道（随刷随抹底灰）； ② 12mm 厚 1:3 水泥砂浆打底扫毛； ③ 8mm 厚 1:2.5 水泥砂浆抹面	混凝土基层的外墙
水刷石墙面	① 刷界面处理剂一道（随刷随抹底灰）； ② 12mm 厚 1:3 水泥砂浆打底扫毛； ③ 刷素水泥浆一道； ④ 8mm 厚 1:1.5 水泥石子（小八厘）罩面、水刷露出石子	混凝土基层的外墙
斩假石（剁斧石）墙面	① 清扫集灰适量洇水； ② 10mm 厚 1:3 水泥砂浆打底扫毛； ③ 刷素水泥浆一道； ④ 10mm 厚 1:1.25 水泥石子抹平（米粒石内掺 30% 石屑）； ⑤ 剁斧斩毛两遍成活	砖基层的外墙

2）贴面类墙面装修

贴面类装修是指将各种天然石材或人造板、块通过绑、挂或直接粘贴于基层表面的装修做法。它具有耐久性好、装饰性强、容易清洗等优点。常用的贴面材料有花岗岩板和大理石板等天然石板，水磨石板、水刷石板、剁斧石等人造石板，以及面砖、瓷砖、锦砖等陶瓷和玻璃制品。质地细腻、耐候性差的各种大理石、瓷砖等一般适用于内墙面的装修，而质感粗犷、耐候性好的材料，如面砖、锦砖、花岗岩板等适用于外墙装修。图 4-20 所示为石材贴面。

图 4-20 石材贴面

3）涂料类墙面装修

涂料类墙面装修是将各种涂料用喷、涂、滚的方式在基层表面形成牢固的保护膜，从而保护墙面和装饰墙面的一种装修做法。这类装修做法具有造价低、操作简单、工效高、维修方便等优点，因而应用较为广泛。实践中应根据建筑的使用功能、墙体所处环境、施工和经济条件等，尽量选择附着力强、无毒、耐久、耐污染、装饰效果好的涂料。

建筑涂料的种类很多，按其主要成膜物质的不同可分为无机涂料和有机合成涂料两大类。

（1）无机涂料

无机涂料包括石灰浆、大白浆、水泥浆及各种无机高分子涂料等。

石灰浆采用石灰膏加水拌和而成。根据需要可掺入颜料，为增强灰浆与基层的黏结力和耐久性，还可在石灰浆中加入食盐、107 胶或聚醋酸乙烯乳液等。石灰浆的耐久性、耐候性、耐水性以及耐污染性均较差，主要用于室内墙面。一般喷或刷两遍即成。

大白浆是由大白粉掺入适量胶料配制而成，也可以掺入颜料而成色浆。大白浆覆盖力强，涂层细腻洁白，价格低，施工和维修方便，多用于内墙饰面。一般喷或刷两遍即可。

（2）有机合成涂料

有机合成涂料依其稀释剂的不同可分为以下几种。

溶剂型涂料：常见的溶剂型涂料有苯乙烯内墙涂料、聚乙烯醇缩丁醛内外墙涂料、过氯乙烯内墙涂料、812 建筑涂料等。这类涂料具有较好的耐水性和耐候性，但有机溶剂在施工时挥发出有害气体，污染环境，同时在潮湿的基层上施工会引起脱皮现象。

水溶型涂料：常见的水溶型涂料有聚乙烯醇水玻璃内墙涂料、聚合物水泥砂浆饰面涂料、改性水玻璃内墙涂料、108 内墙涂料等。这类涂料价格低、无毒、无怪味、具有一定的透气性，在较潮湿的基层上也可以操作。

乳胶涂料：常见的乳胶涂料有乙—丙乳胶涂料、苯—丙乳胶涂料、氯—偏乳胶涂料等。这类涂料无毒、无味，不易燃烧，耐水性及耐候性较好，具有一定的透气性，可在潮湿基层上施工，多用作外墙饰面。

4）裱糊类墙面装修

裱糊类墙面装修是将各类装饰性的墙纸、墙布等卷材类的装饰材料用黏结剂裱糊在墙面上的一种装修做法（见图 4-21）。材料和花色品种繁多，主要有塑料壁纸、纸基涂塑壁纸、纸基织物壁纸、玻璃纤维印花墙布、无纺墙布等。裱糊类墙面仅适用于室内装修。

图 4-21　裱糊类墙面装修

5）铺钉类墙面装修

铺钉类墙面装修是指利用天然木板或各种人造板用镶、钉、粘等固定方式对墙面进行的装修处理。这种做法一般不需要对墙面抹灰，故属于干作业范畴，可节省人工，提高工效，一般适用于装修要求较高或有特殊使用功能的建筑中。铺钉类装修一般由骨架和面板两部分组成。

（1）骨架

骨架有木骨架和金属骨架之分。木骨架由墙筋和横档组成，通过预埋在墙上的木砖钉到墙身上。墙筋和横档断面常用 50mm × 50mm 和 40mm × 40mm，其间距视面板的尺寸规格而定，一般为 450~600mm。金属骨架中的墙筋多采用冷轧薄钢板制成槽形断面。为防止骨架与面板受潮而损坏，可先在墙体上刷热沥青一道再干铺油毡一层，也可在墙面上抹 10mm 厚混合砂浆并涂刷热沥青两道。

（2）面板

装饰面板多为人造板，如纸面石膏板、硬木条、胶合板、装饰吸音板、纤维板、彩色钢板及铝合金板等。

石膏板与木骨架的连接一般用图钉或木螺钉固定，如图 4-22 所示。与金属骨架的连接可先钻孔后用自攻螺钉或镀锌螺钉固定，也可采用黏结剂黏结，如图 4-23 所示。金属板材与金属骨架的连接主要靠螺栓和铆钉固接。图 4-24 所示为铝合金板材墙面的安装构造。硬木条或硬木板装修是指将装饰性木条或凹凸型板竖直铺钉于墙筋或横档上，背面可衬以胶合板，使墙面产生凹凸感，其构造如图 4-25 所示。胶合板、纤维板多用圆钉与墙筋或横档固定。为保证面板有微量伸缩的可能，在钉面板时，板与板之间可留出 5~8mm 的缝隙。缝隙可以是方形、三角形，对要求较高的装修可用木压条或金属压条嵌固。

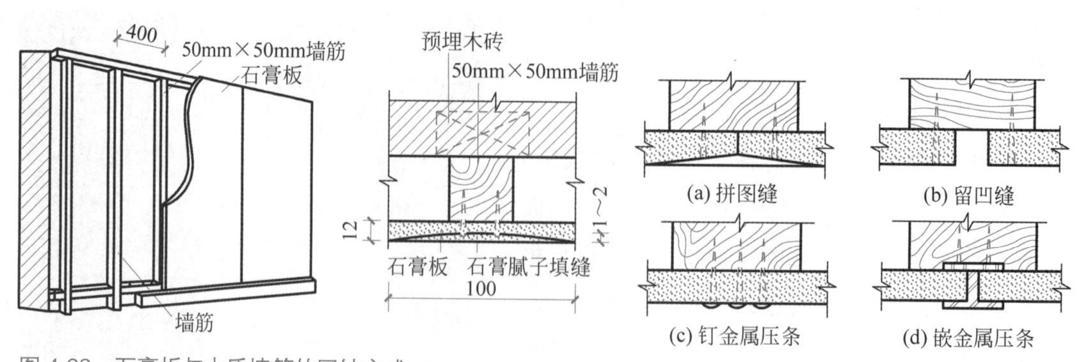

图 4-22　石膏板与木质墙筋的固结方式

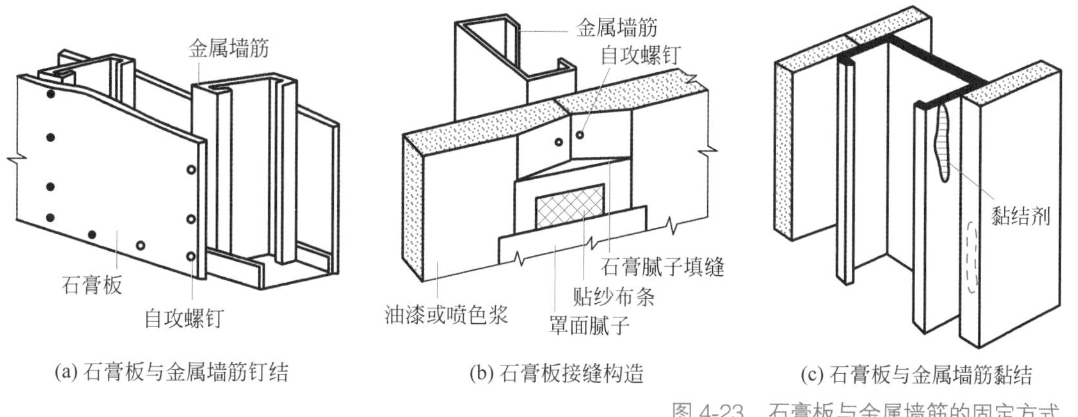

(a) 石膏板与金属墙筋钉结　(b) 石膏板接缝构造　(c) 石膏板与金属墙筋黏结

图 4-23　石膏板与金属墙筋的固定方式

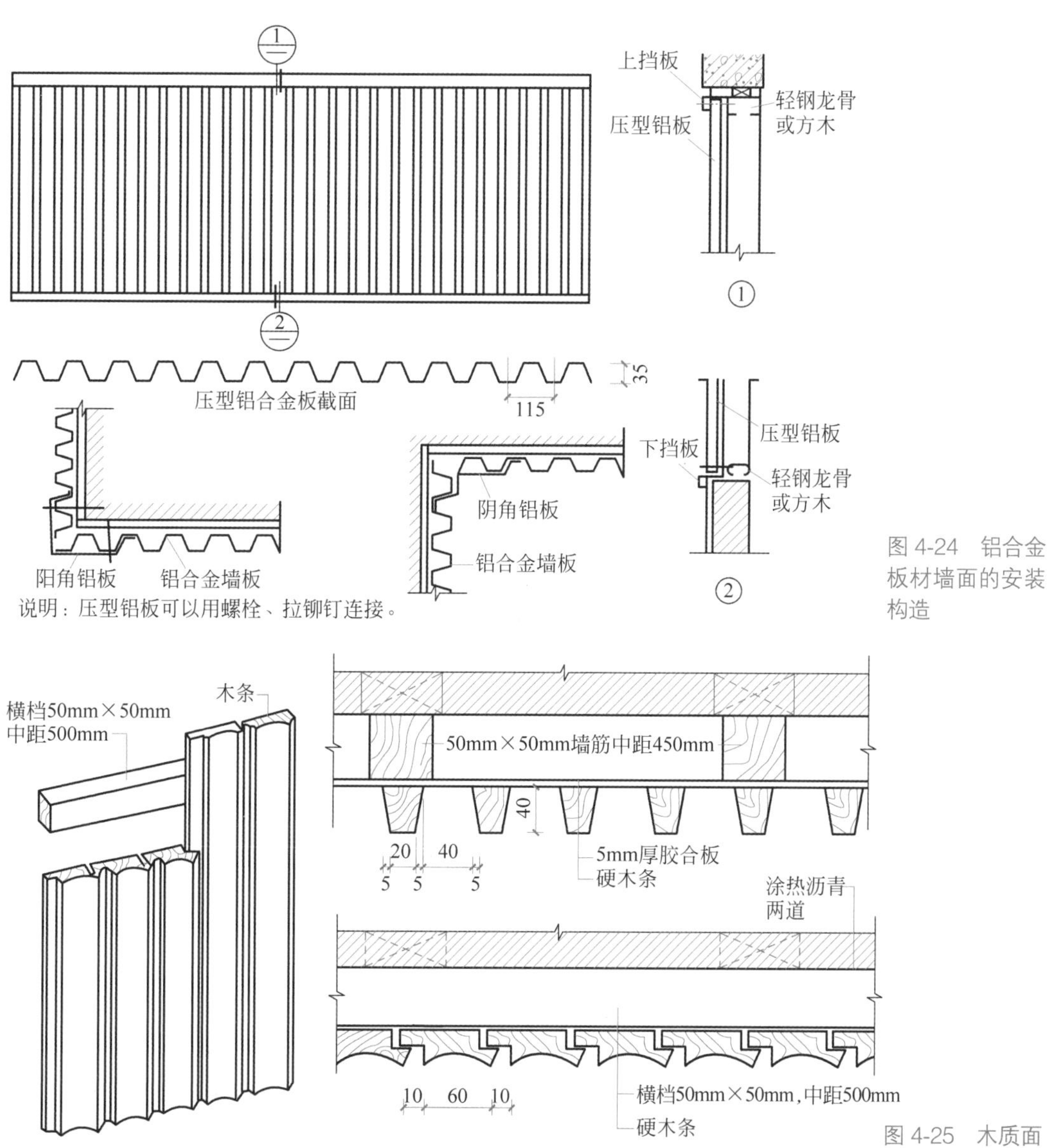

图 4-24　铝合金板材墙面的安装构造

图 4-25　木质面板墙面装饰构造

6）幕墙装修

幕墙是建筑物外围护墙的一种形式，形似挂幕，一般不承重，又称为悬挂墙（见图4-26）。幕墙的特点是装饰效果好、质量轻、安装速度快，是外墙轻型化、装配化较理想的形式，因此在现代大型和高层建筑中应用广泛。

图4-26 玻璃幕墙

常见的幕墙有玻璃幕墙、金属薄板幕墙、石板幕墙及轻质钢筋混凝土墙板幕墙等类型。

玻璃幕墙按照施工方法的不同可分为分件式玻璃幕墙和板块式玻璃幕墙两种。前者需要现场组合，后者只要在工厂预制后再到现场安装即可。玻璃幕墙由于其组合形式和构造方式的不同而做成框架外露系列或框架隐藏系列，还有用玻璃做肋的无框架系列。

分件式玻璃幕墙是在施工现场将金属框架、玻璃、填充材料和内衬墙以一定顺序进行组装。玻璃幕墙通过金属框架把自重和风荷载传递给主体结构，框架横档的跨度不能太大，否则要增设结构立柱。目前主要采用框架竖梃承力方式，竖梃一般支撑在楼板上，布置比较灵活。分件式组装施工速度相对较慢，精度低，施工要求也低，如图4-27所示。

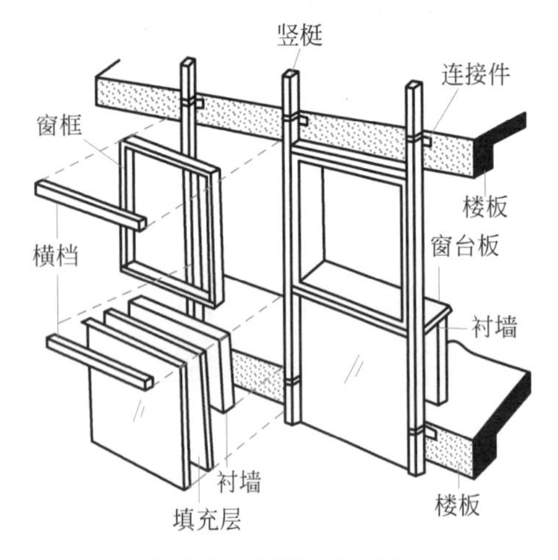

图4-27 分件式玻璃幕墙示意图

4.3.6 预制混凝土墙板

预制混凝土墙板发展至今，大大提升了墙体的施工精度，墙体洞口误差从50mm减小到5mm。预制混凝土墙板由于在工厂内完成了浇筑与养护，在施工现场只需要固定安装及节点现浇，减少了现场施工工序，提高了效率。由于现浇过程预留窗洞口，或者已经将窗框整体固定在墙体内，大幅度减少了外窗渗漏的可能性。预制混凝土墙板根据承重类型可分为预制外挂墙板和预制剪力墙两种形式。

1. 预制外挂墙板

预制外挂墙板集外墙装饰面（面砖、石材、涂料、装饰混凝土等形式）、保温于一体，可分为围护板系统和装饰板系统，主要用作建筑外墙挂板或幕墙，省去了建筑外装饰的环节。

预制内墙板有横板墙、纵板墙和隔板墙三种。横板墙和纵板墙均为承重墙板，隔板墙为非承重墙板。内墙板应具有隔声与防火的功能。内墙板一般采用单一材料（普通混凝土、硅酸盐混凝土）制成，有实心与空心两种，如图 4-28 所示。隔板墙主要用于内部的分隔。这种墙板没有承重要求，但应满足建筑功能上隔声、防火、防潮等方面的要求，采用较多的有钢筋混凝土薄板、加气混凝土条板、石膏板等。为了满足内装修减少现场抹灰湿作业的要求，所有的内墙板墙面必须平整。

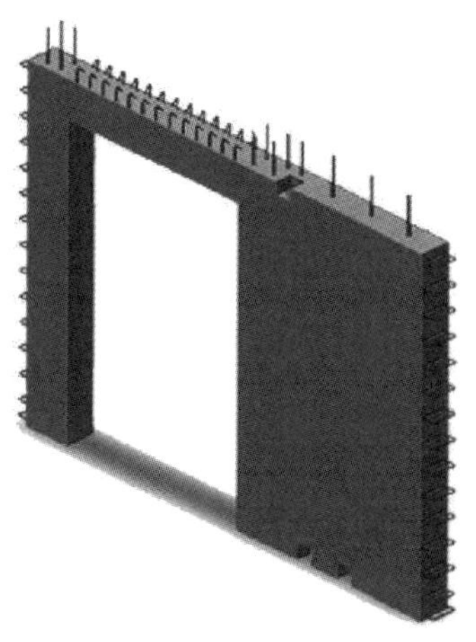

图 4-28　预制内墙板

2. 预制剪力墙

1）剪力墙的作用

剪力墙结构是多高层建筑最常用的结构形式之一。建筑结构中往往会通过设置剪力墙来抵抗结构所承受的风荷载或地震作用引起的水平作用力，防止结构剪切破坏。剪力墙一般为钢筋混凝土材料，如图 4-29 所示。

预制装配式剪力墙结构（见图 4-30）中存在大量的水平接缝、竖向接缝以及节点，使得整体结构具有足够的承载力、刚度和延性，以及抗震、抗偶然荷载、抗风的能力。预制装配式剪力墙结构分为部分预制剪力墙结构和全预制剪力墙结构。部分预制剪力墙结构主要是指内墙现浇、外墙预制的结构，该结构目前在北京万科的工程中已经示范应用。全预制剪力墙结构是指全部剪力墙采用预制构件拼装装配。该结构体系的预制化率高，但拼缝的连接构造比较复杂，施工难度较大。

图 4-29　剪力墙结构

图 4-30　预制装配式剪力墙结构

2）剪力墙构件的组成

装配式剪力墙墙体由预制剪力墙身、后浇段、现浇剪力墙身、现浇剪力墙柱、现浇剪力墙梁等构件组成。

3）预制剪力墙的类型

（1）夹心保温剪力墙

装配式建筑剪力墙体系中实心预制墙体共有2侧，即预制剪力墙外墙板和预制剪力墙内墙板。内墙板与外墙板构造基本类似，外墙板在内墙板构造的基础上设置了保温层，也称为三明治墙板，是一种可以实现围护与保温一体化的保温墙体，墙体由内外叶钢筋混凝土板、中间保温层和连接件组成。

内叶墙板为结构主要受力构件。外叶墙板决定了三明治墙以及建筑外立面的外观，常采用彩色混凝土，表面纹路选择的余地也很大。两层之间可使用保温连接件进行连接。由于混凝土的热惰性，内叶混凝土墙板成为一个恒温的蓄能体，中间的保温板成为一个热的隔缘层，延缓热量传过建筑墙板在内外叶之间传递。

保温材料置于内外两预制混凝土板内，内叶墙、保温层及外叶墙一次成型，无须再做外墙保温，简化了施工步骤。预制夹心保温墙板的保温材料宜采用挤塑聚苯乙烯板（XPS）、硬泡聚氨酯（PUR）等质轻高效保温材料，选用时除应考虑材料的导热系数外，还应考虑材料的吸水率、燃烧性能、强度等指标。图4-31所示为预制夹心保温外墙。

外叶层混凝土面层的装饰做法较多，除了在面层上做干黏石、水刷石和镶贴陶瓷锦砖（马赛克）、面砖外，还可利用混凝土的可塑性，采用不同的衬模，制作出不同的纹理、质感和线条的装饰混凝土面。

（2）全预制实心剪力墙

全预制实心剪力墙通过工厂完全预制的方式完成剪力墙的浇筑，并且在预制浇筑过程中将用于竖向连接的钢筋套筒构件预埋在预制墙内部，如图4-32所示。现场安装时，通过注浆的方式实现与梁及楼板的连接。横向留出一定长度钢筋，以备与非承重墙板之间通过现浇节点连接。

图4-31 预制夹心保温外墙

图4-32 全预制实心剪力墙

（3）双面叠合剪力墙

双面叠合剪力墙是由两层预制混凝土墙板与格构钢筋制作而成，在两层预制墙板中浇筑混凝土，并采取规定的构造措施，同时预制叠合剪力墙与边缘构件通过现浇连接，提高整体性，共同承受竖向荷载与水平力作用（见图 4-33）。

（4）单面叠合剪力墙

将预制混凝土外墙板作为外墙外模板，在外墙内绑扎钢筋，支模并浇筑混凝土，预制混凝土外墙板通过粗糙面和钢筋桁架与现浇混凝土结合成整体，这样的墙体称为单面叠合剪力墙，如图 4-34 所示。

特别提示

与三明治墙板相比，双面叠合预制墙板具有以下特点。

（1）省工序。双面叠合预制墙板的内外预制墙板可在现场浇筑中间层混凝土时充当模板，省去了现场支模拆模的烦琐工序。

（2）省费用。由于在工厂制作时中间层未浇筑，双面叠合墙体的质量比全预制剪力墙减轻一半，相应地减少了施工中制作、运输、吊装等过程中的措施费用。

（3）提高效率。与全预制剪力墙相比，双面叠合剪力墙侧面不出钢筋，这样能最大限度地避免现场放置钢筋时产生碰撞，极大地提高了施工效率。

（4）布筋合理。非边缘构件的叠合墙体水平分布筋、竖向分布筋皆预制在叠合剪力墙内，边缘构件区域由箍筋代替墙体分布筋，边缘构件与剪力墙身采用现场人工放设附加钢筋的方式连接。

（5）结构整体性提高。剪力墙在边缘构造区域采用现浇，其余非边缘构件区域采用双面叠合剪力墙。

图 4-33　双面叠合剪力墙

图 4-34　单面叠合剪力墙

单面叠合墙板中钢筋桁架应双向配置，它的主要作用是连接预制叠合墙板（PCF 板）和现浇部分，增强单面叠合剪力墙的整体性，同时保证预制墙板在制作、吊装、运输及现场施工时有足够的强度和刚度，避免损坏、开裂。

本章小结

1. 房屋建筑中的墙体一般有承重作用、围护作用和分隔作用。

2. 墙体的承重方案：横墙承重、纵墙承重、纵横墙承重、墙与内柱混合承重。

3. 砖墙组砌方式有全顺式、一顺一丁式、三顺一丁式或多顺一丁式、每皮丁顺相间式、两平一侧式等。

4. 墙体的细部构造包括墙脚、门窗洞口、圈梁、构造柱、变形缝等。

5. 常见的墙面装修可分为抹灰类、贴面类、涂料类、裱糊类和铺钉类。墙面装修的构造层次主要有基层和饰面层两大部分。基层要保证面层材料附着牢固，同时对有特殊使用要求的场所要有针对性地进行处理；饰面层应保证房屋的美观、清洁和使用要求。

6. 预制墙板分为预制外挂墙板和预制剪力墙两种形式。常见的预制剪力墙类型有夹心保温剪力墙、全预制实心剪力墙、双面叠合剪力墙、单面叠合剪力墙四种。

课后习题

1. 墙体的作用有哪些？
2. 墙体设计应满足哪些要求？
3. 砖墙体的细部构造有哪些？各起什么作用？
4. 砖墙的组砌方式有哪些？
5. 试述墙面装修的作用和构造。

第5章　楼地层的构造

楼地层是楼板层和地坪层的统称。楼板层是建筑物中的水平承重构件，并且将房屋垂直方向分隔为若干层，施加在其上的活荷载及其自重都必须通过墙体、梁或柱传递给基础。地坪层是分隔大地与建筑物底层空间的水平构件，承受着作用在它上面的各种荷载，并传给地基。

5.1　楼地层的构造组成与要求

5.1.1　楼板层的构造组成

楼板层通常由面层、结构层、附加层、顶棚层四部分组成，还可以根据需要设置附加层，如图5-1所示。

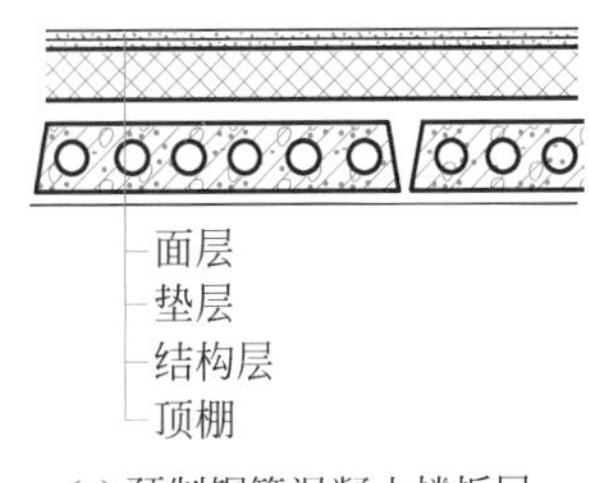

(a) 预制钢筋混凝土楼板层

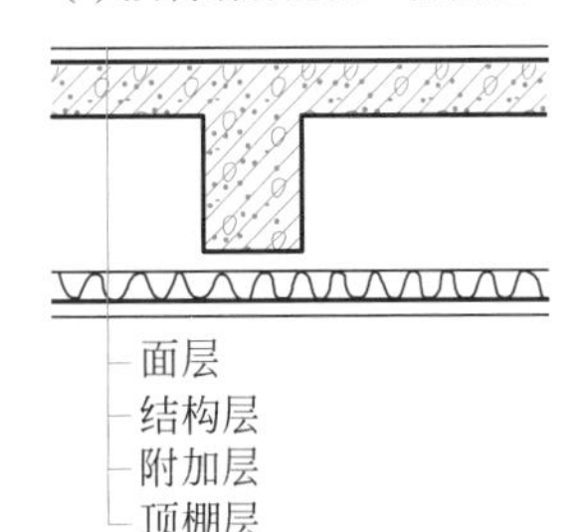

(b) 现浇钢筋混凝土楼板层

图5-1　楼板层构造组成

1. 面层

面层是楼板层最上面的层次，通常又称为楼面。面层是楼板层中直接与人和家具设备相接触经受摩擦的部分，其作用是保护楼板并传递荷载，并对室内有重要的清洁及装饰作用。

2. 结构层

结构层是楼板层的承重构件。结构层可以是板，也可以是梁和板，主要功能是承受楼板层上全部荷载，并将这些荷载传递给墙或柱，同时还对墙身起水平支撑作用。

3. 附加层

附加层是为了满足某些特殊使用要求而设置的构造层次，如防水层、防潮层、保温隔热层等。附加层可以设置在面层和结构层之间，也可以设在结构层和顶棚层之间，设置的位置视具体需要而定。

4. 顶棚层

顶棚层是楼板层最下部的层次，其作用是保护楼板并起美观作用，同时还易于满足管线敷设要求。

5.1.2 地坪层的构造

地坪层是指建筑物底层与土壤接触的结构构件，它承受着地坪上的荷载，并均匀传给地基。

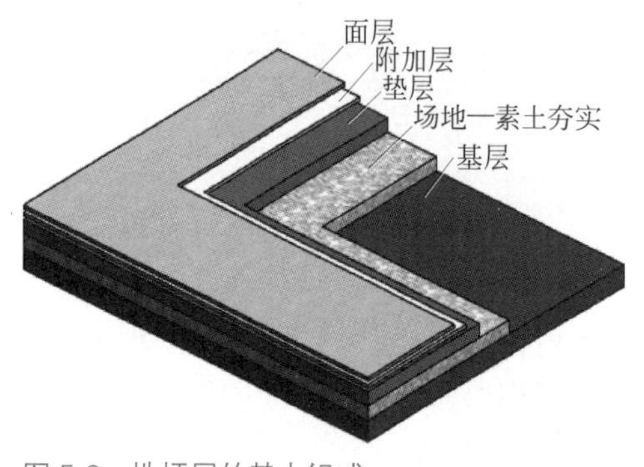

图 5-2 地坪层的基本组成

地坪层是由面层、垫层和基层构成，根据需要，可增设附加层（见图 5-2）。

（1）面层：是人们日常生活直接接触的表面，其构造和要求与楼层的面层相同。

（2）垫层：是地坪层的结构层，起着承重和传力的作用。通常采用 60~80mm 厚 C10 混凝土，荷载大时可相应增加厚度或配筋。混凝土垫层应设分仓缝，缝宽一般为 5~20mm；纵缝间距为 3~6m，横缝间距为 6~12m。

（3）基层：多为垫层与地基之间的找平层或填充层，主要起加强地基、帮助结构层传递荷载的作用。基层可就地取材，如北方可用灰土或碎砖，南方多用碎砖石或三合土，均须夯实。

（4）附加层：为了满足某些特殊使用功能要求而设置的构造层次，如结合层、保温层、防水层、埋设管线层等。其材料常为 1∶6 水泥焦渣，也可用水泥陶粒、水泥珍珠岩等。

5.1.3 楼地层构造的要求

1. 楼板层构造的要求

1）具有足够的强度和刚度

楼板层直接承受着自重和作用在其上的各种荷载，因此楼板应具有足够的强度，保证在荷载作用下不致因楼板承载力不足而引起结构的破坏。为了满足建筑物的正常使用要求，楼板还应具有足够的刚度，保证在正常使用的状态下，不会产生过大的裂缝和挠度等变形，刚度要求通常是通过限制板的最小厚度来保证。

2）具有一定的防火能力

楼板作为分割竖向空间的承重构件，应具有一定的防火能力。现行的《建筑设计防火规范》（GB 50016—2014）（2018 年局部修订）对多层建筑楼板的耐火极限作了明确规定：建筑物耐火等级为一级时，楼板采用不燃烧体，耐火极限不小于 1.50h；建筑物耐火等级为二级时，楼板采用不燃烧体，耐火极限不小于 1.00h；建筑物耐火等级为三级时，楼板采用不燃烧体，耐火极限不小于 0.50h；建筑物耐火等级为四级时，楼板可采用燃烧体，耐火极限不小于 0.25h。

3）具有一定的隔声能力

噪声的传播途径有空气传声和固体传声两种。隔绝空气传声可采取使楼板密实、无裂缝等构造措施来达到。固体传声是通过固体振动传递的。楼板层隔声主要是针对固体传声。

隔绝固体传声的方法有以下两种。

（1）面层下设置弹性垫层，形成浮筑式楼板，如图 5-3 所示。

（2）对楼板表面进行处理。在楼板面铺设弹性面层，如铺设地毯、橡皮、塑料等；在楼板下设置吊顶棚。

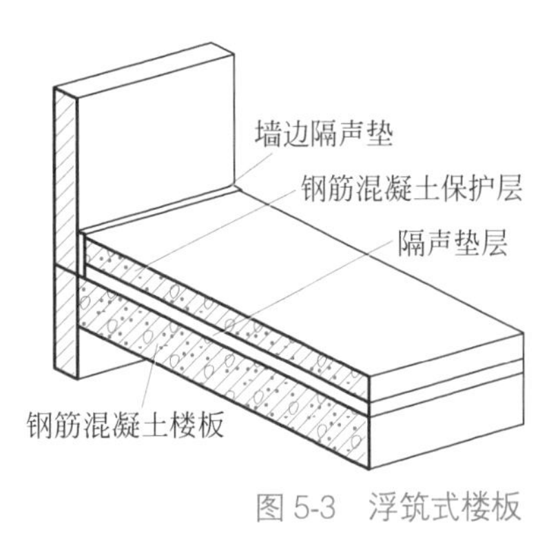

图 5-3　浮筑式楼板

4）具有一定的防潮、防水能力

建筑物使用当中有水侵蚀的房间，如厨房、卫生间、浴室、实验室等，楼板层应进行防潮、防水处理，防止影响相邻空间的使用和建筑物的耐久性。

5）满足各种管线敷设要求

随着科学技术的发展和生活水平的提高，现代建筑中电器等设施应用越来越多。楼板层的顶棚层应满足设备管线的敷设要求。

2. 地面构造的要求

楼板层的面层和地坪层的面层统称为地面，在构造和要求上基本是一致的，应满足以下设计要求。

（1）具有足够的坚固性，且表面平整光洁，易清洁，不起灰。

（2）面层的温度性能要好，导热系数小，冬季使用不感寒冷。

（3）面层应具有一定的弹性，行走舒适。

（4）满足某些特殊的要求，如防火、防水、防腐、防电等。

5.2　楼板的构造

5.2.1　楼板的分类

根据所采用的材料不同，楼板可分为木楼板、砖拱楼板、钢筋混凝土楼板及压型钢板组合楼板等多种形式。

1. 木楼板

木楼板是我国的传统做法，其构造简单、自重轻、保温隔热性能好、舒适有弹性，但易燃、耐久性差，特别是需耗用大量木材，一般工程中很少采用，如图 5-4 所示。

2. 砖拱楼板

砖拱楼板可以节约钢筋和水泥，但自重大、抗震性能差，现在已经不采用了，如图 5-5 所示。

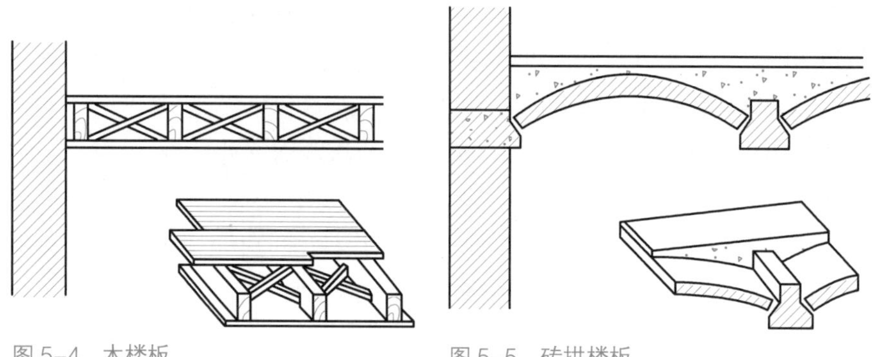

图 5-4　木楼板　　图 5-5　砖拱楼板

3. 钢筋混凝土楼板

钢筋混凝土楼板具有强度高、防火性能好、便于工业化生产等优点，是我国应用最广泛的一种楼板，如图 5-6 所示。

4. 压型钢板组合楼板

压型钢板组合楼板又称钢衬板楼板，其做法是用截面为凹凸形压型钢板与现浇混凝土面层组合形成整体性很强的一种楼板结构。压型钢板作为楼板的一部分永久地留在楼板中，既作为模板，又提高了楼板的抗弯刚度和强度，虽然其造价高，但仍是值得大力推广应用的楼板，如图 5-7 所示。

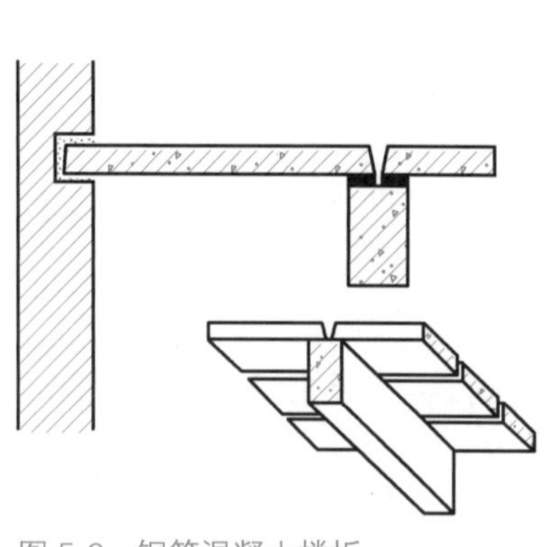

图 5-6　钢筋混凝土楼板

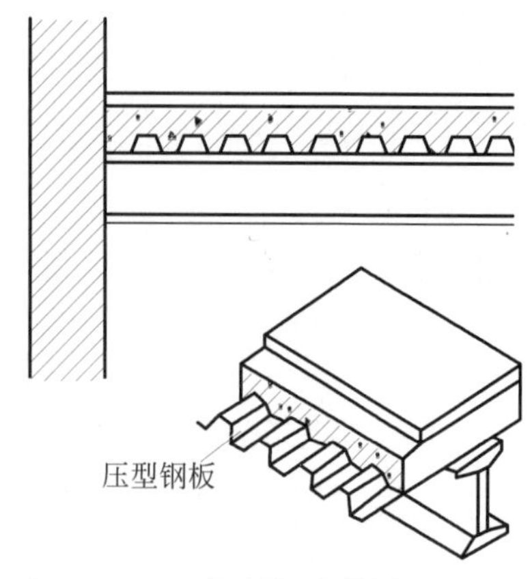

图 5-7　压型钢板组合楼板

5.2.2　钢筋混凝土楼板

根据施工方法不同，钢筋混凝土楼板可分为现浇整体式、预制装配式及装配整体式三种。

1. 现浇整体式钢筋混凝土楼板

现浇整体式钢筋混凝土楼板是在施工现场经过支模、绑扎钢筋、浇灌混凝土、养护、拆模等工序而形成的楼板。其优点是整体性好，可以适应各种不规则的建筑平面，预留管道孔洞较方便及防潮防水性能好；缺点是湿作业量大，工序繁多，需要养护，施工工期较长，而且受气候条件影响较大。

现浇整体式钢筋混凝土楼板根据受力和传力情况分为板式楼板、梁板式楼板、无梁楼板三种。

1）板式楼板

在墙体承重建筑中，当房间尺寸较小，楼板上的荷载直接由楼板传递给墙体,这种楼板结构称为板式楼板。它多用于跨度较小的房间或走廊，如居住建筑中的厨房以及公共建筑的走廊等。

2）梁板式楼板

当房间跨度较大时，为了使楼板的受力与传力更加合理，通过在板下设梁的方式，将一块板划分为若干个小块，从而减小了板的跨度，如图 5-8 所示。楼板上的荷载先由板传递给梁，再由梁传递给墙或柱，这种楼板结构称为梁板式楼板。

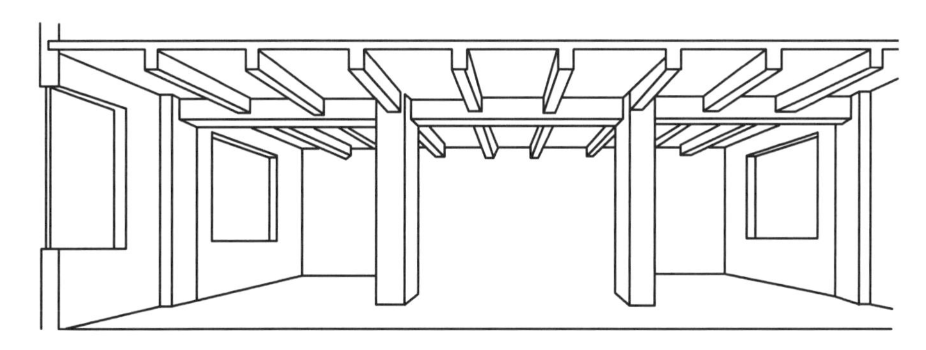

图 5-8　梁板式楼板

在板底增加梁不单单具有结构和经济意义，经过对楼板的传力路线的设计，还可以重新分配传到梁上的荷载大小，从而控制其断面尺寸，这样对争取某些结构梁底的净高以及在平面上按照建筑设计的需要局部增加或者取消某些楼层的支座都是很有用处的。

梁板式楼板的梁可以形成主次梁的关系。当梁板式楼盖板底某一个方向的次梁平行排列成为肋状时，可称之为肋形楼板。为了更充分地发挥楼板结构的效力，合理选择构件的截面尺寸至关重要。梁板式楼板常用的经济尺寸如下：主梁的跨度一般为5~8m，最大可达12m，主梁高为跨度的1/14~1/8；次梁的跨度即主梁的间距，其跨度为4~6m，次梁高为跨度的1/18~1/12。主次梁的宽高之比均为1/3~1/2。板的跨度即为次梁的间距，一般为1.7~2.5m。根据荷载的大小和施工要求，板厚一般不小于60mm。

“井”式楼板是梁板式楼板的一种特殊形式，其特点是不分主梁、次梁，梁双向布置，断面等高且同位相交，梁之间形成井字格，如图5-9所示。梁的布置既可正交正放，也可正交斜放，其跨度一般为10~30m，梁间距一般为3m左右。这种楼板外形规则、美观，而且梁的截面尺寸较小，相应提高了房间的净高。适用于建筑平面为方形或近似方形的大厅。

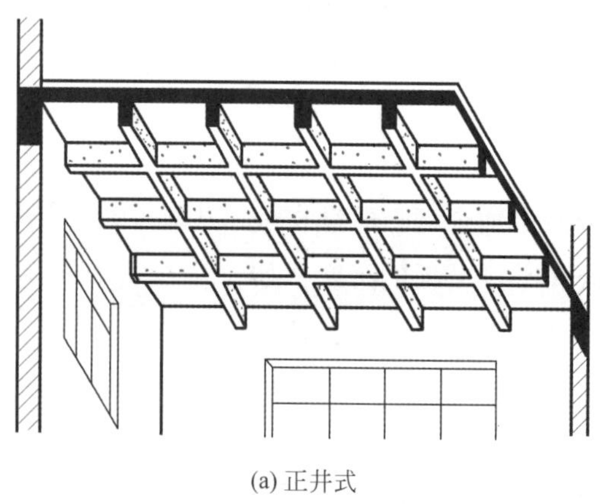

(a) 正井式

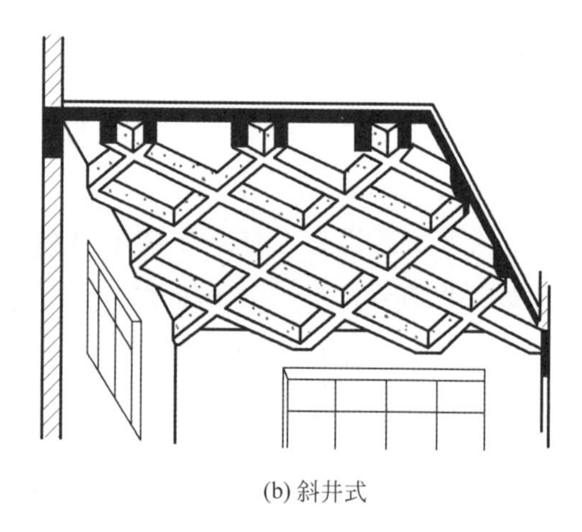

(b) 斜井式

图5-9 “井”式楼板

3）无梁楼板

无梁楼板是将现浇钢筋混凝土板直接支承在柱上的楼板结构。为了增大柱的支承面积和减小板的跨度，常在柱顶增设柱帽和托板，如图5-10所示。无梁楼板顶棚平整，室内净空大，采光、通风好。其经济跨度为6m左右，板厚一般为120mm以上，多用于荷载较大的商店、仓库、展览馆等建筑中。

2. 预制装配式钢筋混凝土楼板

预制装配式钢筋混凝土楼板是把楼板分成若干构件，在预制加工厂或施工现场外预先制作，然后运到施工现场进行安装的钢筋混凝土楼板。这样可节省模板、缩短工期、保证质量，但整体性较差，一些抗震要求较高的地区不宜采用。

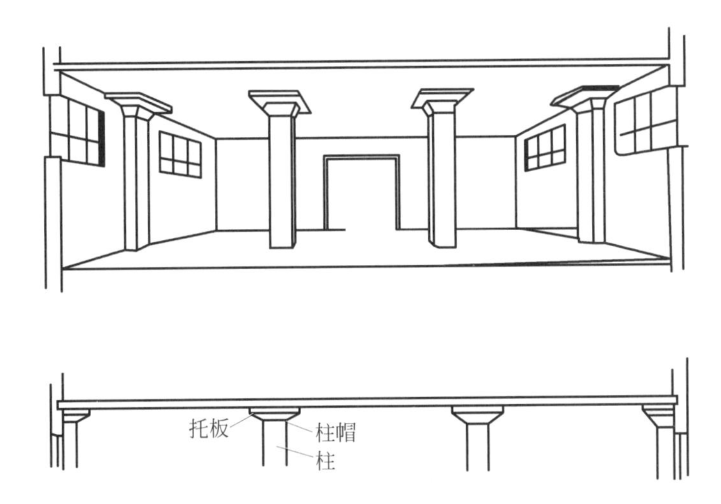

图 5-10　无梁楼板

1）预制构件的类型

预制构件可分为预应力构件和非预应力构件两种。采用预应力构件可推迟裂缝的出现和限制裂缝的开展，提高构件的刚度。与非预应力构件相比较，预应力构件可节省钢材 30%~50%，可节省混凝土 10%~30%，减轻自重，降低造价，但制作工艺较复杂。

梁的截面形式有矩形、T 形、倒 T 形、十字形等。

预制板的常用类型有三种：实心平板、槽形板、空心板。

（1）实心平板

实心平板制作简单，但刚度小、隔音效果差，一般用作走廊或小开间房屋的楼板，也可作架空搁板、管沟盖板等，如图 5-11 所示。

实心平板的板跨一般小于或等于 2.4m，板宽为 600~900mm，板厚为 50~80mm。

（2）槽形板

槽形板是一种梁板结合的构件，即在实心板的两侧设有纵肋，荷载主要由板侧的纵肋承受，因此板可做得较薄。当板跨较大时，应在板纵肋之间增设横肋加强其刚度，为了便于搁置，常将板两端用端肋封闭，如图 5-12 所示。

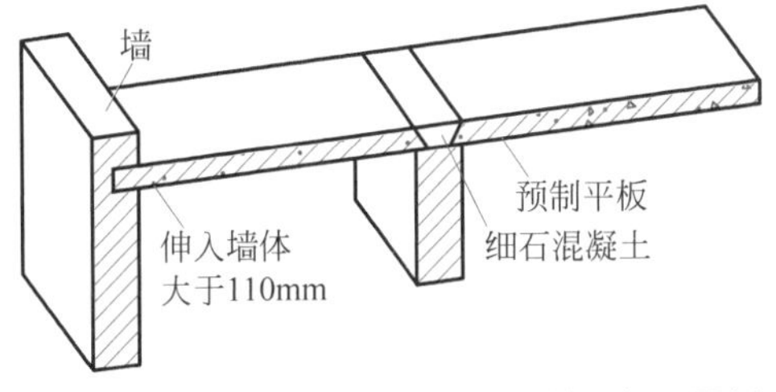

图 5-11　预制钢筋混凝土平板

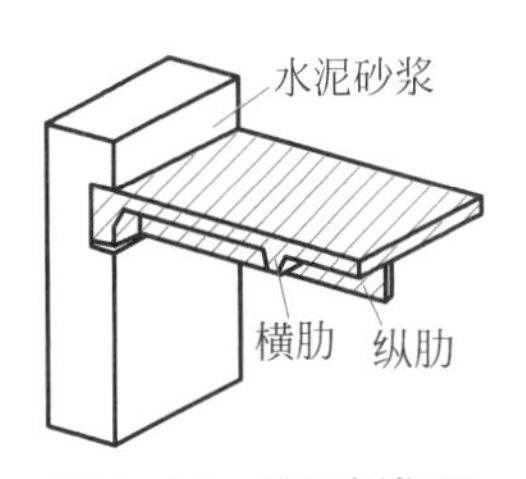

图 5–12　槽形板搁置

槽形板的板跨度为 3.0~7.2m，板宽为 600~1200mm，板厚为 25~30mm，肋高为 120~300mm。

槽形板的搁置有正置与倒置两种。正置板底不平，多作吊顶；倒置板底平整，但需另作面板，可利用其肋间空隙填充保温或隔声材料。

（3）空心板

空心板的受力特点与槽形板类似，荷载主要由板的纵肋承受，但由于其传力更合理，隔音效果较好，自重小，且上下板面平整，因而应用广泛。

空心板按其抽孔方式的不同，有方孔板、椭圆孔板、圆孔板之分。方孔板较经济，但脱模困难，现已不用；圆孔板抽芯脱模容易，使用较为普遍，如图 5-13 所示。

空心板有中型板与大型板之分。中型空心板的板跨小于或等于 4.2m，板宽为 500~1500mm，板厚为 90~120mm，圆孔直径为 50~75mm，上表面板厚为 20~30mm，下表面板厚为 15~20mm。大型空心板板跨为 4~7.2m，板宽为 1200~1500mm，板厚为 180mm 或 240mm。为避免支座处板端压坏，板端孔内常用砖块、砂浆块、专制填块塞实。

2）预制板的布置与细部构造

（1）预制板的布置

预制板首先应根据房间的开间、进深尺寸来确定板的支承方式，然后根据现有板的规格进行合理布置。板的支承方式有墙承式和梁承式两种。

在使用预制板作为楼层结构构件时，为了减小结构的高度，必要时可以把结构梁的截面做花篮梁或者十字梁的形式，但要注意：除去花篮梁和十字梁两侧的支承部分后，梁的有效宽度和高度不能小于原来的尺寸。当采用梁承式结构布置时，板在梁上的搁置方式一般有两种：一种是板搁置在花篮梁两侧挑耳上；另一种是板直接搁置在矩形梁梁顶上，如图 5-14 所示。

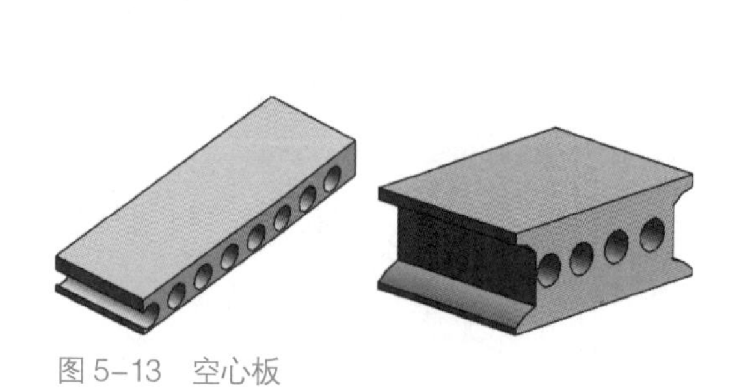

图 5-13　空心板

(a) 板搁置在花篮梁两侧挑耳上

(b) 板直接搁置在矩形梁梁顶上

图 5-14　板在梁上的搁置方式

在进行板的布置时，一般要求板的规格、类型越少越好。如果板的规格过多，不仅给板的制作增加麻烦，而且施工较复杂，甚至容易搞错。为不改变板的受力状况，在板的布置时应避免出现三边支承的情况。

（2）板缝差的处理

排板过程中，当板的横向尺寸（板宽方向）与房间平面尺寸出现差额即板缝差时，表 5-1 给出了具体解决方法。构造做法如图 5-15 所示。

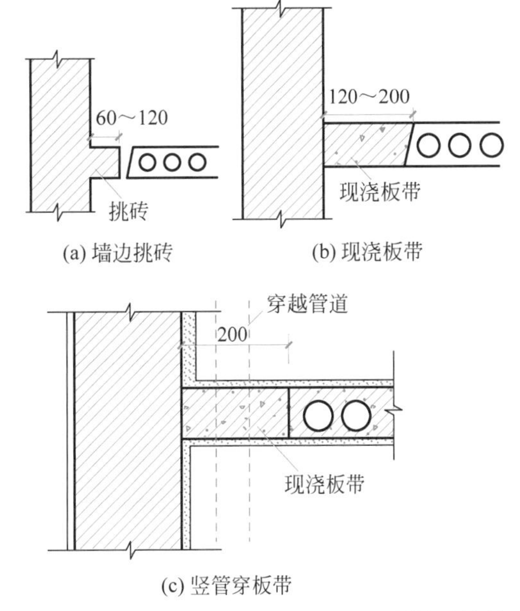

图 5-15　板缝差处理

表 5-1　板缝差的处理方法

序号	板缝差 /mm	处 理 方 法
1	≤ 60	调整板缝宽度
2	60~120	沿墙边挑出二皮砖
3	120~200	局部现浇钢筋混凝土板带
4	>200	调整板的规格

（3）板的搁置

为了保证板与墙或梁有很好的连接，板的搁置长度要足够。因此，相关规范规定，预制板在墙上的搁置长度应不小于 100mm，在梁上的搁置长度应不小于 80mm；同时，必须在墙上或梁上铺约 20mm 厚的水泥砂浆，称为坐浆。此外，为增强房屋的整体刚度，在楼板与墙体之间以及楼板与楼板之间常用拉结钢筋予以加强，配置后浇入楼面整浇层内。图 5-16 提供了各种拉结钢筋的配置方法。

3. 装配整体式钢筋混凝土楼板

装配整体式钢筋混凝土楼板是指将楼层中的部分构件经工厂预制后到现场安装，再经整体浇筑其余部分，使整个楼层连接成整体。其结构整体刚度优于预制装配式，而且预制部分构件安装后可以方便施工。按照施工方式和结构性能的不同，可分为叠合楼板、钢筋桁架组合楼板、预制预应力双 T 板。

1）叠合楼板

叠合楼板是一种模板、结构混合的楼板形式，属于半预制构件。预制混凝土层最小厚度为 50~60mm，实际厚度取决于混凝土量和配筋的多少，最厚可达 70mm。预制部分既是楼板的组成部分，又是现浇混凝土层的天然模板，如图 5-17 所示。

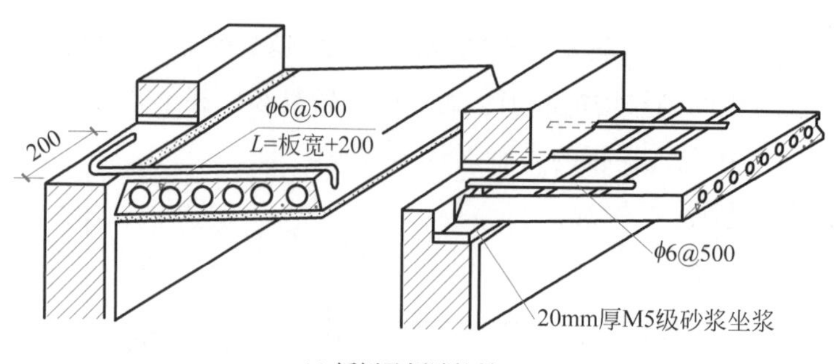

(a) 板侧及板端拉结

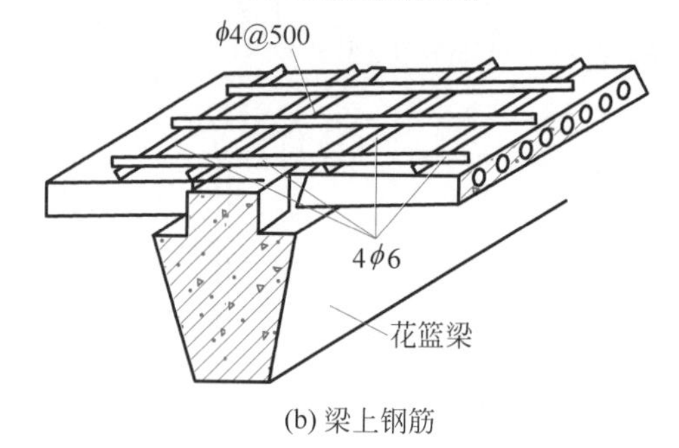

(b) 梁上钢筋

图 5-16　拉结筋的配置

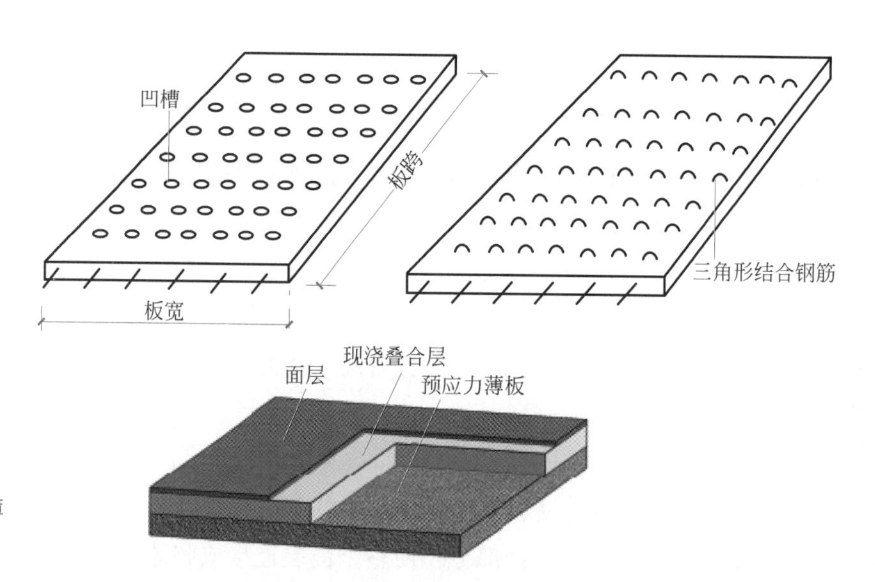

图 5-17　预制薄板叠合楼板

叠合楼板在工地安装到位后要进行二次浇筑，从而成为整体实心楼板。二次浇筑完成的叠合楼板总厚度一般为 120~300mm，实际厚度取决于跨度与荷载。

叠合楼板整体性好，板的上下表面平整，便于饰面层施工。其跨度一般为 4~6m，最大可达 9m，以 5.4m 以内较为经济。为使叠合楼板预制部分与现浇叠合层牢固地结合在一起，可将预制薄板的板面做适当处理，如板面刻槽、板面露出结合钢筋等。

叠合板应符合下列规定。

（1）叠合板的预制板厚度不宜小于 60mm，后浇混凝土叠合层厚度不应小于 60mm。

（2）当叠合板的预制板采用空心板时，板端空腔应封堵。

（3）跨度大于 3m 的叠合板，宜采用桁架钢筋混凝土叠合板。

（4）跨度大于 6m 的叠合板，宜采用预应力混凝土预制板。

（5）板厚大于 180mm 的叠合板，宜采用混凝土空心板。

2）钢筋桁架组合楼板

钢筋桁架组合楼板是用钢筋桁架楼承板（见图 5-18）与现浇混凝土面层组合形成的楼板。楼承板作为模板、钢筋桁架作为受力钢筋永久留在板内。不同于压型钢板楼板，钢底模不直接承受应力，规避了防火问题。此外，由于钢筋桁架组合楼板受力合理，所以整体造价较低，并且减少了现场钢筋绑扎 60% 以上的工作量，不需要另外的支承系统，且整体耐火性能好。

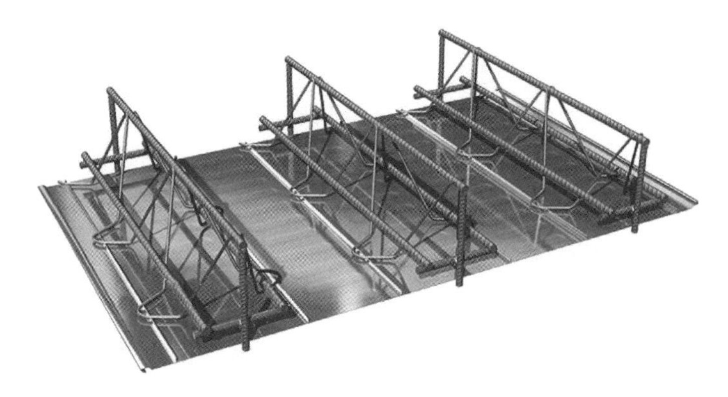

图 5-18　钢筋桁架楼承板

3）预制预应力双 T 板

预制预应力双 T 板是由宽大的面板和两根窄而高的肋组成，如图 5-19 所示。预制预应力双 T 板具有良好的结构力学性能、明确的传力层次、简洁的几何形状，是一种可制成大跨度、大覆盖面积的和比较经济的承重构件。在单层、多层和高层建筑中，预制预应力双 T 板可以直接搁置在框架、梁或承重墙上，作为楼层或屋盖结构。预制预应力双 T 板跨度可达 20m 以上，如用高强、轻质混凝土，则跨度可达 30m 以上。预制预应力双 T 板多用 C50 混凝土预制。预应力钢筋可用高强钢丝、钢绞线、预应力螺纹钢筋。

图 5-19　预制预应力双 T 板

5.3 地面的构造

5.3.1 地面的类型

地面的材料和做法应根据房间的使用要求和经济要求而定。根据面层材料和施工方法的不同，地面可以分为整体类地面、板块类地面、卷材类地面、涂料类地面等。

1. 整体类地面

整体类地面包括水泥砂浆地面、水泥石屑地面、水磨石地面、细石混凝土地面等。

2. 板块类地面

板块类地面包括缸砖、陶瓷锦砖、人造石材、天然石材、木地板等地面。

3. 卷材类地面

卷材类地面包括聚氯乙烯塑料地毡、橡胶地毡、地毯等地面。

4. 涂料类地面

涂料类地面包括各种高分子涂料所形成的地面。

5.3.2 常见地面的构造

1. 整体地面

1）水泥砂浆地面

水泥砂浆地面构造简单、坚固、能防潮防水，而且造价又较低。但水泥地面蓄热系数大，冬天感觉冷，而且表面易起灰，不易清洁。通常有单层和双层两种做法。单层做法是只抹一层 20~25mm 厚 1∶2 或 1∶2.5 水泥砂浆；双层做法是增加一层 10~20mm 厚 1∶3 水泥砂浆找平，表面再抹 5~10mm 厚 1∶2 水泥砂浆抹平压光。水泥砂浆地面的分层构造如图 5-20 所示。

2）水泥石屑地面

水泥石屑地面是将水泥砂浆里的中粗砂换成 3~6mm 的石屑，也称豆石或瓜米石地面。在垫层或结构层上直接做 1∶2 水泥石屑 25mm 厚，水灰比不大于 0.4，刮平拍实，碾压多遍，出浆后抹光。这种地面表面光洁，不起尘，易清洁，造价是水磨石地面的 50%，但强度高，性能近似水磨石。

3）水磨石地面

水磨石地面具有良好的耐磨性、耐久性、防水防火性，并具有质地

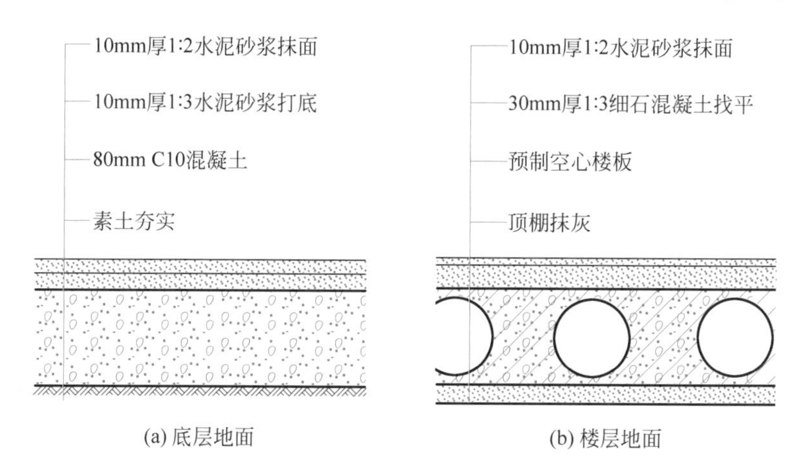

图 5-20　水泥砂浆地面的分层构造

美观、表面光洁、不起尘、易清洁等优点。水磨石地面一般分两层施工。在刚性垫层或结构层上用 20mm 左右厚的 1∶3 水泥砂浆找平，面铺 10mm 左右厚 1∶2.5 的水泥石渣，石渣粒径为 8~10mm。水泥和石渣可以用白色的，也可以用彩色的。在做好的找平层上按设计好的方格用 1∶1 水泥砂浆嵌固 10mm 高的分格条（铜条、铝条、玻璃条、塑料条），铺入拌和好的水泥石屑，压实，浇水养护 6~7 天后用磨光机磨光，再用草酸溶液清洗，打蜡即成，如图 5-21 所示。

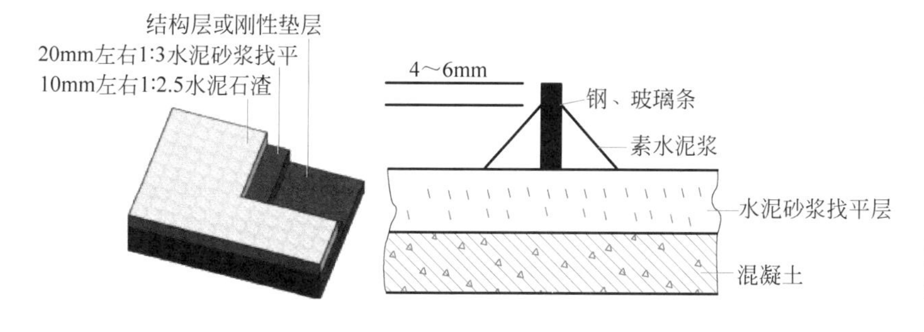

图 5-21　水磨石地面构造

2. 板块地面

板块地面是利用各种人造的和天然的预制块材、板材镶铺在基层上面。

1）铺砖地面

铺砖地面有黏土砖地面、水泥砖地面、预制混凝土块地面等。铺设方式有两种：干铺和湿铺。干铺是在基层上铺一层 20~40mm 厚砂子，将砖块等直接铺设在砂上，板块间用砂或砂浆填缝。湿铺是在基层上铺 1∶3 水泥砂浆 12~20mm 厚，用 1∶1 水泥砂浆灌缝。

2）缸砖、陶瓷地砖及陶瓷锦砖地面

缸砖是陶土加矿物颜料烧制而成的一种无釉砖块，主要有红棕色和深米黄色两种。缸砖质地细密坚硬，强度较高，耐磨、耐水、耐油、耐酸碱，易于清洁不起灰，施工简单，因此广泛应用于卫生间、盥洗室、浴室、厨房、实验室及有腐蚀性液体的房间，如图 5-22（a）所示。

陶瓷地砖又称墙地砖，类型有釉面地砖、无光釉面砖和通体砖（防滑砖）及抛光地砖，如图 5-22（b）所示。陶瓷地砖有红、浅红、白、浅黄、浅绿、浅蓝等颜色。地面砖的各项性能都优于缸砖，且色彩图案丰富，装饰效果好，造价也较高，多用于装修标准较高的建筑物地面。缸砖、地面砖构造做法：20mm 厚 1∶3 水泥砂浆找平，3~4mm 厚水泥胶（水泥∶107 胶∶水＝ 1∶0.1∶0.2）粘贴缸砖，用素水泥浆擦缝。

(a) 缸砖

(b) 陶瓷地砖

图 5-22　缸砖及陶瓷地砖

陶瓷地砖的性能及适用场合如表 5-2 所示。

表 5-2　陶瓷地砖的性能及适用场合

品　种	性　　能	适 用 场 合
彩釉砖	吸水率不大于 10%，炻器材质，强度高，化学稳定性、热稳定性好，抗折强度不小于 20MPa	室内地面铺贴，以及室内外墙面装饰
釉面砖	吸水率不大于 22%，精陶材质，釉面光滑，化学稳定性良好，抗折强度不小于 17MPa	多用于厨房、卫生间
仿石砖	吸水率不大于 5%，质地酷似天然花岗岩，外观似花岗岩粗磨板或剁斧板。具有吸声、防滑和特别装饰功能，抗折强度不低于 25MPa	室内地面及外墙装饰，庭院小径地面铺贴及广场地面
仿花岗岩抛光地砖	吸水率不大于 1%，质地酷似天然花岗岩，外观似花岗岩抛光板，抗折强度不低于 27MPa	适用于宾馆、饭店、剧院、商业大厦、娱乐场所等室内大厅走廊的地面、墙面
瓷质砖	吸水率不大于 2%，烧结程度高，耐酸耐碱，耐磨度高，抗折强度不小于 25MPa	特别适用于人流量大的地面、楼梯踏步的铺贴
劈开砖	吸水率不大于 8%，表面不挂釉的，其风格粗犷，耐磨性好；有釉面的则花色丰富，抗折强度大于 18MPa	室内外地面、墙面铺贴，釉面劈开砖不宜用于室外地面
红地砖	吸水率不大于 8%，具有一定的吸湿防潮性	适宜地面铺贴

陶瓷锦砖又称马赛克，是以优质瓷土烧制而成的小尺寸瓷砖，既可铺墙面，也可铺地面。陶瓷锦砖质地坚硬，经久耐用，色泽多样，耐磨、

防水、耐腐蚀、易清洁，适用于有水、有腐蚀的地面。陶瓷锦砖地面做法：用 15~20mm 厚 1∶3 水泥砂浆打底、找平，3~4mm 厚水泥胶（水泥∶107 胶∶水 =1∶0.1∶0.2）粘贴陶瓷锦砖（纸皮砖），用滚筒压平，将水泥浆挤入缝隙，用水洗去牛皮纸，用白水泥浆擦缝。陶瓷锦砖地面构造如图 5-23 所示。

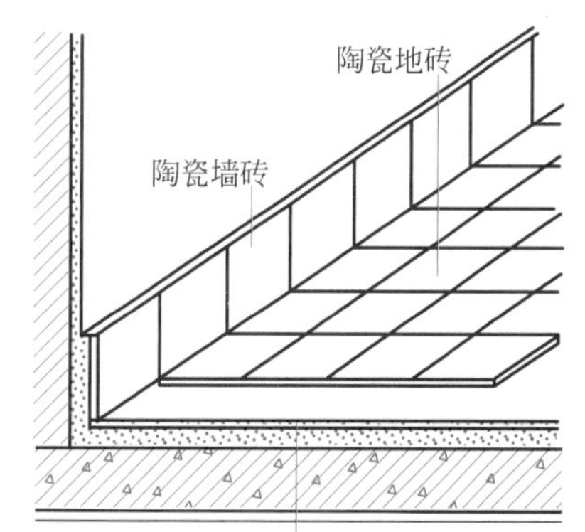

图 5-23　陶瓷锦砖地面构造

3）天然或人造石板地面

常用的天然石板是指大理石板和花岗石板，它们质地坚硬，色泽丰富艳丽，常用的有（600mm×600mm）~（800mm×800mm），厚度为 20mm。大理石和花岗石均属高档地面装饰材料，多用于高级宾馆、会堂、公共建筑的大厅、门厅等处［见图 5-24（a）］。大理石、花岗岩是从天然岩体中开采出来的，经过加工成块材或板材，再经过粗磨、细磨、抛光、打蜡等工序，就可加工成各种不同质感的高级装饰材料，其做法是在基层上刷素水泥浆一道后，用 30mm 厚 1∶2 干硬性水泥砂浆找平，面上铺 2mm 厚素水泥（洒适量清水），粘贴石板，如图 5-24（b）所示。

(a) 某酒店花岗岩大堂

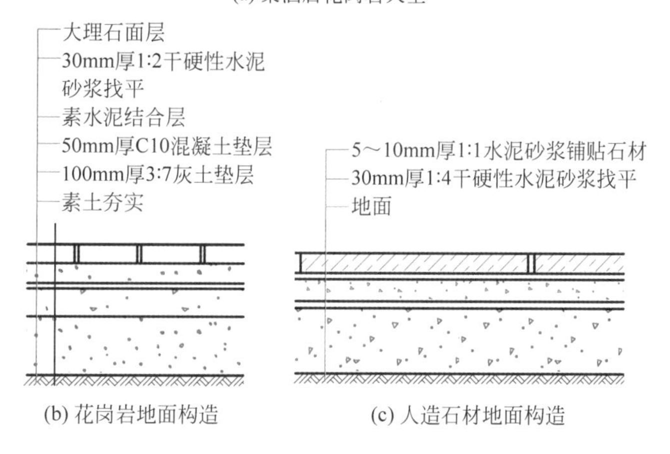

(b) 花岗岩地面构造　　(c) 人造石材地面构造

图 5-24　天然石板地面

人造石材有预制水磨石板、人造大理石板等类型，价格低于天然石材。人造石板地面的做法与天然石板地面相同。

石材由于尺寸较大，铺设时需预先试铺，合适后再正式粘贴。其做法是在地面上先用 20~30mm 厚（1∶3）~（1∶4）干硬性水泥砂浆找平，再用 5~10mm 厚 1∶1 水泥砂浆铺贴石材，缝中灌稀水泥浆擦缝，如图 5-24（c）所示。

4）木地面

木地面一般是指楼地面表面由木板铺钉或硬质木块胶合而成的地面。木地面的主要特点是有弹性、不起火、不反潮、导热系数小，常用于住宅、宾馆、体育馆、剧院舞台等建筑中。木地面按其板材规格常采用条木地面和拼花木地面。按构造方式有架空式、实铺式和粘贴式三种。

架空式木地板常用于底层地面，其做法是将木楼地面架空铺设，使板下有足够的空间便于通风，以保持干燥。由于其构造复杂，耗费木材较多，主要用于舞台、运动场等有弹性要求的地面，其构造如图 5-25 所示。

实铺式木地面是将木地板直接钉在钢筋混凝土基层上的木搁栅上。木搁栅为 50mm × 70mm 方木，间距 400~500mm，然后在木搁栅上铺木板材。为了防腐，可在基层上刷冷底子油和热沥青，搁栅及地板背面满涂防腐油或煤焦油，如图 5-26 所示。

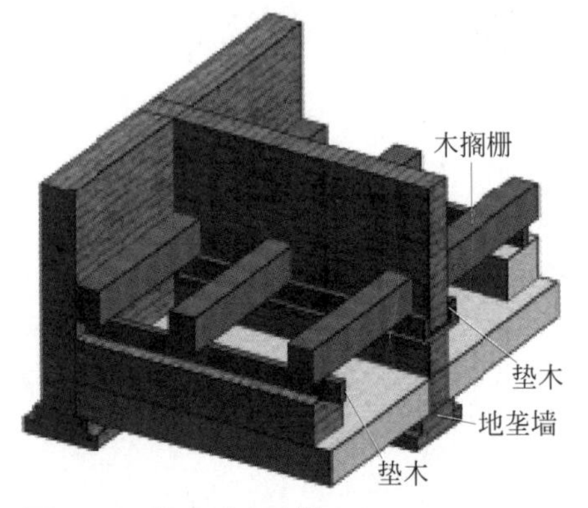

图 5-25　架空式木地板

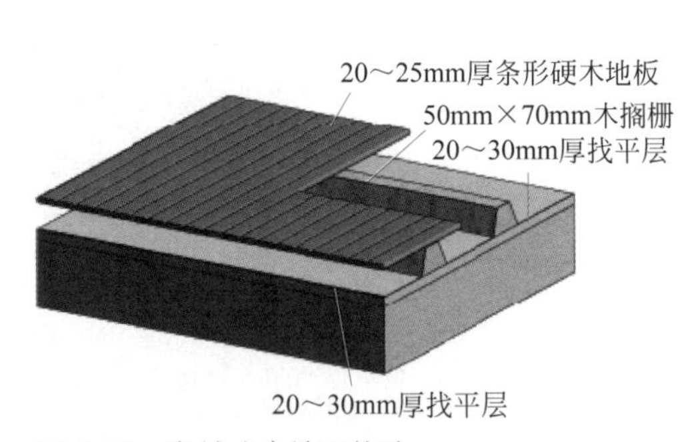

图 5-26　实铺式木地面构造

粘贴式木地面的做法是先在钢筋混凝土基层上采用 20mm 厚 1∶2.5 的水泥砂浆找平，干燥后用专用胶黏剂黏结木板材。粘贴式木地面由于省去了搁栅，所以施工方便，节省材料，但木地板受潮时会发生翘曲，施工中应保证粘贴质量，其构造如图 5-27 所示。

3. 卷材地面

常见卷材地面有聚氯乙烯塑料地毡、橡胶地毡、地毯等。卷材地面弹性好，消声的性能也好，适用于公共建筑和居住建筑。

聚氯乙烯塑料地毡（又称地板胶）和橡胶地毡铺贴方便，可直接干铺在地面上，也可用胶黏剂贴在其找平层上（见图 5-28）。塑料、橡胶地面装饰效果好，色彩鲜艳，施工简单，有一定弹性，脚感舒适。但它有易老化、受压后产生凹陷、不耐高热、硬物刻划易留痕等缺点。

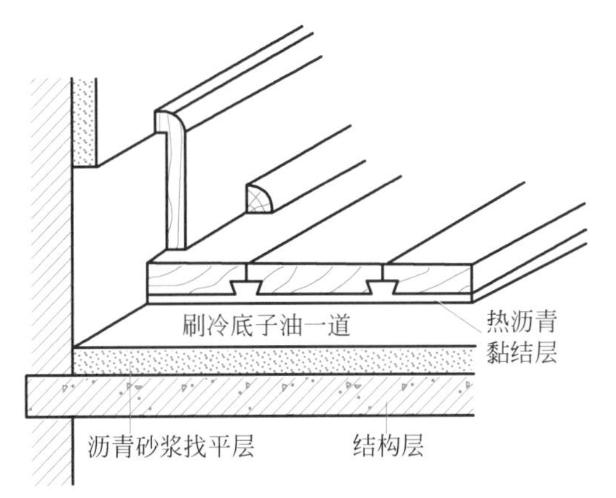

图 5-27 粘贴式木地面构造

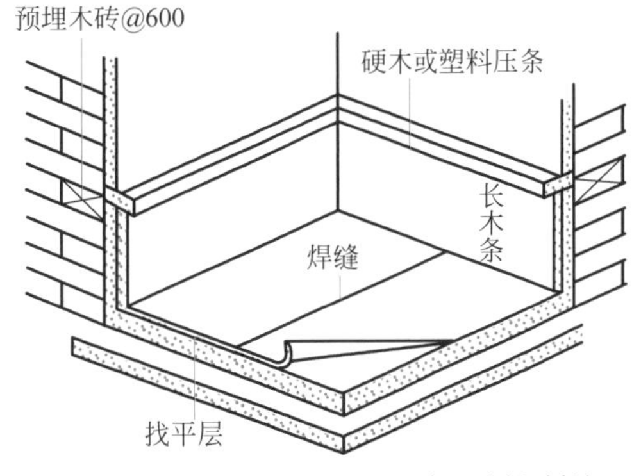

图 5-28 聚氯乙烯塑料地面

地毯分为化纤地毯和羊毛地毯两种。地毯固定有两种方法：一种是用胶黏剂将地毯四周与房间地面粘贴；另一种是将地毯背面固定在安设在地面上的倒刺板上。

4. 涂料地面

涂料的主要功能是装饰和保护室内地面，使地面清洁美观，为人们创造一种优雅的室内环境。涂料地面耐磨性好，耐腐蚀、耐水防潮，整体性好，易清洁，不起灰，弥补了水泥砂浆和混凝土地面的缺陷，并且价格低廉，易于推广。按照地面涂料的主要成膜物质来分，涂料产品主要有环氧树脂地面涂料和聚氨酯树脂地面涂料两种。

1）环氧树脂地面涂料

环氧树脂地面涂料是一种高强度、耐磨损、美观的地板，具有无接缝、质地坚实、耐药品性佳、防腐、防尘、保养方便、维护费用低廉等优点。

2）聚氨酯树脂地面涂料

聚氨酯树脂地面涂料属于高固体厚质涂料，它具有优良的防腐蚀性能和绝缘性能，特别是有较全面的耐酸碱盐的性能，有较高的强度和弹性，对金属和非金属混凝土的基层表面有较好的黏结力（见图 5-29）。涂铺的地面光洁不滑、弹性好、耐磨、耐压、耐水、

图 5-29 聚氨酯树脂地面

美观大方、行走舒适、不起尘、易清扫、不需要打蜡，可代替地毯使用。适用于会议室、放映厅、图书馆等人流较多的场合做弹性装饰地面；工业厂房、车间、精密仪器机房的耐磨、耐油、耐腐蚀地面及地下室、卫生间的防水装饰地面。

本章小结

1. 地坪层一般由面层、垫层和基层组成。

2. 楼板层一般由面层、结构层、附加层和顶棚层组成。楼板按材料分类，常见有木楼板、砖拱楼板、钢筋混凝土楼板、压型钢板组合楼板等。

3. 钢筋混凝土楼板按施工方式不同，分为现浇整体式钢筋混凝土楼板、预制装配式钢筋混凝土楼板和装配整体式钢筋混凝土楼板三种类型。

4. 现浇钢筋混凝土楼板可分为板式楼板、梁板式楼板、无梁楼板三种。

5. 预制装配式钢筋混凝土楼板按照应力状况可分为预应力和非预应力两种。预应力构件与非预应力构件相比，可推迟裂缝的出现和限制裂缝的开展，并且节省材料、减轻自重、降低造价。常用的预制装配式钢筋混凝土楼板类型有实心平板、槽形板、空心板。

6. 装配整体式钢筋混凝土楼板是先将楼板中的部分构件预制，现场安装后，再浇筑混凝土面层而形成的整体楼板。这种楼板的整体性较好、节省模板、施工速度较快，集中了现浇和预制钢筋混凝土楼板的双重优点。常用的装配整体式钢筋混凝土楼板有叠合楼板、钢筋桁架组合楼板、预制预应力双 T 板。

7. 地面按材料和构造做法有整体类地面、板块类地面、卷材类地面、涂料类地面等形式。

课后习题

1. 楼板层由哪些部分组成？各部分起什么作用？

2. 现浇钢筋混凝土楼板有哪些特点？有几种结构形式？

3. 预制装配式钢筋混凝土楼板具有哪些特点？常见的预制板有哪几种形式？

4. 图示地坪层的基本构造组成。

5. 简述水磨石地面的做法。

第 6 章　屋顶的构造

6.1　屋顶构造概述

6.1.1　屋顶的作用

屋顶是房屋最上层的构件。它的作用主要有三个：一是围护，屋顶防御自然界的风、雨、雪、太阳辐射热和冬季低温等的影响；二是承重，屋顶除自重外，还承受风、沙、雨、雪等荷载及施工或屋顶检修人员的活荷载；三是装饰，屋顶是建筑物的重要组成部分，对建筑形象的美观起着重要的作用。

6.1.2　屋顶的类型

屋顶按照排水坡度和构造形式，分为平屋顶、坡屋顶和曲面屋顶三种类型。

1. 平屋顶

平屋顶是指屋面排水坡度小于或等于 10% 的屋顶，常用的坡度为 2%~3%（见图 6-1）。这种屋顶是目前应用最广泛的一种形式，主要原因是采用平屋顶可以节省材料，扩大建筑空间，提高预制安装程度，同时屋顶上面可以作为固定的活动场所，如做成露台、屋顶花园、屋顶养鱼池等。

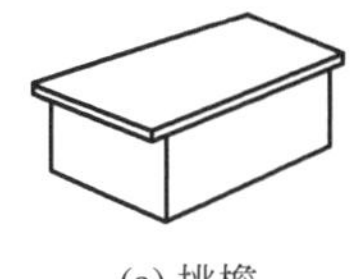
(a) 挑檐

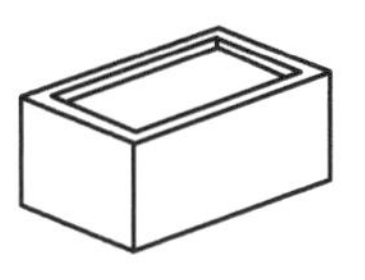
(b) 女儿墙

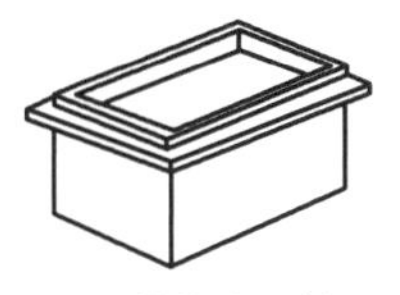
(a) 挑檐女儿墙

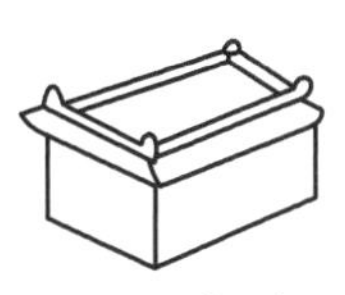
(d) 盝(盒)顶

图 6-1　平屋顶的形式

2. 坡屋顶

坡屋顶是指屋面排水坡度在 10% 以上的屋顶。坡屋顶可分为单坡屋顶、双坡屋顶、四坡屋顶。双坡屋顶在山墙处可分为悬山或硬山。坡屋顶稍加处理可形成卷棚顶、庑殿顶、歇山顶、圆攒尖顶等。由于坡屋顶造型丰富，能够满足人们的审美要求，所以在现代的城市建筑中，人们越来越重视对坡屋顶的运用（见图6-2）。

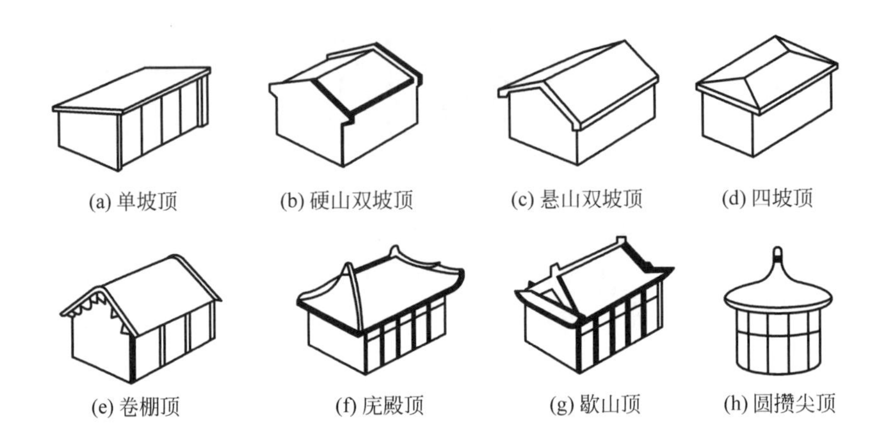

图6-2 坡屋顶的形式

3. 曲面屋顶

随着科学技术的发展，出现了许多新型的屋顶结构形式，如拱结构、薄壳结构、悬索结构、网架结构屋顶等。曲面屋顶一般适用于大跨度的公共建筑中（见图6-3）。

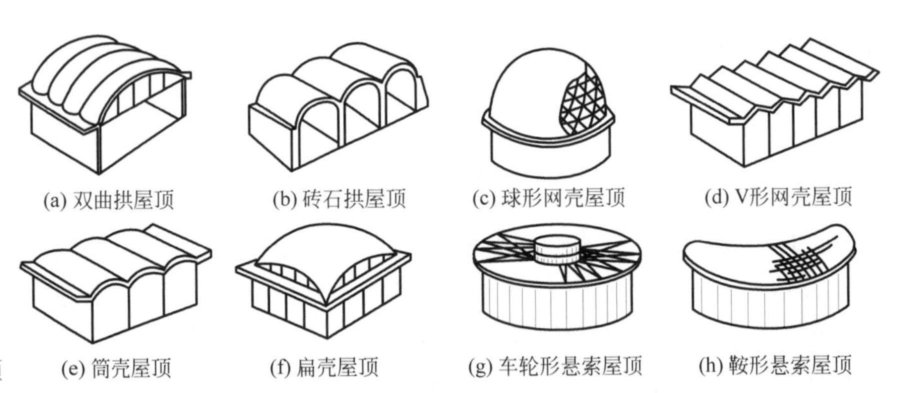

图6-3 曲面屋顶

6.1.3 屋顶构造的要求

屋顶必须满足坚固、耐久、防水、排水、保温（隔热）、抵御侵蚀等要求。同时，还应做到自重轻、构造简单、施工方便、便于就地取材等。在这些要求中，防水、排水最为重要。

1. 防水、排水要求

防水、排水是屋顶构造最基本的功能要求。平屋面以防水为主，坡屋面以排水为主。

屋面的防水等级和设防要求见表6-1。

表 6-1　屋面的防水等级和设防要求

屋面的防水等级	建筑物类别	防水层使用年限	防水选用材料	设 防 要 求
Ⅰ级	特别重要的民用建筑和对防水有特殊要求的工业建筑	25 年	宜选用合成高分子防水卷材、高聚物改性沥青防水卷材、合成高分子防水涂料、细石防水混凝土等材料	三道或三道以上防水设防，其中应用一道合成高分子防水卷材，且只能有一道厚度不小于 2mm 的合成高分子防水涂膜
Ⅱ级	重要的工业与民用建筑、高层建筑	15 年	宜选用高聚物改性沥青防水卷材、合成高分子防水卷材、合成高分子防水涂料、高聚物改性沥青防水涂料、细石防水混凝土、平瓦等材料	二道防水设防，其中应有一道卷材；也可采用压型钢板进行一道设防
Ⅲ级	一般的工业与民用建筑	10 年	应选用三毡四油沥青防水卷材、高聚物改性沥青防水卷材、合成高分子防水卷材、高聚物改性沥青防水涂料、合成高分子防水涂料、沥青基防水涂料、刚性防水层、平瓦、油毡瓦等材料	一道防水设防，或两种防水材料复合使用
Ⅳ级	非永久性的建筑	5 年	可选用二毡三油沥青防水卷材、高聚物改性沥青防水涂料、沥青基防水涂料、波形瓦等材料	一道防水设防

2. 保温（隔热）要求

屋顶作为外围护结构，应具有良好的保温（隔热）性能。在寒冷地区的冬季，室内一般都需采暖，为保持室内正常的温度，减少能源消耗，避免产生顶棚表面结露或内部受潮等一系列问题，屋顶应采取保温措施。对于南方炎热的夏季，为避免强烈的太阳辐射高温对室内的影响，应在屋顶采取隔热措施。

3. 结构要求

屋顶是房屋的围护结构，同时又是房屋的承重结构，用以承受作用于其上的全部荷载。因此要求屋顶结构应有足够的强度和刚度，并防止因结构变形引起防水层开裂漏水。

4. 建筑艺术要求

屋顶是建筑外部形体的重要组成部分，屋顶的形式对建筑的特征有很大的影响。变化多样的屋顶外形、装修精美的屋顶细部是中国传统建筑的重要特征之一。在现代建筑中，如何处理好屋顶的形式和细部也是设计中不可忽视的重要问题。

6.1.4 屋顶的构造组成

屋顶由屋面、承重结构、顶棚和保温隔热层等部分组成（见图 6-4）。

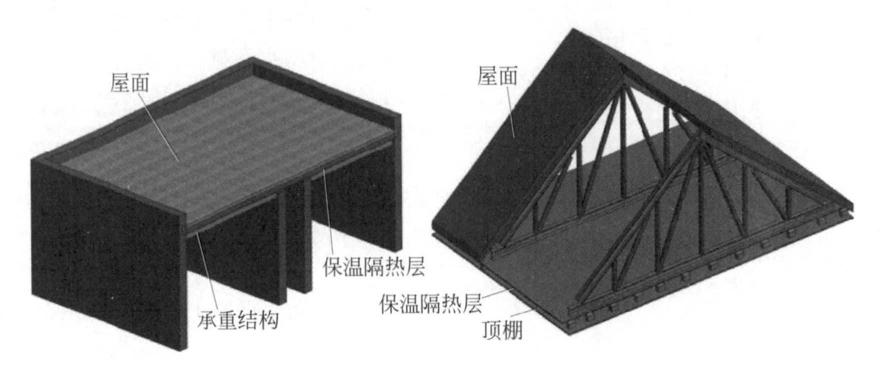

图 6-4 屋顶的组成

1. 屋面

屋面是屋顶构造中最上面的表面层次，要承受施工荷载和使用时的维修荷载，以及自然界风吹、日晒、雨淋、大气腐蚀等的长期作用，因此屋面材料应有一定的强度、良好的防水性能和耐久性能。屋面也是屋顶防水排水的关键层次，所以又叫屋面防水层。在平屋顶中，人们一般根据屋面材料的名称对其进行命名，如卷材防水屋面、刚性防水屋面、涂料防水屋面等。

2. 承重结构

承重结构承受屋顶传来的各种荷载和屋顶自重。平屋顶的承重结构一般采用钢筋混凝土屋面板，其构造与钢筋混凝土楼板类似；坡屋顶的承重结构一般采用屋架、木构架等；曲面屋顶的承重结构则属于空间结构。

3. 顶棚

顶棚位于屋顶的底部，用来满足室内对顶部的平整度和美观的要求。

4. 保温隔热层

当对屋顶有保温隔热要求时，需要在屋顶中设置相应的保温隔热层，防止外界温度变化对建筑物室内空间带来影响。

6.2 屋顶的分类与构造

6.2.1 平屋顶的构造

1. 卷材防水屋面构造

卷材防水屋面是用防水卷材和胶结材料分层粘贴形成防水层的屋面，具有优良的防水性和耐久性，因而被广泛采用。

1）卷材防水屋面的构造层次

卷材防水屋面的构造层次包括结构层、找坡层、找平层、结合层、防水层和保护层，如图 6-5 所示。

（1）结构层：通常为预制或现浇钢筋混凝土屋面板，要求有足够的强度和刚度。

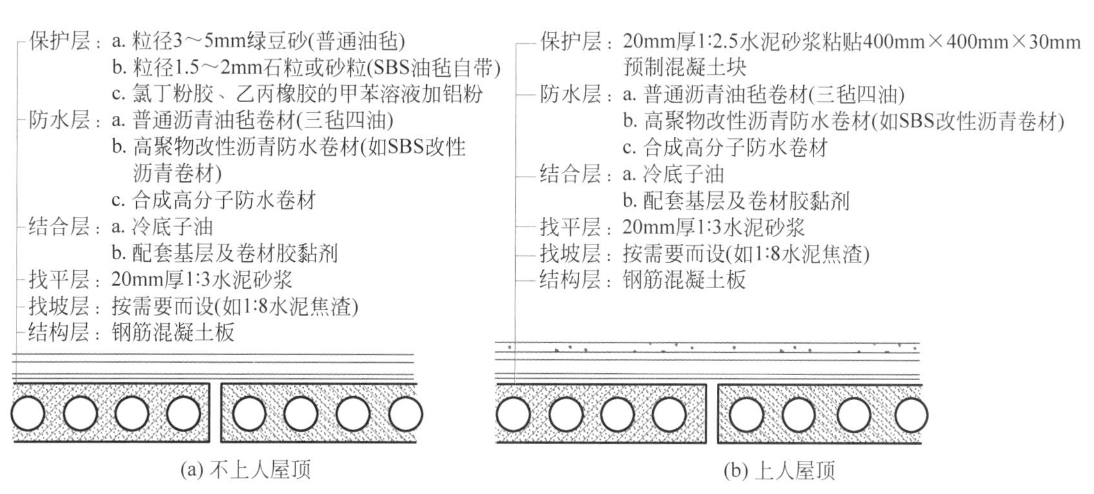

图 6-5　卷材防水屋面

（2）找坡层：当屋顶采用材料找坡时，应选用轻质材料形成所需要的排水坡度。通常是在结构层上铺 1∶6 或 1∶8 的水泥焦渣或水泥膨胀蛭石。屋顶设散粒状保温层时，也可以用保温层兼作找坡层。当屋顶采用结构找坡时，则不设找坡层。

（3）找平层：一般采用 20mm 厚 1∶3 水泥砂浆。当下部为松散材料时，找平层厚度应加大到 30~35mm，分层施工。

（4）结合层：结合层的作用是使卷材防水层与基层黏结牢固。结合层所用的材料应根据卷材防水层材料的不同来选择。如油毡卷材、聚氯乙烯卷材及自粘型彩色三元乙丙复合卷材所用的结合层是冷底子油；三元乙丙橡胶卷材则用聚氨酯底胶等。

（5）防水层：一般应选择改性沥青防水卷材或高分子防水卷材，卷材厚度应满足屋面防水等级的要求。

（6）保护层：当屋面为不上人屋面时，保护层可根据卷材的性质选择浅色涂料（如银色着色剂）、绿豆砂、蛭石或云母等颗粒状材料；当屋面为上人屋面时，通常应采用 40mm 厚 C20 细石混凝土或 20~25mm 厚 1∶2.5 水泥砂浆，但应做好分格和配筋处理，并用油膏嵌缝。还可以选择大阶砖、预制混凝土薄板等块材。

此外，屋顶有时要设保温层，保温层常用水泥膨胀珍珠岩、水泥蛭石、矿棉、岩棉以及聚苯乙烯泡沫塑料板、聚氨泡沫塑料板等材料。保温层可以设在防水层下面，也可以设在防水层之上，如图 6-6 所示。当保温层设在防水层之下时，还要设隔气层。隔气层的作用是防止室内水蒸气透过结构层渗入保温层内，使保温材料受潮，影响保温效果。隔气层的做法通常是在结构层上做找平层，再在其上涂热沥青一道或铺一毡两油。

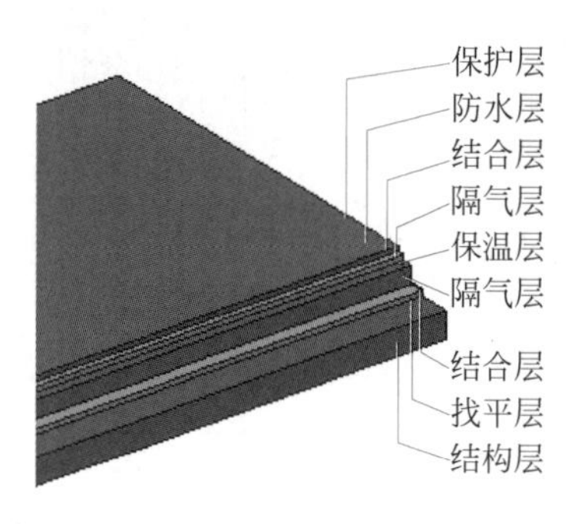

(a) 正置保温层的构造层次　(b) 倒置保温层的构造层次

图 6-6　保温屋顶的构造层次

2）卷材防水屋面的构造要点

（1）防水卷材需铺设在平整的基底上，否则不便于卷材的粘贴，还有可能在某些局部被戳破造成渗漏，因此必须做找平层。

（2）卷材防水屋面的结合层可以保证卷材与基层的牢固黏结，但施工前必须保持下部基层干净、干燥。

（3）卷材防水屋面的外表面应设保护层，用以减少外界各种不良因素的影响，提高其耐久性。保护层做法因防水材料和设防部位而异。当采用刚性材料做保护层时，需要加设隔离层并做分格缝。

3）卷材防水屋面的细部构造

卷材防水屋面的细部构造包括屋面泛水、檐口、天沟、雨水口、变形缝等部位的构造处理。

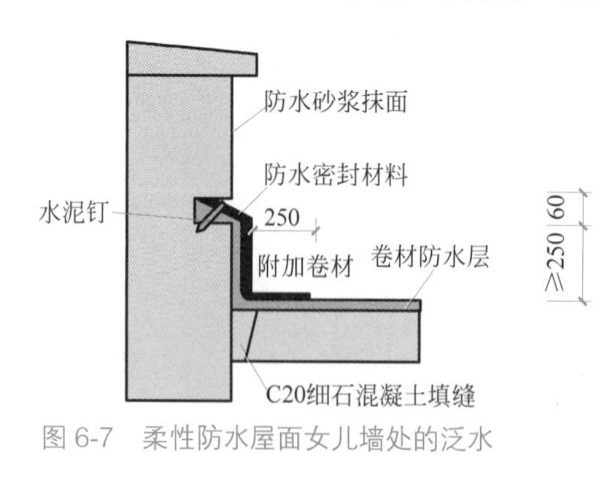

图 6-7　柔性防水屋面女儿墙处的泛水

（1）屋面泛水构造

屋面泛水是指屋面与垂直于屋面构件之间的防水处理，如图 6-7 所示。泛水做法应注意以下几方面。

① 层面在泛水处应加铺一道附加卷材，泛水高度不小于 250mm。

② 屋面与垂直面交接处的水泥砂浆应抹成圆弧或 45° 斜面，上刷卷材黏结剂使卷材铺贴

牢固，以免卷材架空或折断；圆弧半径因防水材料而异（见表 6-2）。

表 6-2　泛水处平层圆弧半径

单位：mm

卷材种类	圆弧半径
沥青防水卷材	100~150
高聚物改性沥青防水卷材	50
合成高分子防水卷材	20

③ 做好泛水上口的卷材收头固定，防止卷材从垂直墙面下滑。

一般做法：将卷材的收头压入垂直墙面的凹槽内，用防水压条和水泥钉固定，再用密封材料填塞封严，外抹水泥砂浆保护。

（2）屋面檐口构造

卷材防水屋面的檐口构造有自由落水檐口、挑檐沟檐口及女儿墙檐口等，如图 6-8 所示。檐口构造主要注意处理好卷材的收口固定，并做好滴水，女儿墙檐口还要注意处理好泛水的构造。

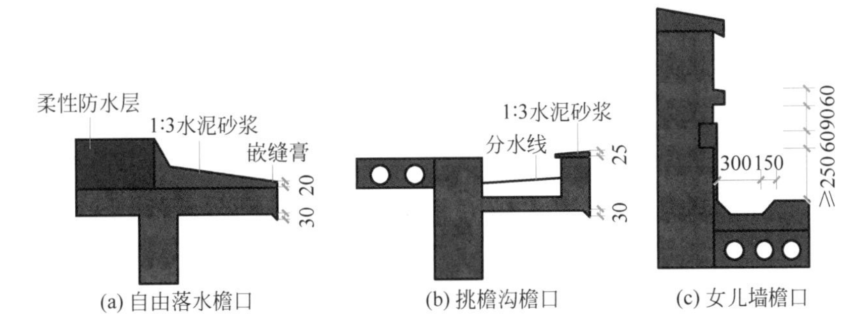

图 6-8　卷材防水屋面檐口构造

（3）雨水口构造

卷材防水屋面的雨水口一般有两种，即用于檐沟排水的直管式雨水口和用于女儿墙外排水的弯管式雨水口。直管式雨水口为防止其周边漏水，应加铺一层卷材并贴入连接管内 100mm，雨水口上用定型铸铁罩或钢丝球盖住，并用油膏嵌缝。弯管式雨水口穿过女儿墙预留的孔洞，屋面防水层应铺入雨水口内壁四周不小于 100mm，并安装铸铁篦子以防杂物流入造成堵塞（见图 6-9）。

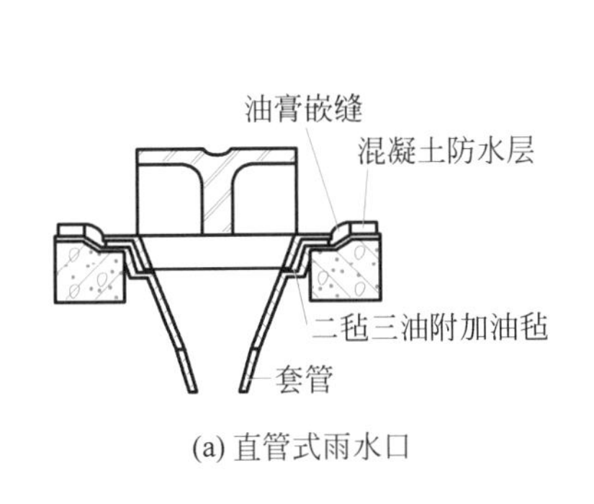

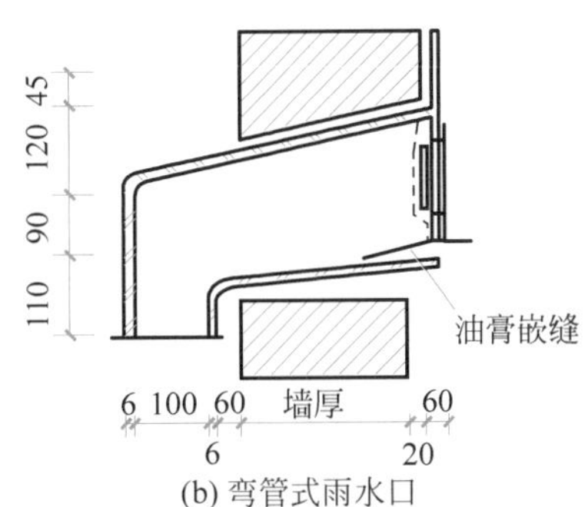

图 6-9　雨水口构造

（4）屋面变形缝处柔性防水构造

屋面变形缝可设于同层等高屋面上，也可设在高低屋面的交接处，如图 6-10 所示。等高屋面变形缝的构造做法是先用伸缩片盖缝，再在变形缝两侧砌筑附加墙，高度不低于泛水高度，最后完成油毡收头。附加墙顶部应先铺一层附加卷材，再做盖缝处理。高低缝的泛水构造与变形缝不同的是，只需在低屋面上砌筑附加墙，盖缝的镀锌钢板在高跨墙上固定。

（5）屋面检修口、出入口构造

不上人屋面应设屋面检修口。检修口四周用砖砌筑孔壁，高度不应小于泛水高度，壁外侧的防水层应做泛水，并用镀锌钢板收头，如图 6-11（a）所示。

出屋面楼梯间需设屋顶出入口。楼梯间的室内地面应高出室外或做门槛，防水层的构造做法与泛水做法相似，如图 6-11（b）所示。

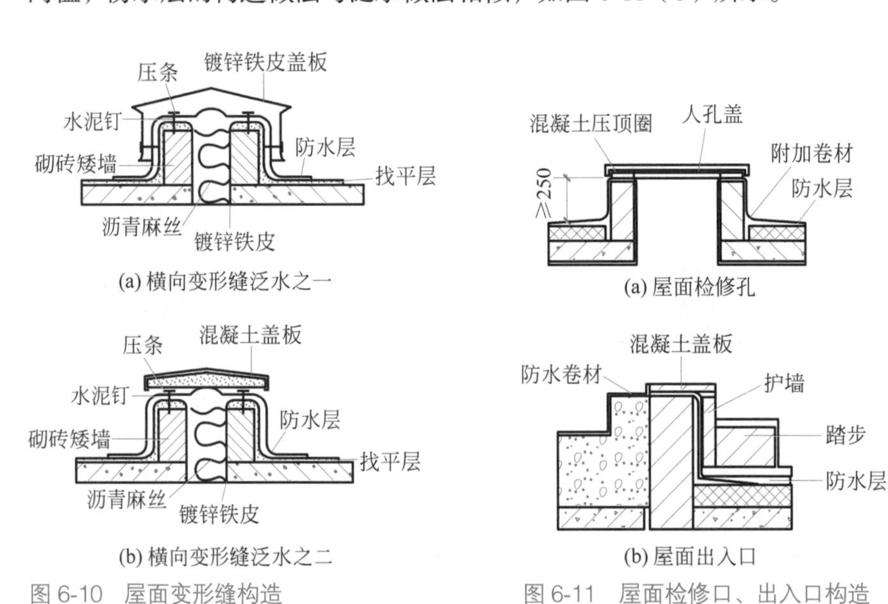

图 6-10　屋面变形缝构造

图 6-11　屋面检修口、出入口构造

保护层：白色或浅色防水涂料
防水层：40mm厚C20级防水混凝土，双向配置ϕ(4～6)@100～200mm钢筋网片
隔离层：低标号水泥砂浆或薄砂层上干铺一层油毡
找平层：20mm厚1:3水泥砂浆
结构层：钢筋混凝土屋面板

图 6-12　刚性防水屋面的构造

2. 平屋顶刚性防水屋面

1）刚性防水屋面的构造层次

刚性防水屋面一般由结构层、找平层、隔离层、防水层和保护层组成，如图 6-12 所示。

（1）结构层：要求有足够的强度和刚度，一般用现浇或预制装配的钢筋混凝土屋屋面，且采用结构找坡。

（2）找平层：通常在结构层上用 20mm 厚 1∶3 水泥砂浆找平。

（3）隔离层：一般采用 3~5mm 厚纸筋灰，或采用低强度等级砂浆，也可在薄砂层上干铺一层油毡。

（4）防水层：常用厚度不小于 40mm 厚 C20 防水混凝土，双向配置ϕ（4~6）@100~200mm 钢筋网片，并做分格缝。

（5）保护层：可根据卷材的性质选择白色或者浅色防水涂料。

2）刚性防水屋面的构造要点

（1）刚性防水层一般不需要先找平，但当底面极不平整时，也可通过设找平层来保证防水层薄厚均匀。

（2）在工程中，整体现浇的钢筋混凝土结构层上可以选择防水砂浆作为防水层，即在 20~25mm 厚 1∶2 的水泥砂浆中添加 3%~5% 的防水剂；而在预制装配式的钢筋混凝土结构上则应选择防水混凝土，即采用厚度不小于 40mm 的 C20 细石混凝土，在接近其上表面处配置ϕ（4~6）@100~200mm 的钢筋网片（主要防止防水层表面产生裂缝），并做不小于 10mm 厚的保护层。

（3）为了抵御因热胀冷缩及建筑结构变形所造成的刚性防水层开裂，刚性防水层还应设置分格缝和隔离层。分格缝间距一般不超过 6m，位置因防水层所处的部位而异（见图 6-13）。

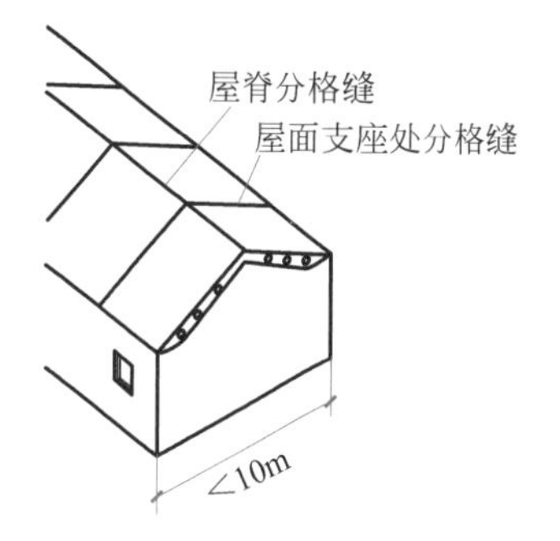

(a) 房间进深小于10m

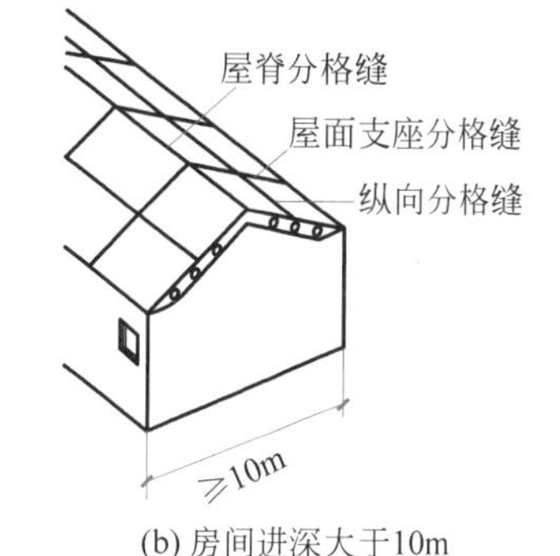

(b) 房间进深大于10m

图 6-13　刚性屋面分格缝的划分

隔离层的做法是在刚性防水层下铺设纸筋灰、低强度等级砂浆，或干铺一层卷材等，目的是将刚性防水层与结构层脱离，允许它们之间有相对位移，以保证防水层在温度作用下自由伸缩而不受结构层的牵制，也避免因结构层变形而造成防水层被破坏。为了使上述相对位移易于实现，隔离层下需要平整的基底，即应做找平层。

3）刚性防水屋面细部构造

刚性防水屋面的细部构造包括屋面防水层的分格缝、泛水、檐口、雨水口等部位的构造处理。

（1）屋面分格缝做法

屋面分格缝实质上是在屋面防水层上设置的变形缝，其位置应设在温度变形允许范围以内和结构变形敏感部位，其构造如图 6-14 所示。

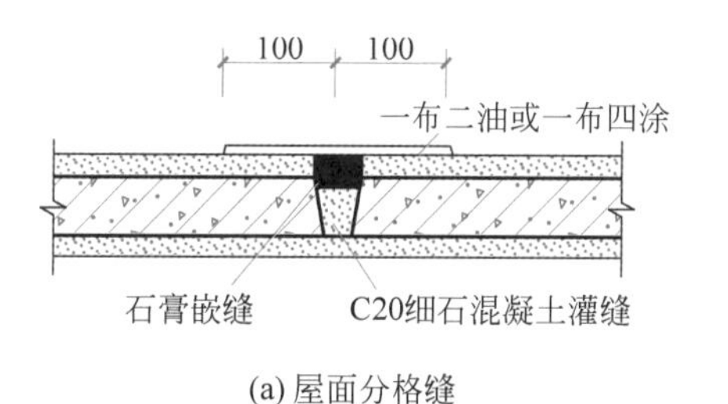

(a) 屋面分格缝

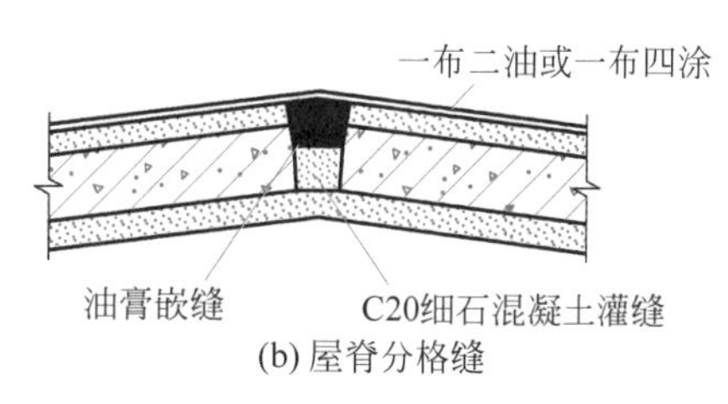

(b) 屋脊分格缝

图 6-14　屋面分格缝的构造

分格缝的构造要点如下：

① 防水层内的钢筋在分格缝处应断开。

② 缝内用弹性材料填塞，油膏封口。

③ 封口表面宜用宽200~300mm的防水卷材铺贴盖缝。

（2）屋面泛水构造

刚性防水层与垂直于屋面构件之间须留有变形缝，并设置泛水（见图6-15）。泛水的构造要点与卷材防水屋面泛水的构造相似。

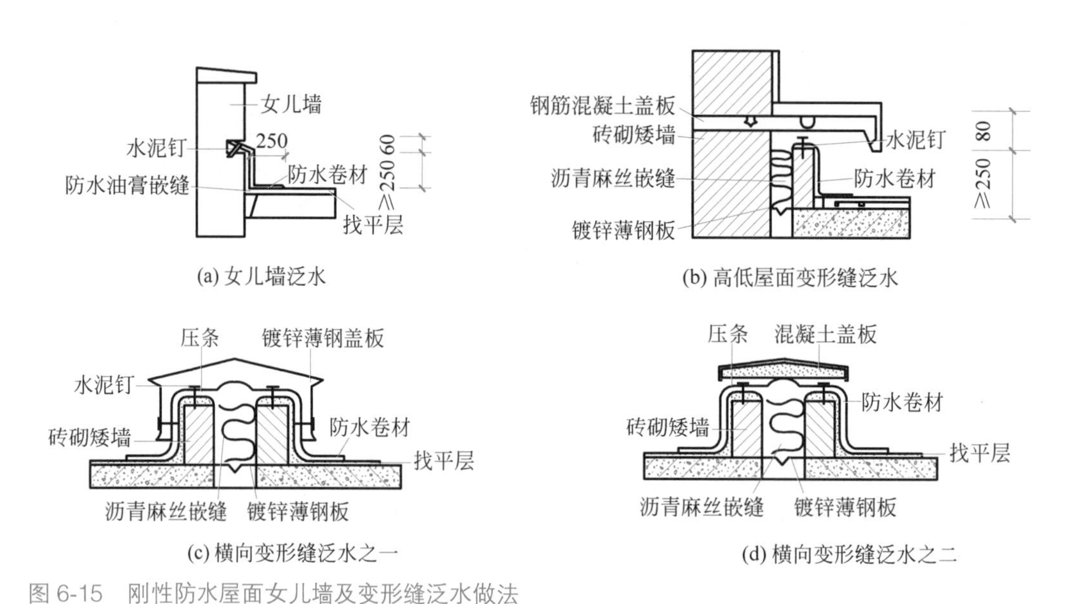

(a) 女儿墙泛水　(b) 高低屋面变形缝泛水

(c) 横向变形缝泛水之一　(d) 横向变形缝泛水之二

图6-15　刚性防水屋面女儿墙及变形缝泛水做法

（3）屋面檐口构造

同卷材防水屋面类似，刚性防水屋面的檐口构造也有自由落水檐口、挑檐沟檐口及坡檐沟檐口等，如图6-16所示。檐口的构造应注意处理好防水层的出挑，并做好滴水处理，女儿墙檐口还要注意处理好泛水的构造。

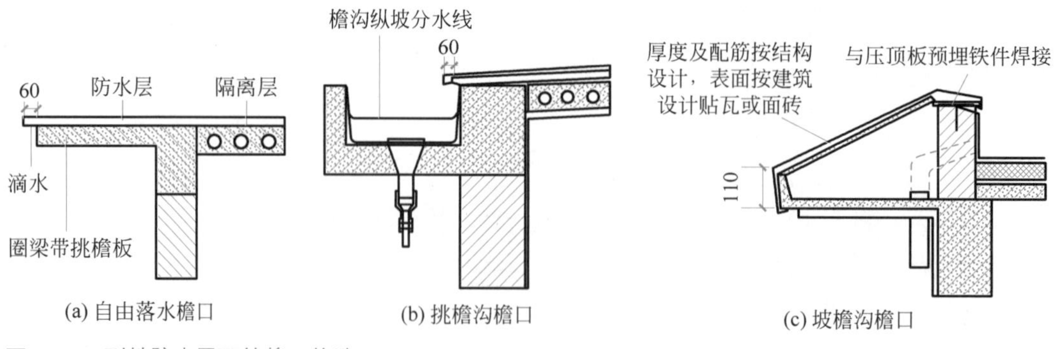

(a) 自由落水檐口　(b) 挑檐沟檐口　(c) 坡檐沟檐口

图6-16　刚性防水屋面的檐口构造

（4）雨水口构造

刚性防水屋面的雨水口也有直管式和弯管式两种做法（见图 6-17 和图 6-18）。为防止雨水从雨水口套管与沟底接缝处渗漏，应在雨水口周边加铺柔性防水层，并将其延伸至套管内壁。檐口处浇筑的混凝土防水层应覆盖于附加的柔性防水层之上，并将防水层和雨水口之间用油膏嵌实。

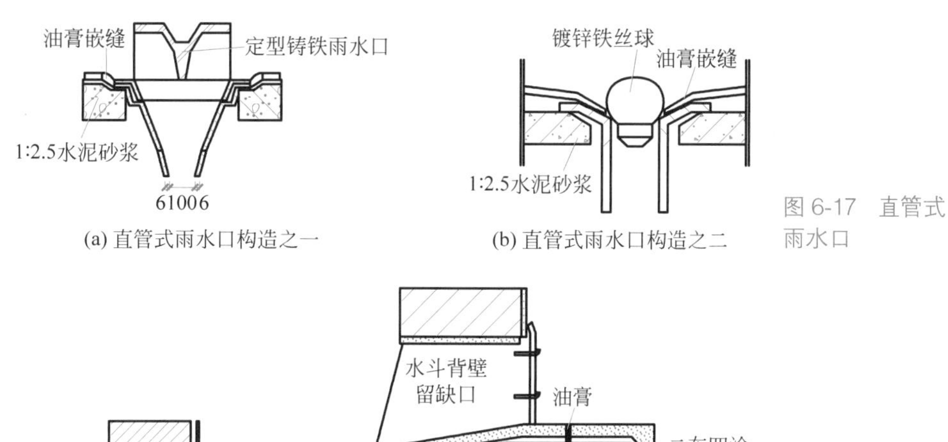

(a) 直管式雨水口构造之一　(b) 直管式雨水口构造之二

图 6-17　直管式雨水口

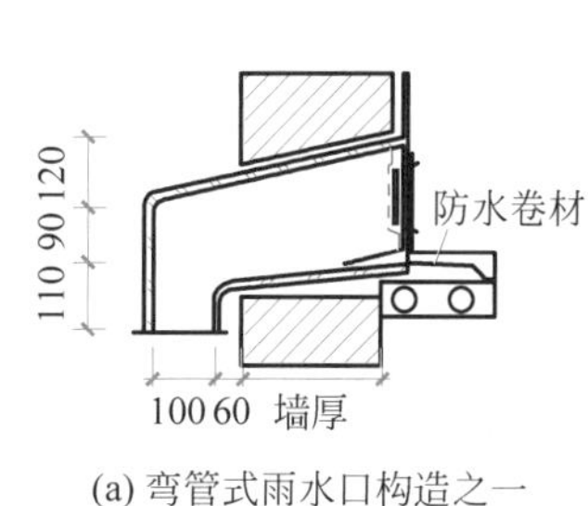

(a) 弯管式雨水口构造之一

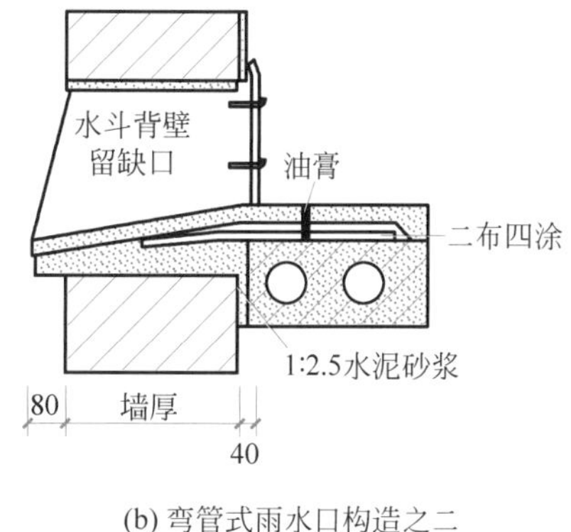

(b) 弯管式雨水口构造之二

图 6-18　弯管式雨水口

3. 涂膜防水屋面

涂膜防水屋面又称涂料防水屋面，主要是用于防水等级为Ⅲ级、Ⅳ级的屋面防水，可作为Ⅰ级、Ⅱ级屋面多道防水设防中的一道防水层。

1）涂膜防水屋面的构造层次

涂膜防水屋面的构造层次包括结构层、找坡层、找平层、结合层、防水层和保护层。其中结构层、找坡层、找平层和保护层的做法与柔性防水屋面相同；结合层主要采用与防水层所用涂料相同的材料经稀释后打底；防水层的材料和厚度根据屋面防水等级确定（见图 6-19）。

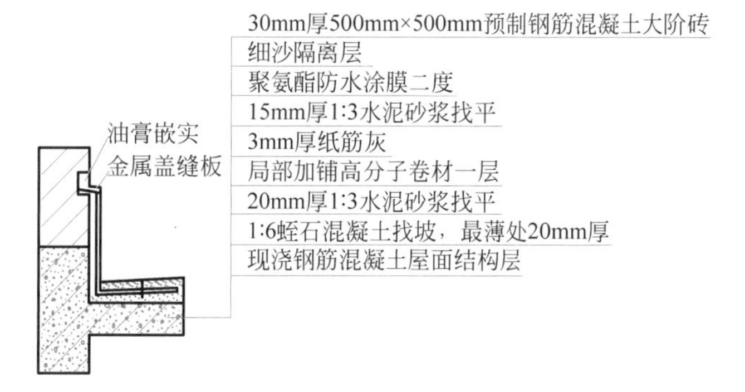

图 6-19　涂膜防水屋面及在女儿墙处泛水的构造

涂膜防水屋面的泛水构造与柔性防水屋面基本相同，但屋面与垂直墙面交接处应加铺附加卷材，加强防水。涂膜防水只能提高构件表面的防水能力，当基层由于温度变形或结构变形而开裂时，也会引起涂膜防水层的破坏，出现渗漏。因此，涂膜防水层在大面积屋面和结构敏感部位也需要设分格缝，其构造与刚性防水屋面的分隔缝的构造近似。

2）涂膜防水的构造要点

（1）为了保证涂膜防水层与基层黏结牢固，其结合层应选用与防水涂料相同的材料经稀释后满刷在找平层上，或在找平层上直接涂刷与相应防水涂料配套的基层处理剂。

（2）防水涂料有单一产品，也有做成双组分的。施工时应按规定的比例及方法准确配制，分层涂刷（每层 0.3~0.5mm 厚，涂刷两层至多层），直至达到设计厚度。有些涂料在施工时可以加入一层纤维性的增强材料来加固，例如防水涂层在遇到有基底分格缝的地方，为了适应变形，防止生成的防水涂膜被拉裂，都应采用单边粘贴的方法空铺一条加筋布或防水卷材，再在其上涂刷若干涂层。

6.2.2 坡屋顶的构造

坡屋顶一般由承重结构、屋面和顶棚等基本部分组成，必要时可设保温（隔热）层等。

1. 坡屋顶的承重结构

坡屋顶的承重结构用来承受屋面传来的荷载，并把荷载传给墙或柱，其结构类型有横墙承重和屋架承重。

图 6-20　横墙承重

1）横墙承重

横墙承重又称山墙承重或硬山搁檩，是将横墙顶部按屋面坡度大小砌成三角形，在墙上直接搁置檩条或钢筋混凝土屋面板，以此来支承屋面传来的荷载（见图 6-20）。横墙承重具有构造简单、施工方便、节约木材，有利于防火和隔音等优点，但房间开间尺寸受限制。适用于住宅、旅馆等开间较小的建筑。

2）屋架承重

屋架是由多个杆件组合而成的承重桁架，可用木材、钢材、钢筋混凝土制作，形状有三角形、梯形、拱形、折线形等。屋架支承在纵向外墙或柱上，上面搁置檩条或钢筋混凝土屋面板，以承受屋面传来的荷载。屋架承重与横墙承重相比，可以省去承重的横墙，使房屋内部有较大的空间，增加了内部空间划分的灵活性（见图 6-21）。

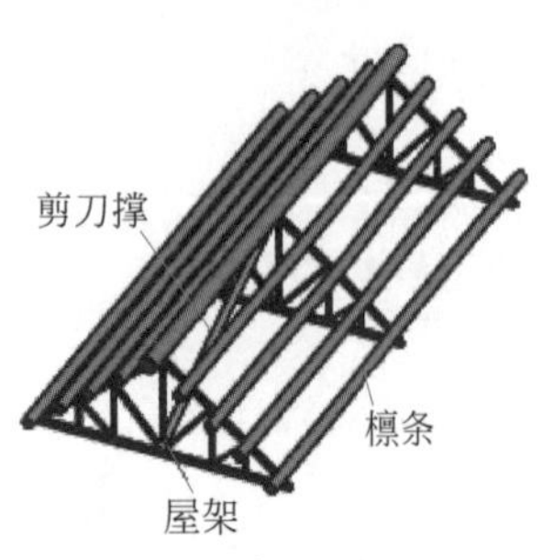

图 6-21　屋架承重

2. 坡屋顶的屋面构造

坡屋顶屋面一般是利用各种瓦材，如平瓦、波形瓦、小青瓦等作为屋面防水材料，靠瓦与瓦之间的搭接盖缝来达到防水的目的。由于瓦材尺寸小、强度低，不能直接搁置在承重结构上，需要在瓦材下面设置基层将瓦材连接起来形成屋面，所以坡屋顶屋面一般由基层和面层组成。

1）坡屋顶的面层

坡屋顶的屋面盖料种类较多，常见的屋面类型有以下几种。

（1）瓦屋面。有平瓦、小青瓦、筒板瓦等。这些瓦的平面尺寸一般在 200~500mm，排水坡度常在 20° ~30° 。

（2）波形瓦屋面。波形瓦屋面有纤维水泥波瓦、镀锌铁皮波瓦、铝合金波瓦、玻璃钢波瓦及压型钢板波瓦等，常用排水坡度在 10° ~20° 。

（3）平板金属皮瓦屋面。有镀锌铁皮、涂膜薄钢板、铝合金皮和不锈钢皮等，排水坡度常在 6° ~12° 。

2）平瓦屋面的构造

（1）冷摊瓦屋面

冷摊瓦屋面是在椽条上钉挂瓦条后直接挂瓦的一种瓦屋面构造［见图 6-22（a）］。其特点是构造简单，造价经济，但易渗漏且保温效果差。

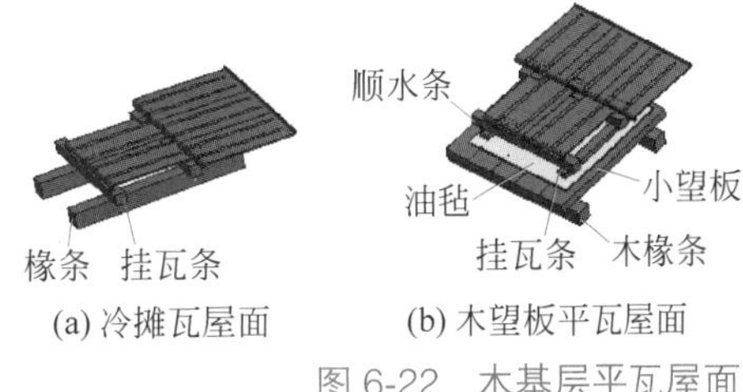

(a) 冷摊瓦屋面　　(b) 木望板平瓦屋面

图 6-22　木基层平瓦屋面

（2）木望板平瓦屋面

木望板平瓦屋面以木屋面板作基层的平瓦屋面，是在檩条或椽条上钉屋面板，屋面板上铺一层防水卷材，用顺水条（压粘条）将卷材固定，顺水条的方向应垂直于檐口，在顺水条上钉挂瓦条挂瓦。这种做法的防渗漏效果较好［见图 6-22（b）］。

（3）钢筋混凝土板平瓦屋面

在现代采用平屋顶的建筑中，如果主体结构是混合结构或是钢筋混凝土结构，屋盖多数采用现浇钢筋混凝土的屋面板，其防水构造可以结合屋面瓦的形式并综合现浇钢筋混凝土平屋面的材料防水及传统屋面的构造防水来做，具体构造见图 6-23。

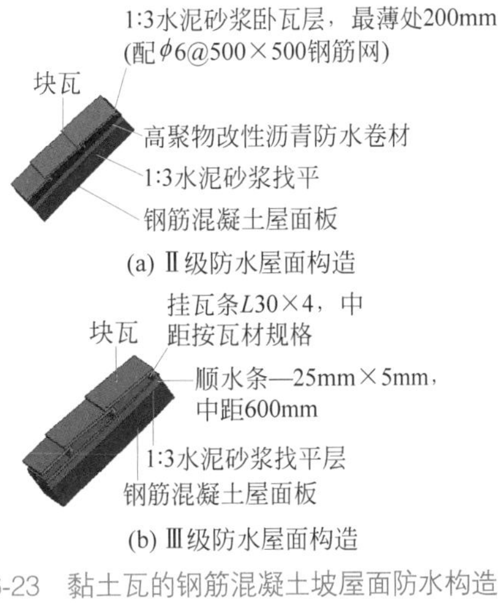

(a) Ⅱ级防水屋面构造

(b) Ⅲ级防水屋面构造

图 6-23　黏土瓦的钢筋混凝土坡屋面防水构造

在瓦屋面上还有一些特殊的地方是防水的薄弱环节，如檐口处、屋脊处等，必须采用特殊形式的瓦片或者做特殊的处理（见图 6-24 和图 6-25）。

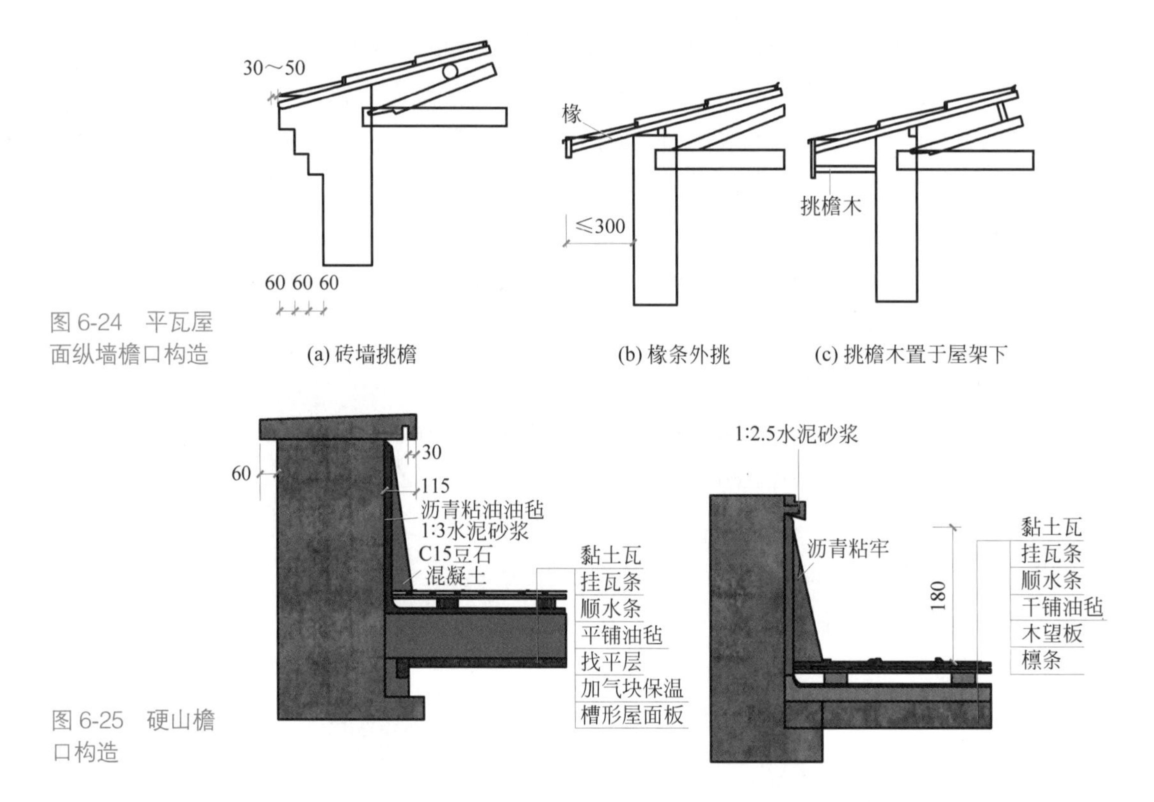

图 6-24　平瓦屋面纵墙檐口构造

图 6-25　硬山檐口构造

3）金属瓦屋面的构造

金属瓦屋面是用铝合金或镀锌钢板压型板、波纹板作屋面防水层，由檩条、木望板、钢屋架或钢筋混凝土屋面板做基层的一种屋面（见图 6-26）。其特点是自重轻，防水性能好，耐久性能好，施工方便，有较好的装饰性。

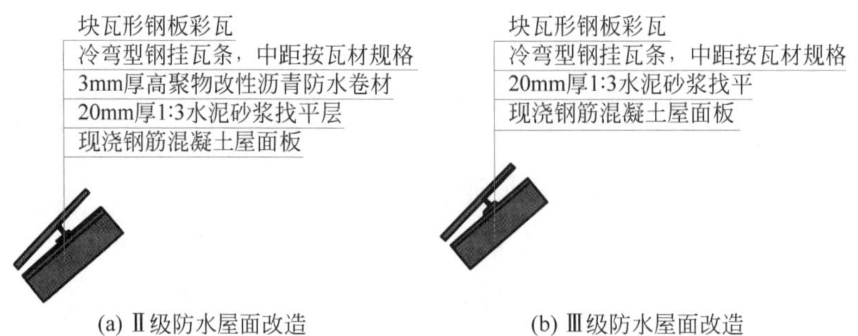

图 6-26　块瓦形钢板彩瓦的钢筋混凝土坡屋面构造示意

金属瓦的厚度很薄（厚度在 1mm 以内），铺设这样薄的瓦材必须用钉子固定在木望板上，木望板则支撑在檩条上。为防止雨水渗漏，瓦材下应干铺一层油毡。金属瓦与金属瓦之间的拼缝通常采取相互交搭卷折成咬口缝，以避免雨水从缝中渗漏。平行于屋面水流方向的竖缝宜做成立咬口缝。但上下两排瓦的竖缝应彼此错开，垂直于屋面水流方向的横缝应采用平咬口缝，如图 6-27 所示。平咬口缝又分为单平咬口缝和双平口咬缝，后者的防水效果优于前者。当屋面坡度小于或等于 30% 时，应采取双平咬口缝，大于 30% 时可采用单平咬口缝。为了使立咬口缝能竖直起来，应先在木望板上钉铁支脚，然后将金属瓦的边折卷固定在铁支脚上，采用铝合金瓦时，支脚和螺钉均应改用铝制品，以免产生电化腐蚀。所有的金属瓦必须相互连通导电，并与避雷针或避雷带连接。

盖水
金属瓦
油毡
木望板
~60
铁钉　铁支脚
(a) 立咬口缝一
过氯乙烯胶泥
~60
铁钉　铁支脚
(b) 立咬口缝二
30～50
金属瓦
油毡
木望板
(c) 单平咬口缝
金属瓦
油毡
木望板
(d) 双平咬口缝

图 6-27　金属瓦屋面瓦材拼缝连接

4）油毡瓦屋面的构造

油毡瓦是以玻璃纤维为胎基，经浸涂石油沥青后，面层热压各色彩砂，背面撒以隔离材料而制成的瓦状材料，形状有方形和半圆形（见图 6-28）。油毡瓦适用于排水坡度大于 20% 的坡屋面，可铺设在木板基层和混凝土基层的水泥砂浆找平层上（见图 6-29）。

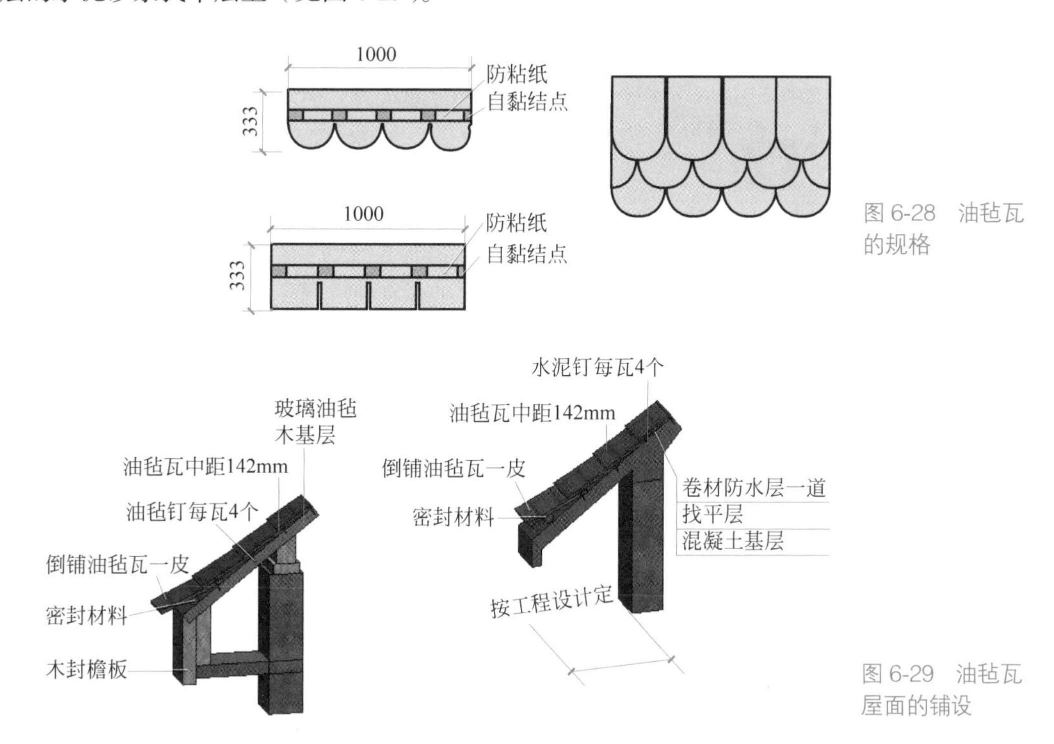

图 6-28　油毡瓦的规格

图 6-29　油毡瓦屋面的铺设

6.3　屋面排水

1. 屋面坡度的形成方法

屋面坡度的形成主要有材料找坡和结构找坡两种（见图 6-30）。

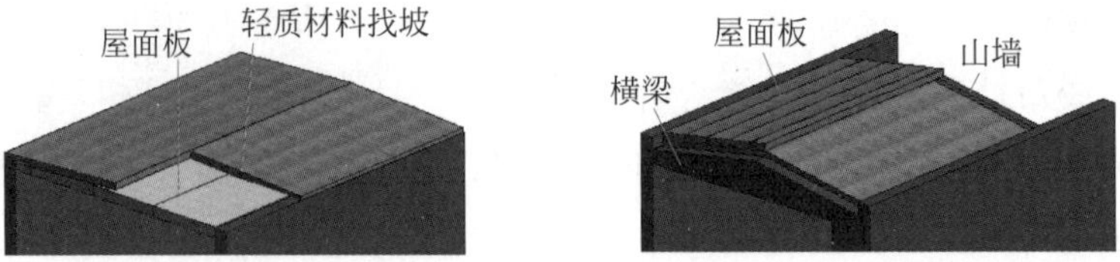

屋面板 轻质材料找坡

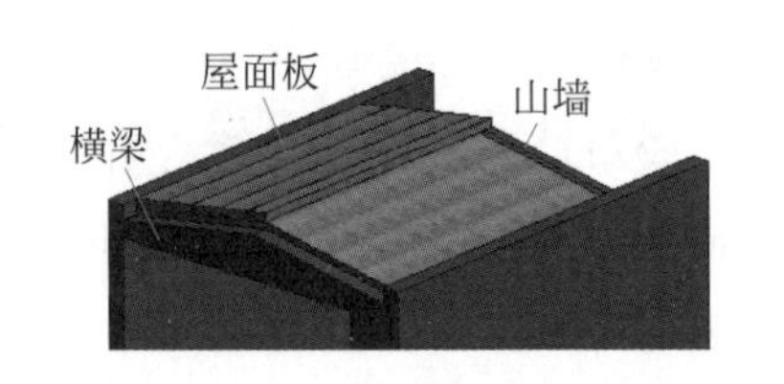

图 6-30 屋面坡度的形成

1）材料找坡

材料找坡是指屋顶坡度由垫坡材料形成，一般用于坡向长度较小的屋面。为了减轻屋面荷载，常用炉渣、蛭石、膨胀珍珠岩等轻质材料加适量水泥形成轻质混凝土垫坡。以上这些材料既是保温层又是找坡层。材料找坡施工简单方便，室内顶面平整，但会增加屋面自重，宜在小面积屋面中使用。平屋顶采用卷材或混凝土防水时，若为不上人屋面，一般做 2%~5% 的坡度（常用 2%~3% 的坡度）；若为上人屋面，常用 2% 的坡度。

2）结构找坡

结构找坡是屋顶结构自身带有排水坡度，平屋顶结构找坡的坡度宜为 3%。结构找坡构造简单，不增加荷载，但天棚顶倾斜，室内空间不够完整。

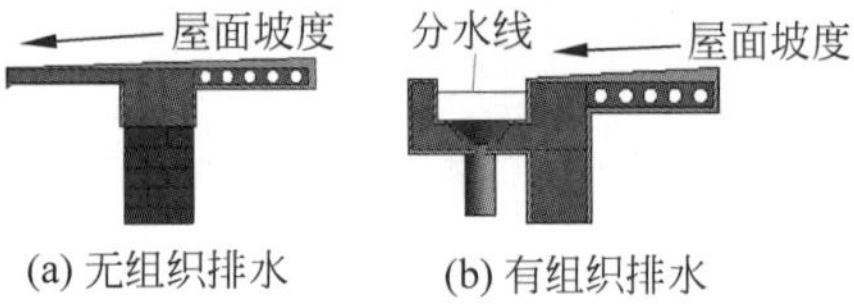

2. 屋面的排水方式

屋面的排水方式分为两大类，即无组织排水和有组织排水，如图 6-31 所示。

屋面坡度 分水线 屋面坡度

(a) 无组织排水 (b) 有组织排水

图 6-31 屋面的排水方式

1）无组织排水

无组织排水是指屋面雨水直接从檐口滴落至地面的一种排水方式，因为不用天沟、雨水管等导流雨水，故又称自由落水。自由落水的屋面可以是单坡屋面、双坡屋面或四坡屋面，雨水可以从一面、两面或四面落至地面。

无组织排水方式具有构造简单、造价低廉的优点，但屋面雨水自由落下会溅湿墙面，外墙墙脚常被飞溅的雨水侵蚀，影响到外墙的坚固、耐久性，并可能影响人行道的交通，主要适用于少雨地区或低层建筑，不宜用于临街建筑和较高的建筑。

2）有组织排水

有组织排水是指雨水经由天沟、雨水管等排水装置被引导至地面或地下管沟的一种排水方式。

有组织排水具有不妨碍人行交通、不易溅湿墙面的优点，但与无组织排水相比，其构造较复杂，造价相对较高。有组织排水可分为外排水和内排水两种基本形式，常用外排水方式有女儿墙外排水、女儿墙檐沟外排水和檐沟外排水（见图 6-32）。

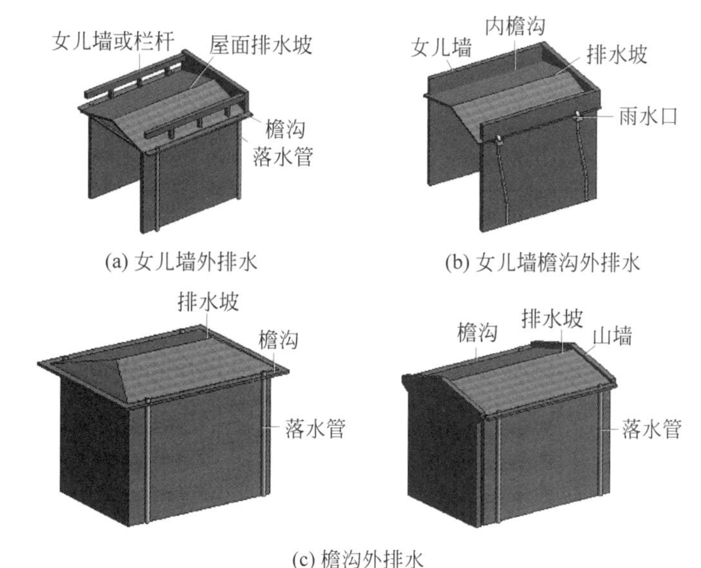

(a) 女儿墙外排水　(b) 女儿墙檐沟外排水

(c) 檐沟外排水

图 6-32　外排水方式

6.4　屋顶保温与隔热

我国各地区气候差异很大，北方地区冬天寒冷，南方地区夏天炎热。屋顶作为建筑物最顶部的围护构件，应能减少外界气候对建筑物室内带来的影响，因此北方地区需要加强保温措施，南方地区则需要加强隔热措施。

1. 屋面保温

在寒冷地区或装有空调设备的建筑中，屋顶应设计成保温屋顶。为了提高屋顶的热阻，需要在屋顶中增加保温层。

1）保温材料

保温材料应具有吸水率低、导热系数较小并具有一定的强度的性能。屋面保温材料一般为轻质多孔材料，分为三种类型。

（1）松散保温材料：堆积密度应小于 300kg/m^3，导热系数应小于 0.14W/（m·K），常用的有膨胀蛭石（粒径 3~15mm）、膨胀珍珠岩、矿棉、炉渣等。

（2）整体保温材料：常用水泥或沥青等胶结材料与松散保温材料拌和，整体浇筑，如水泥炉渣、沥青膨胀珍珠岩、水泥膨胀蛭石等。

（3）板状保温材料：如加气混凝土板、泡沫混凝土板、膨胀珍珠岩板、膨胀蛭石板、矿棉板、岩棉板、泡沫塑料板、木丝板、刨花板等。

2）平屋面保温构造

（1）防水层上设保温层（正置式屋面保温层）

在防水层和结构层之间设置保温层。这种做法施工方便，还可利用其进行找坡，保温效果较好。但要注意处理好保温层的通风散热，否则保温层中的水蒸气会使其上的防水层鼓泡。

（2）防水层上设保温层（倒置式屋面保温层）

将保温层设置在防水层上面的保温方式（见图6-33）。其优点是防水层不受太阳辐射和剧烈气候变化的直接影响，增强防水层的防水性能和使用年限。缺点是须选用吸湿性低、耐气候性强的保温材料。

3）坡屋顶保温构造

坡屋顶的保温有顶棚保温和屋面保温两种。

（1）顶棚保温

顶棚保温是在坡屋顶的悬吊顶棚上加铺木板，上面干铺一层油毡做隔气层，然后在油毡上面铺设轻质保温材料，如聚苯乙烯泡沫塑料保温板、木屑、膨胀珍珠岩、膨胀蛭石、矿棉等（见图6-34）。

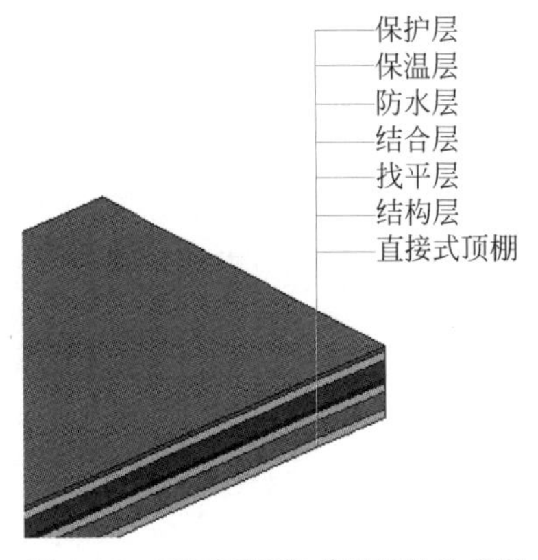

图6-33　平屋面倒置式保温构造做法

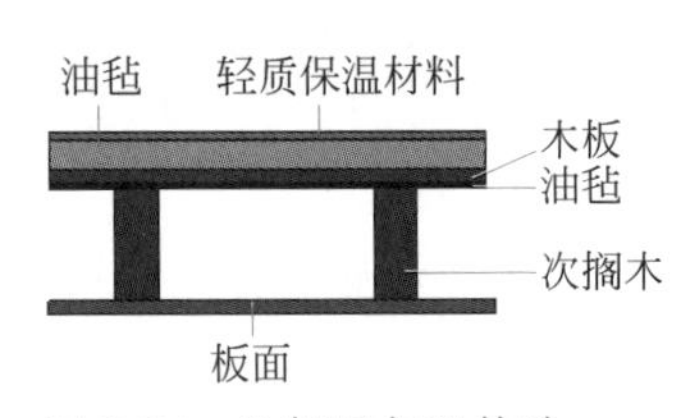

图6-34　顶棚层保温构造

（2）屋面保温

传统的屋面保温是在屋面铺草秸，将屋面做成麦秸泥青灰顶，或将保温材料设在檩条之间（见图6-35）。这些做法工艺落后，目前已基本不用。现在工程中，一般是在屋面压型钢板下铺聚苯乙烯泡沫塑料保温板，或直接采用带有保温层的夹芯板。

(a) 保温层在屋面一

(b) 保温层在屋面二

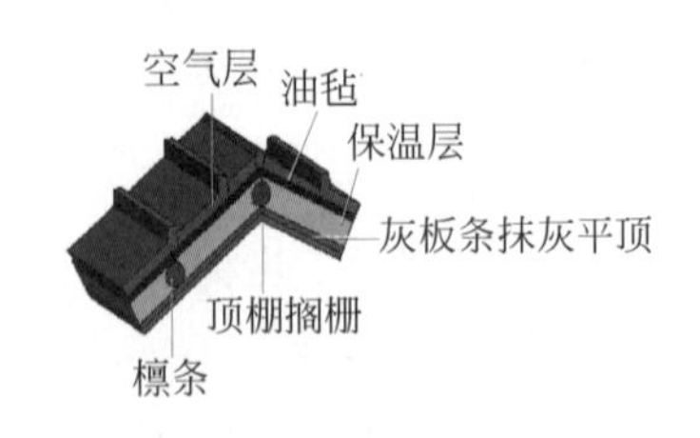

(c) 保温层在檩条之间

图6-35　屋面保温构造做法

（3）隔气层

在防水层下设置保温层时，为防止室内湿气进入屋面保温层而降低保温性能，需在保温层下设置隔气层。隔气层的一般做法是在 20mm 厚 1:3 水泥砂浆找平层上刷冷底子油两道作为结合层，结合层上做一布二油或两道热沥青隔气层。由于保温层下设隔气层，上面设置防水层，即保温层的上下两面均被油毡封闭住，而在施工中往往出现保温材料或找平层未干透的情况，其中残存的水汽无法散发。为了解决这个问题，可以在保温层上部或中部设置排气出口，排气出口应埋设排气管，如图 6-36 所示。穿过保温层的排气管及排气道的管壁四周应均匀打孔，以保证排气的通畅。

2. 平屋顶的隔热

我国南方地区夏季炎热，太阳辐射强烈，屋顶温度较高，需进行隔热构造处理。平屋顶隔热的构造做法主要有通风隔热、蓄水隔热和种植隔热三种。

1）通风隔热

通风隔热就是在屋顶设置架空通风间层，使其上层表面遮挡阳光辐射，同时利用风压和热压作用使间层中的热空气被不断带走。通风间层的设置通常有两种方式：一种是在屋面上做架空通风隔热间层；另一种是利用吊顶棚内的空间做通风间层（见图 6-37）。

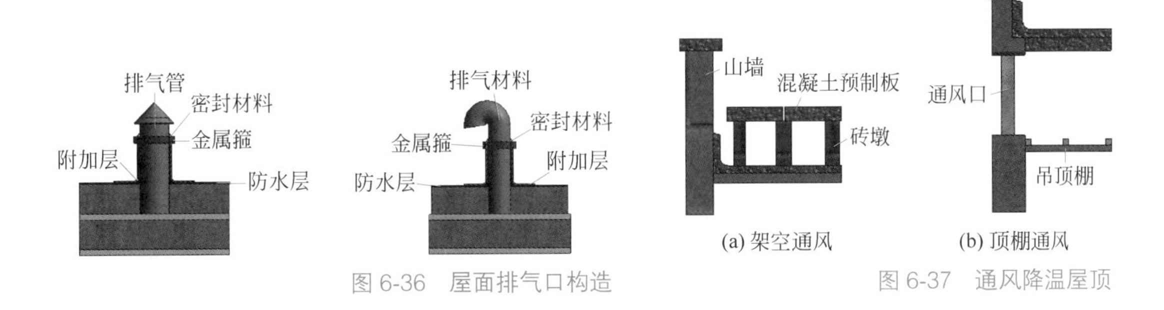

图 6-36 屋面排气口构造

图 6-37 通风降温屋顶

（1）架空通风隔热

架空通风隔热间层设于屋面防水层上，架空通风层通常用砖、瓦、混凝土等材料及制品制作（见图 6-38）。其隔热原理是：一方面利用架空的面层遮挡直射阳光；另一方面架空层内被加热的空气与室外冷空气产生对流，将层内的热量源源不断地排走。

架空层的净空高度一般以 180~240mm 为宜。当屋面宽度大于 10m 时应设置通风屋脊。距女儿墙 500mm 范围内不铺架空板；为保证架空层内

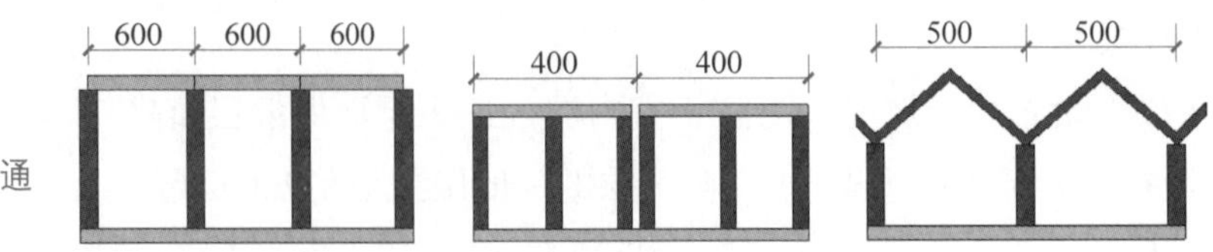

图 6-38 架空通风隔热屋面

的空气流通顺畅，其周边应留设一定数量的通风孔；架空隔热板的支承物可以做成砖垄墙式，也可做成砖墩式。

（2）顶棚通风隔热

顶棚通风隔热做法是利用顶棚与屋顶之间的空间做隔热层。顶棚通风隔热层应满足以下要求：顶棚通风层应有足够的净空高度，一般为 500mm 左右；需设置一定数量的通风孔，以利于空气对流；通风孔应考虑防飘雨措施；应注意解决好屋面防水层的保护问题。

2）蓄水隔热

蓄水隔热屋面的构造与刚性防水屋面的构造基本相同，只是增设了分仓壁、泄水孔、过水孔和溢水孔（见图 6-39）。

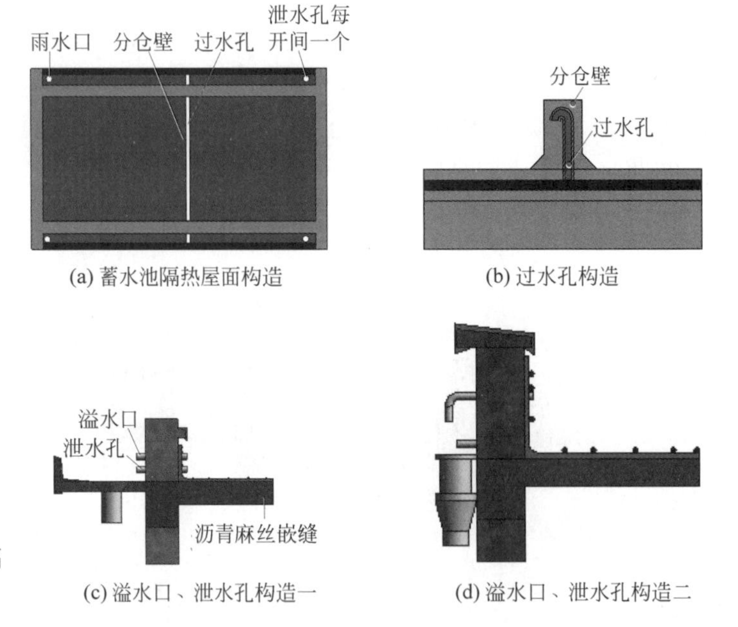

图 6-39 蓄水隔热屋面

蓄水屋面的构造应解决好以下几方面的问题。

（1）水层深度及屋面坡度。适宜的水层深度为 150~200mm。为保证屋面蓄水深度的均匀，蓄水屋面的坡度不宜大于 0.5%。

（2）蓄水区的划分。蓄水屋面应划分为若干蓄水区，每区的边长不宜超过 10m。长度超过 40m 的蓄水隔热层应分仓设置，分仓隔墙可采用现浇混凝土或砌体；在变形缝的两侧应设计成互不连通的蓄水区。

（3）女儿墙与泛水。蓄水屋面四周可做女儿墙并兼作蓄水池的仓壁。在女儿墙上应将屋面防水层延伸到墙面形成泛水，泛水的高度应高出溢水孔 100mm。

（4）溢水孔与泄水孔。为避免暴雨时蓄水深度过大，应在蓄水池布置若干溢水孔，为便于检修时排除蓄水，应在池壁根部设泄水孔，泄水孔和溢水孔均应与排水檐沟或水落管连通。

（5）蓄水池应设置人行通道。

3）种植隔热屋面

种植隔热的原理是：在平屋顶上种植植物，借助栽培介质隔热及植物吸收阳光进行光合作用和遮挡阳光的双重功效来达到降温隔热的目的。种植平屋面的基本构造层次包括：基层、绝热层、找坡（找平）层、普通防水层、耐根穿刺防水层、保护层、排（蓄）水层、过滤层、种植土层和植被层等。

一般种植隔热屋面是在屋面防水层上直接铺填种植介质，栽培植物，如图 6-40 所示。其构造要点是：种植屋面的坡度不宜大于 3%；种植屋面的防水层应选择耐腐蚀、耐穿刺、性能好的防水层；种植屋面四周应设置围护墙及泄水管、排水管；当种植屋面为柔性防水层时，应做刚性保护层。

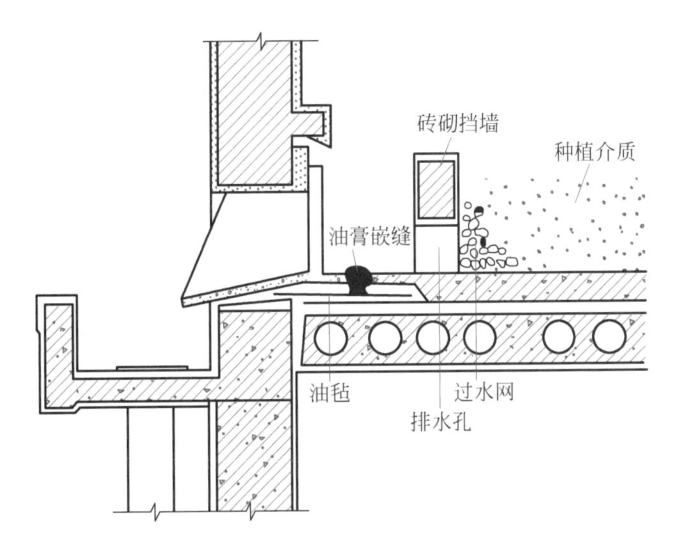

图 6-40 种植隔热屋面

4）坡屋顶的隔热

炎热地区在坡屋顶中设进气口和排气口，利用屋顶内外的热压差和迎风面的压力差，组织空气对流，形成屋顶内的自然通风，以减少由屋顶传入室内的辐射热,从而达到隔热降温的目的。进气口一般设在檐墙上、屋檐部位或室内顶棚上；出气口最好设在屋脊处，以增大高差，有利于加速空气流通。

坡屋顶一般利用屋顶通风来隔热，有以下两种通风方式。

（1）屋面通风

把屋面做成双层，在檐口设进风口，屋脊设出风口，利用空气流动带走间层的热量，以降低屋顶的温度（见图 6-41）。

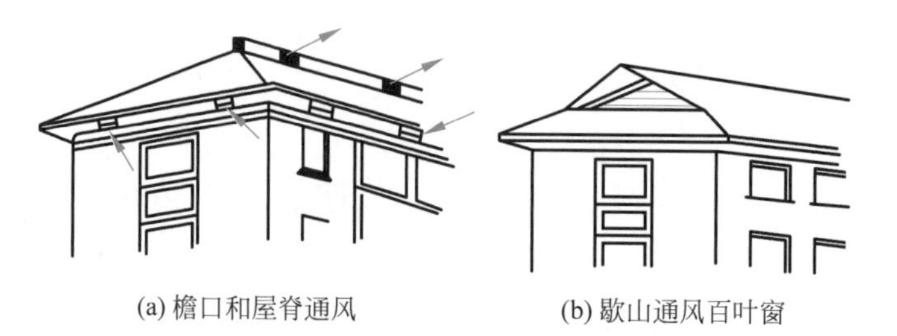

图 6-41　坡屋顶的隔热与通风

（2）吊顶棚通风

利用吊顶棚与坡屋面之间的空间作为通风层，在坡屋顶的歇山、山墙或屋面等位置设进风口（见图 6-42）。

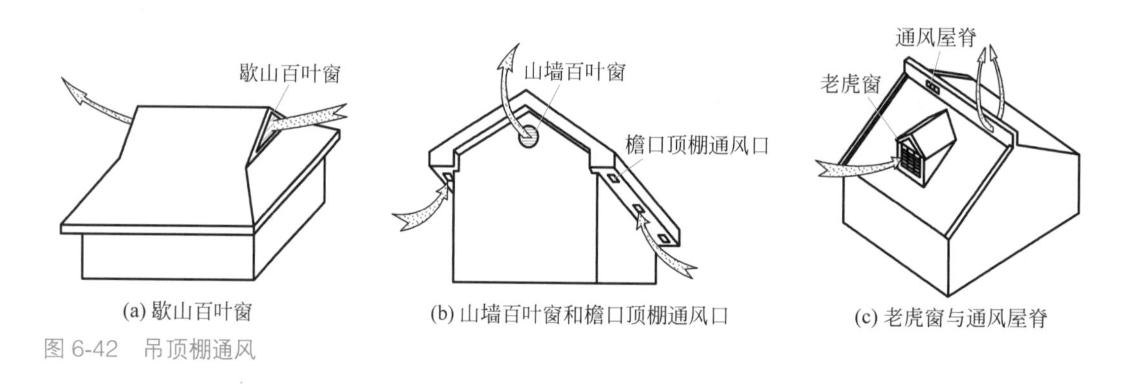

图 6-42　吊顶棚通风

本章小结

1. 屋顶按排水坡度和构造形式分为平屋顶、坡屋顶和曲面屋顶。平屋顶按防水做法的不同分为卷材防水屋面、刚性防水屋面和涂膜防水屋面。

2. 屋顶应满足防水排水、保温（隔热）、坚固耐久、抵御侵蚀等要求，其中防水排水是核心。

3. 卷材防水屋面防水层之下需设找平层，上部应做保护层，如为上人屋面则应用地面构成保护层；如为不上人屋面可用绿豆砂形成保护层。保温层设在防水层之下需设隔气层，设在防水层之上可不设，但保温材料需为不透水材料。卷材防水屋面应加强细部构造的处理，如泛水、檐口、雨水口、变形缝等部位的构造处理。

4. 混凝土刚性防水屋面防水层为了防止开裂，需在防水层中加设钢筋网片、设置分隔缝、在防水层与结构层之间加铺隔离层。分隔缝应设在屋面板的支承端、屋面坡度的转折处、泛水与立墙的交接处。泛水、檐口、雨水口、变形缝、分隔缝等细部构造应有可靠的防水措施。

5. 屋面排水坡度的形成主要有材料找坡和结构找坡两种。材料找坡是指屋顶坡度由垫坡材料形成。平屋顶材料找坡的坡度一般为 2%~5%。结构找坡是屋顶结构自身带有排水坡度，平屋顶结构找坡的坡度宜为 3%。

6. 坡屋顶一般由承重结构、屋面和顶棚等基本部分组成，必要时可设保温（隔热）层等。坡屋顶屋面一般是利用各种瓦材，如平瓦、波形瓦、小青瓦等作为屋面防水材料，靠瓦与瓦之间的搭接盖缝来达到防水的目的。

7. 平屋顶的保温层铺于结构层上，坡屋顶的保温层可铺在瓦材下面或吊顶棚上。屋顶隔热降温措施主要有：通风隔热、蓄水隔热、种植隔热等。坡屋顶的隔热方式有两种：屋面通风和吊顶棚通风。

课后习题

1. 屋顶是如何进行分类的？

2. 屋面排水方式有哪几种？各有什么优缺点？

3. 什么叫泛水？卷材防水平屋顶泛水构造的做法需要注意什么？

4. 平瓦坡屋顶一般由哪些部分组成？其构造形式有哪几种？

5. 为什么刚性防水层要设置分格缝？如何设置？分格缝又如何进行处理？

6. 卷材防水平屋顶防水层下的结合层有什么作用？

第 7 章　建筑门窗的构造

门和窗是房屋建筑中非常重要的两个组成配件，对保证建筑物能够正常、安全、舒适使用具有很大的影响。

7.1　门窗的功能

7.1.1　门的功能

门的功能有以下几个方面。

（1）通行：门是人们进出室内外和各房间的通行口。

（2）疏散：当有火灾、地震等紧急情况发生时，起到安全疏散的作用。

（3）围护：门是房间保温、隔热、隔声及防自然侵害的重要配件。

（4）采光通风：半玻璃门、全玻璃门或门上设小玻璃窗（亮子），可用作房间的辅助采光，也是与窗组织房间自然通风的主要配件。

（5）防盗、防火：对安全有特殊要求的房间要安设由金属制成、经公安部门检查合格的专用防盗门，以确保安全。防火门用阻燃材料制成，能阻止火势的蔓延。

（6）美观：门是建筑入口的重要组成部分，直接影响建筑物的立面效果。

7.1.2　窗的功能

窗的主要建筑功能是通风和采光，兼有装饰、观景等作用。

（1）采光与日照：各类房间都需要一定的照度，而且通过窗的自然采光有益于人的健康，同时也节约能源，所以要合理设置窗（位置和尺寸）来满足不同房间室内的采光要求。

（2）通风：设置窗来组织自然通风、调换空气，可以使室内空气清新。

（3）观察与传递：通过窗可以观察室外情况和传递信息，有时还可以传递小物品，如售票、售物、取药等。

（4）围护与调节温度：窗不仅开启时可通风，关闭时还可以控制室内温度，如冬季减少热量散失，避免自然侵袭，如风、雨、雪等。窗还可起防盗等围护作用。

（5）装饰：窗占整个建筑立面比例较大，对建筑风格起到至关重要的装饰作用，如窗的大小、形状布局、疏密、色彩、材质等直接体现了建筑的风格。

7.2　门窗构造的要求

7.2.1　采光通风要求

各种类型的建筑物均需要一定的照度标准才能满足舒适的卫生要求。从舒适性及合理利用能源的角度来说，在设计中，首先要考虑天然采光的因素，选择合适的窗户形式和面积。例如长方形窗构造简单，在采光数值和采光均匀性方面最佳。横放和竖放的窗户采光面积相同。但由于采光深度不一样，效果相差很大。竖放的窗户适合于进深大的房间，横放的窗户则适合于进深浅的房间，较高的窗户应横放。

7.2.2　围护作用的要求

建筑的外门窗作为外围护墙的开口部分，必须考虑防风沙、防水、防盗、保温、隔热、隔声等要求，以保证室内舒适的环境，这就对门窗的构造提出了要求。

7.2.3　使用要求

由于门主要供出入、联系室内外之用，具有紧急疏散的功能，因此门的数量、位置、大小及开启的方向要根据设计规范和人流量来考虑，以便能通行流畅、符合安全的要求。大型民用建筑或者使用人数特别多的建筑，外门必须向外开。

7.2.4　建筑设计方面的要求

门窗是建筑立面造型中的主要部分，应在满足交通、采光、通风等主要功能的前提下，适当考虑美观要求和经济问题。木门窗质轻、构造简单、容易加工，但不及钢门窗坚固、防火性能好、采光面积大。窗户容易积灰，减弱光线，影响亮度，所以要求线脚简单，不易积灰。

7.3 窗的类型与构造

7.3.1 窗的分类

1. 按使用材料分类

按使用材料不同，窗分为木窗、钢窗、铝合金窗、塑钢窗、玻璃钢窗等。木窗制作方便、经济、密封性能好、保温性高，但相对透光面积小、防火性很差、耐久性能低、易变形损坏。钢窗密封性能差、保温性能低、耐久性差、易生锈。故目前木窗、钢窗应用很少，而逐渐被铝合金窗和塑钢窗所取代，因为它们具有质量轻、耐久性好、刚度大、变形小、不生锈、开启方便、美观等优点，但成本较高。

2. 按开启方式分类（见图 7-1）

（1）平开窗：有内开和外开之分，构造简单，制作、安装、维修、开启等都比较方便，是目前常见的一种开启方式。但平开窗有易变形的缺点。

（2）推拉窗：窗扇沿导槽可左右推拉，不占空间，但通风面积减小，目前铝合金窗和塑钢窗普遍采用这种开启方式。

（3）悬窗：按悬转轴的位置不同分为上悬窗、中悬窗和下悬窗三种。为防雨水飘入室内，上悬窗必须外开，中悬窗上半部内开、下半部外开，下悬窗必须内开。中悬窗有利于通风、开启方便，适于高窗。下悬窗开启时占用室内较多空间。

（4）立转窗：窗扇可以绕竖向轴转动，竖轴可设在窗扇中心，也可以略偏于窗扇一侧，通风效果较好。

（5）固定窗：仅用于采光、观察、围护。

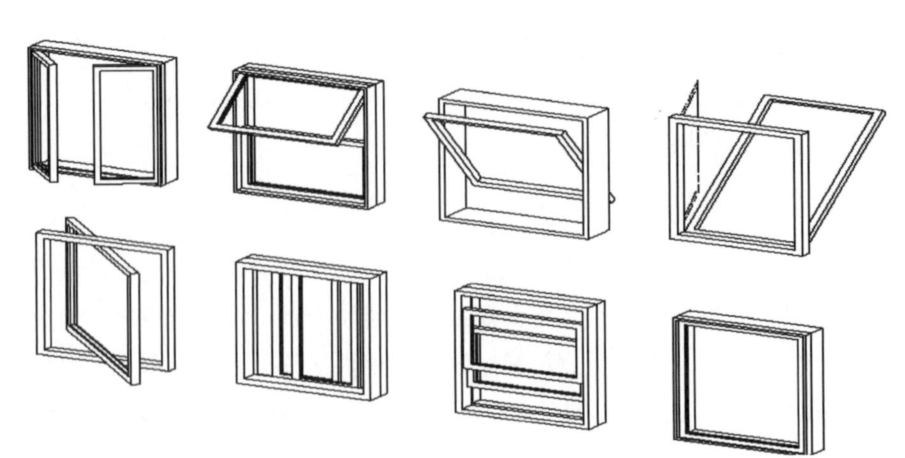

图 7-1 窗的开启方式

7.3.2　窗的构造

1. 平开木窗

1）窗框

平开木窗主要由窗框、窗扇和五金零件三部分组成，如图 7-2 所示。窗框断面尺寸主要依材料强度、接榫需要和窗扇层数（单层、双层）来确定。

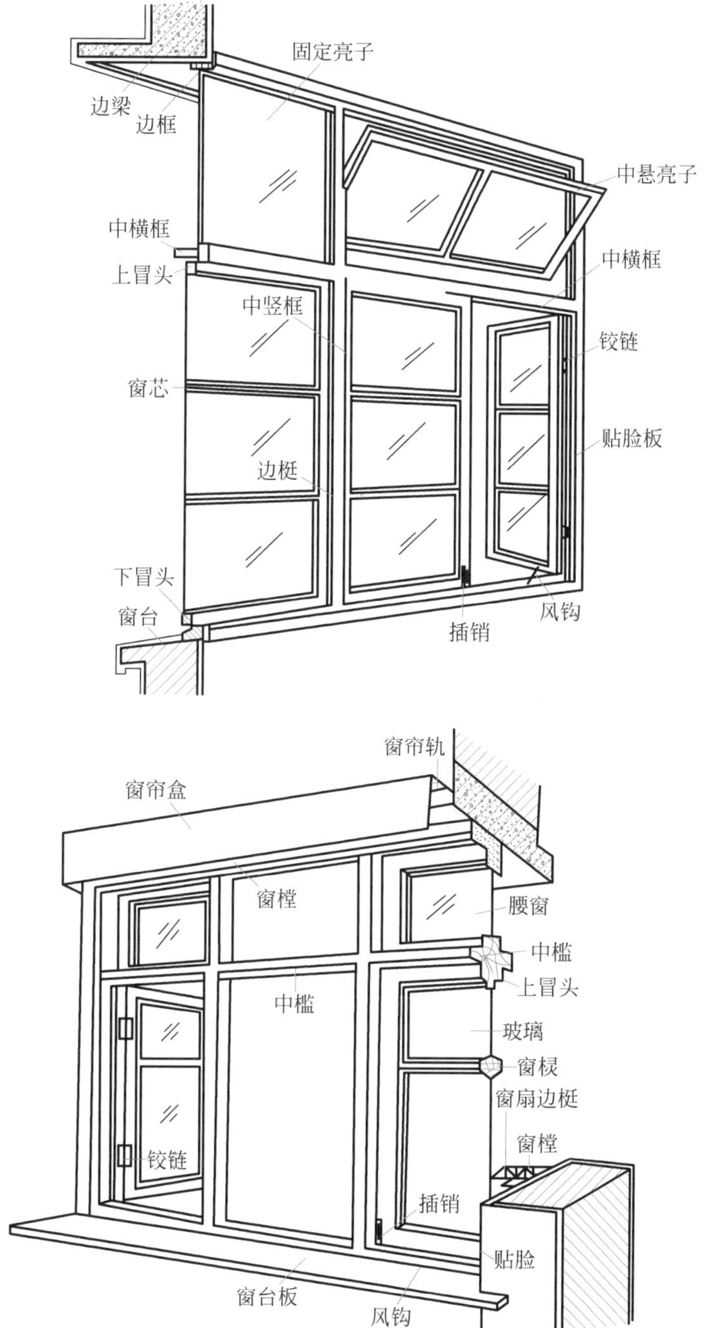

图 7-2　木窗的组成

2）窗扇

窗扇的厚度约为 35~42mm。上冒头、下冒头和边梃的宽度为 50~60mm，下冒头若加披水板，应比上冒头加宽 10~25mm。窗芯宽度一般为 27~40mm。为镶嵌玻璃，在窗扇外侧要做裁口，其深度为 8~12mm，但不应超过窗扇厚度的 1/3。各构件的内侧常做装饰性线脚，既少挡光又美观。两窗扇之间的接缝处常做高低缝的盖口，也可以一面或两面加钉盖缝条，以提高防风雨能力和减少冷风渗透。

3）五金零件

五金零件一般有铰链、插销、窗钩、拉手和铁三角等。铰链又称合页、折页，是连接窗扇和窗框的连接件，窗扇可绕铰链转动；插销和窗钩是固定窗扇的零件；拉手为开关窗扇用。

2. 铝合金窗

铝合金窗质量轻，气密性和水密性能好，隔音、隔热、耐腐蚀等性能也比普通木窗、钢窗有显著提高，并且不需要日常维护；其框料还可通过表面着色、涂膜处理等获得多种色彩和花纹，具有良好的装饰效果，是目前建筑中使用较为广泛的基本窗型。

3. 塑钢窗

塑钢窗是以改性硬质聚氯乙烯（简称 UPVC）为原料，经挤出机挤出成型为各种断面的中空异型材，再定长切割后，在其内腔衬入钢质型材加强筋，再用热熔焊接机焊接成窗框、窗扇，装配上玻璃、五金配件、密封条等构成窗成品。为了增加 PVC 塑料中空异型材的刚性，在其内腔衬入型钢增强，形成塑钢结构，故称塑钢窗。其特点是耐水、耐腐蚀、抗冲击、耐老化、阻燃，不需涂装，使用寿命可达 30 年，节约木材，比铝合金窗经济。

塑钢窗由窗框、窗扇、窗的五金零件三部分组成，主要有平开、推拉、上悬和中悬等开启方式。

7.3.3 窗的尺寸要求

为使窗坚固耐久，一般平开木窗的窗扇高度为 800~1200mm，宽度不宜大于 500mm；上下悬窗的窗扇高度为 300~600mm；中悬窗的窗扇高不宜大于 1200mm，宽度不宜大于 1000mm；推拉窗的高宽均不宜大于 1500mm。对一般民用建筑用窗，各地均有通用图，各类窗的高度与宽度尺寸通常采用扩大模数 3M 数列作为洞口的标志尺寸，需要时可按所需类型及尺度大小直接选用。

7.3.4　窗的安装

1. 木窗的安装

木窗框的安装方法分立口和塞口两类。

1）立口

立口又称立樘子，施工时先将窗框放好后砌窗间墙。上下档各伸出约半砖长的木段（称为羊角或走头），在边框外侧每 500~700mm 设一木拉砖（木鞠）或铁脚砌入墙身，如图 7-3 所示。这种方法窗框与墙的连接紧密，但施工不便，窗框及其临时支撑易被碰撞，较少采用。

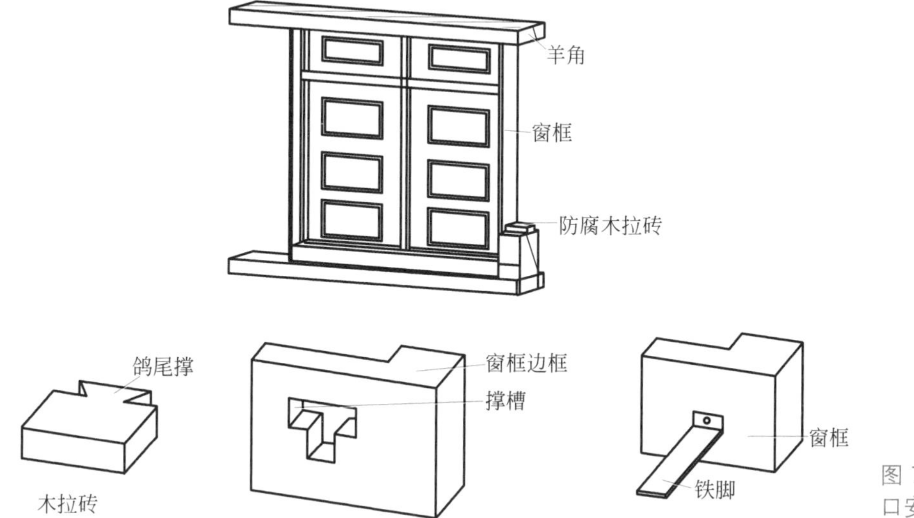

图 7-3　窗的立口安装

2）塞口

塞口又称塞樘子或嵌樘子，将窗洞口留出，完成墙体施工后再安装窗框。塞口时窗的实际尺寸要小于窗的洞口尺寸。塞口时木窗框与墙身间的相对位置及缝隙处理如图 7-4 所示。

2. 铝合金窗的安装

铝合金窗的安装一般采用塞口法。安装前用木楔、垫块临时固定，在窗的外侧用射钉、塑料膨胀螺钉或小膨胀螺栓固定厚度不小于 1.5mm，宽度不小于 15mm 的 Q235-A 冷轧镀锌钢板（固定板）于洞口砖墙上（不得固定在砖缝处）。若为加气混凝土砌块洞口时，则应采用木螺钉固定在胶粘圆木上；若设预埋件，可采用焊接或螺栓连接。固定片离中竖框、横框的档头不小于 150mm，每边固定片至少有 2 个，且间距不大于 600mm，交错固定在窗所在平面两侧的墙上。窗框与洞口用与其材料相容的闭孔泡沫塑料、发泡聚苯乙烯等填塞嵌缝（不得填实）。窗框安装时

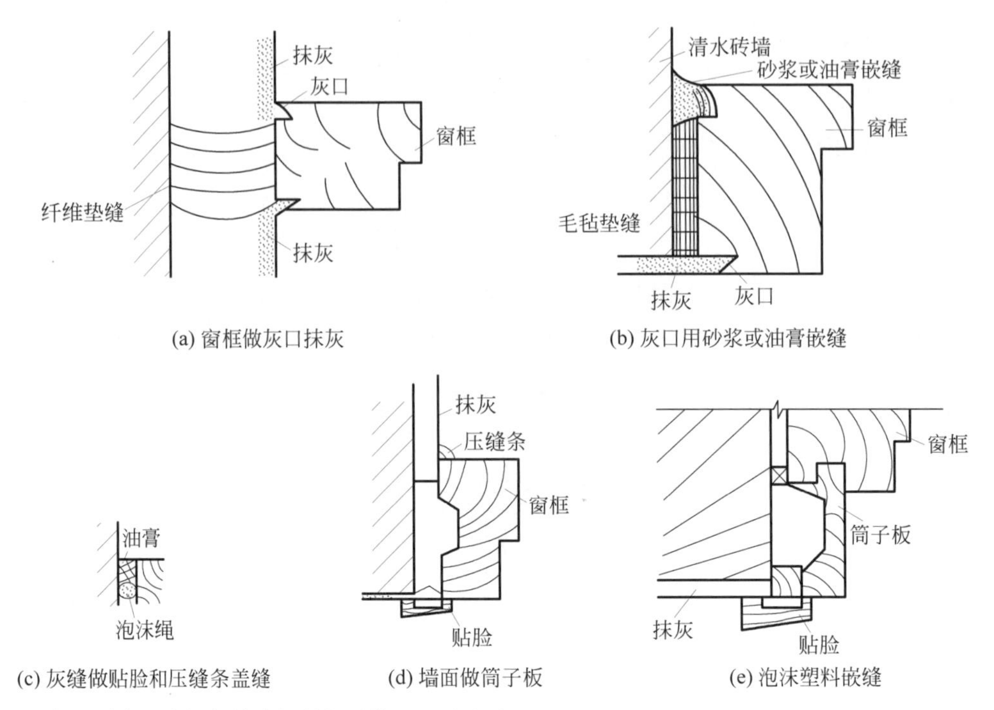

(a) 窗框做灰口抹灰　(b) 灰口用砂浆或油膏嵌缝

(c) 灰缝做贴脸和压缝条盖缝　(d) 墙面做筒子板　(e) 泡沫塑料嵌缝

图 7-4　塞口时木门窗框与墙身间的相对位置及缝隙处理

一定要保证窗的水平精度和垂直精度，以满足开启灵活的要求。洞口被窗分成的内、外两侧与窗框之间采用水泥砂浆填实抹平，洞口内侧与窗框之间还应该用嵌缝膏密封，窗框下方设排水孔。窗框与墙体连接如图 7-5 所示。

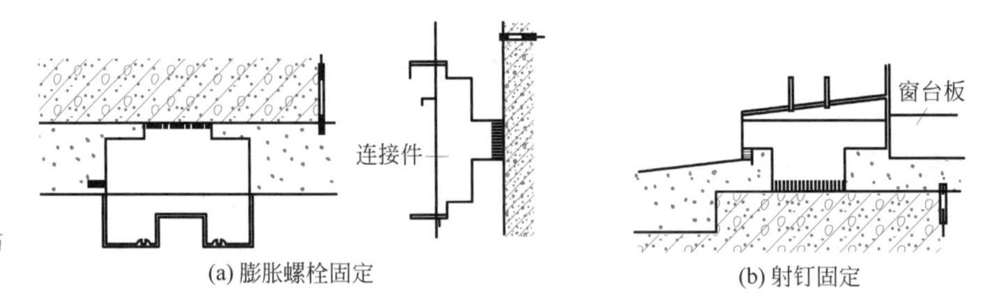

(a) 膨胀螺栓固定　(b) 射钉固定

图 7-5　窗框与墙体连接

3. 窗框在墙中的位置

窗框在墙中的位置一般是与墙内表面平，安装时窗框突出砖面 20mm，以便于墙面粉刷后与抹灰面平。框与抹灰面交接处应用贴脸板搭盖，以阻止由于抹灰干缩形成缝隙后风透入室内，同时可增加美观。当窗框立于墙中时，应内设窗台板，外设窗台。窗框外平时，靠室内一面设窗台板。

7.4　门的类型与构造

7.4.1　门的分类

1. 按使用材料分类

按使用材料不同，门分为木门、钢门、铝合金门、塑钢门、玻璃钢门、无框玻璃门等。

木门应用较广泛，轻便、密封性能好、较经济，但耗费木材；钢门多用作防盗功能的门；铝合金门目前应用较多，一般适于在门洞口较大处使用；玻璃钢门、无框玻璃门多用于大型建筑和商业建筑的出入口，美观、大方，但成本较高。

2. 按开启方式分类（见图7-6）

（1）平开门：有内开和外开、单扇和双扇之分。其构造简单，开启灵活，密封性能好，制作和安装较方便，但开启时占用空间较大。

（2）推拉门：分单扇和双扇，能左右推拉且不占空间，但密封性能较差。可手动和自动，自动推拉门多用于办公、商业等公共建筑，较多采用光控。

（3）弹簧门：多用于人流多的出入口，开启后可自动关闭，密封性能差。

（4）旋转门：由四扇门相互垂直组成十字形，绕中竖轴旋转。其密封性能好，保温、隔热好，卫生方便，多用于宾馆、饭店、公寓等大型公共建筑。

（5）折叠门：多用于尺寸较大的洞口，开启后门扇相互折叠，占用空间较少。

（6）卷帘门：有手动和自动、正卷和反卷之分，开启时不占用空间。

（7）翻板门：外表平整、不占空间，多用于仓库、车库。

此外，门按所在位置可分为内门和外门。

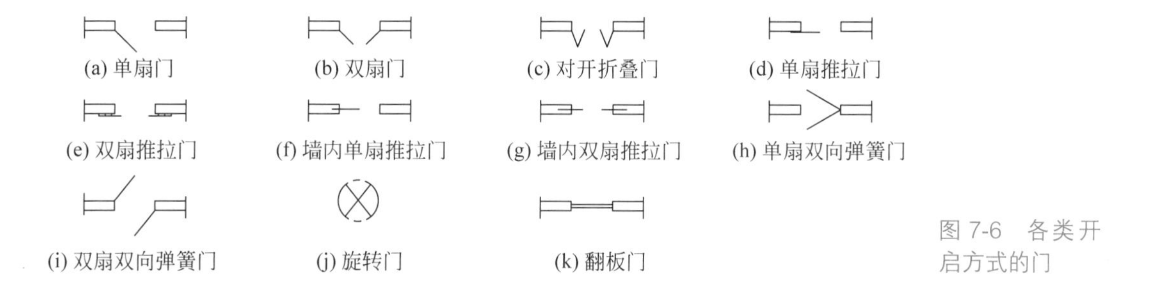

图7-6　各类开启方式的门

7.4.2 门的构造

1. 平开木门

平开木门是普通建筑中最常用的一种，它主要由门框、门扇、亮子、五金配件等组成，如图 7-7 所示。

图 7-7 平开木门的组成

1）门框

门框由上框、边框组成，当设门的亮子时应加设中横档。三扇以上的门则加设中竖框，每扇门的宽度不超过 900mm。门框截面尺寸和形状取决于门扇的开启方向、裁口大小等，其断面如图 7-8 所示。门框安装分为立口安装和塞口安装两种，其构造处理同木窗框一致，如图 7-9 所示。

2）门扇

依门扇构造不同，民用建筑中常见的有夹板门扇、镶板门扇、拼板门扇等，门扇也因此被称为夹板门、镶板门和拼板门。

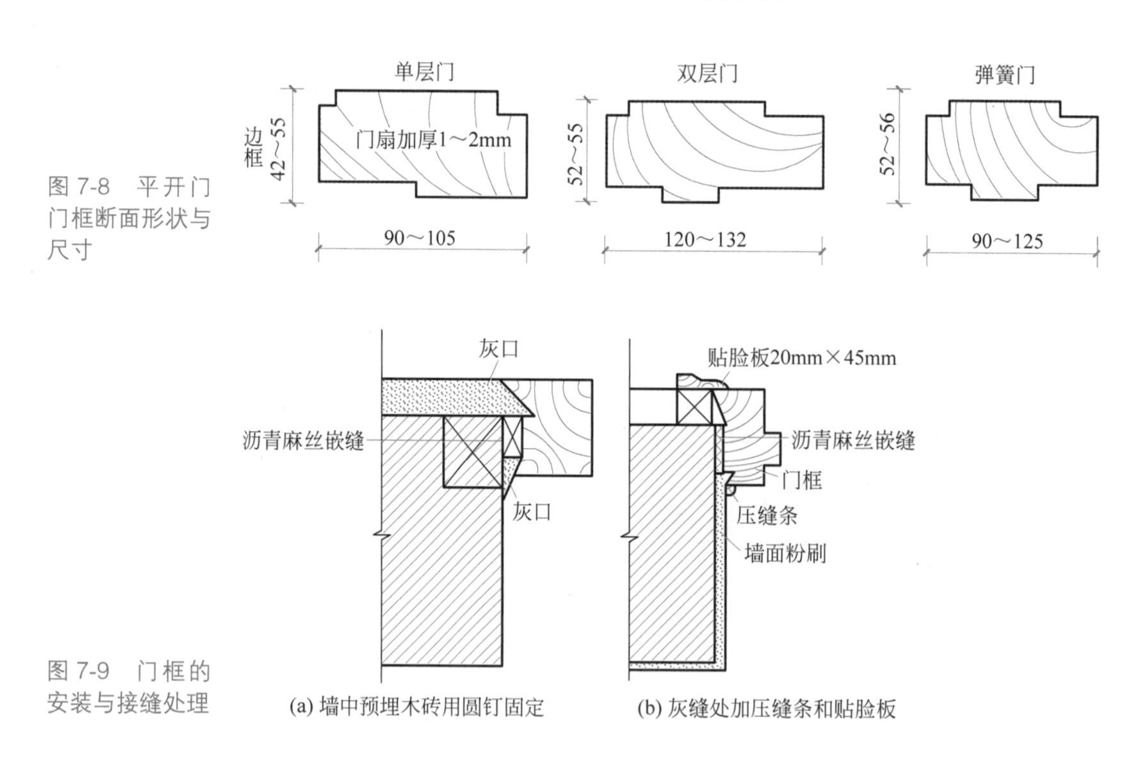

图 7-8 平开门门框断面形状与尺寸

图 7-9 门框的安装与接缝处理

（1）夹板门扇：是用方木钉成横向和纵向的密肋骨架，在骨架两面贴胶合板、硬质纤维板、塑料板等而成。为提高门的保温、隔音性能，可在夹板中间填入矿物毡等，如图 7-10 所示。

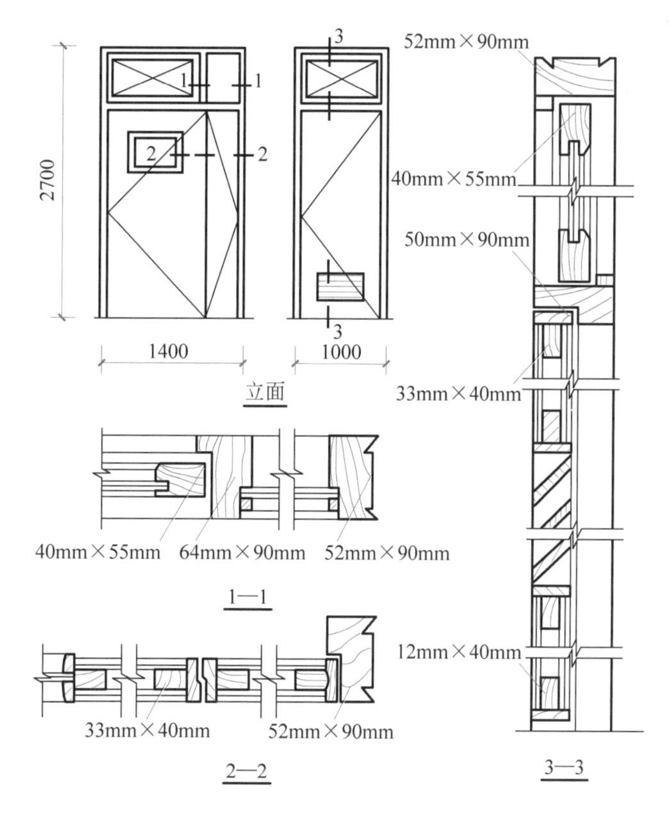

图 7-10　夹板门的构造

（2）镶板门扇：是由上冒头、下冒头、中冒头、边梃组成骨架，在骨架内镶入门芯板（木板、胶合板、纤维板、玻璃等）而成。门芯板端头与骨架裁口内留一定空隙以防板吸潮膨胀鼓起。下冒头比上冒头尺寸要大，主要是因为靠近地面易受潮、破损。门扇的底部要留出 5mm 空隙，以保证门的自由开启。

（3）拼板门扇：其构造类似于镶板门，只是芯板规格较厚，一般为 15~20mm。拼板门扇坚固耐久、自重大，中冒头一般只设一个或不设，有时不用门框，直接用门铰链与墙上预埋件相连。

3）五金零件和附件

平开木门上常用五金零件有铰链（合页）、拉手、插锁、门锁、铁三角、门碰头等。门附件主要有木质贴脸板、筒子板等。五金零件和附件与木门间采用木螺钉固定。

2. 铝合金门

铝合金门的门框、门扇均用铝合金型材制作，避免了其他金属门（如钢门）易锈蚀、密封性差、保温性能差的不足（见图 7-11）。为改善合金门的热桥散热，可在其内部夹泡沫塑料等材料。由于生产厂家不同，门框、门扇及配件型材种类繁多，其中 70 系列推拉门门框、门扇型材最常用。

门可以采用推拉开启和平开，为了便于安装，一般先在门框外侧用螺钉固定钢质锚固件，另一侧固定在墙体四周，其构造与铝合金窗基本类似，如图 7-12 所示。门扇的构造及玻璃的安装同铝合金窗。

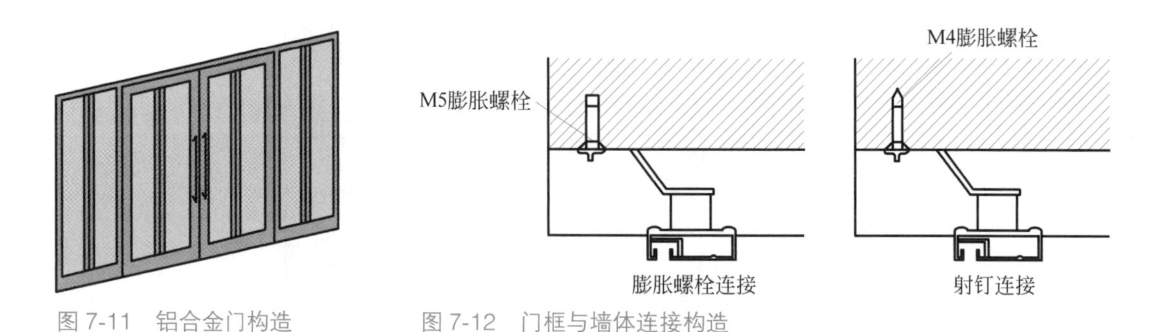

图 7-11 铝合金门构造

图 7-12 门框与墙体连接构造

7.4.3 门的尺寸要求

门的宽度和高度尺寸是由人体平均高度、人流股数、人流量等因素来确定的。门的高度一般以 300mm 为模数，特殊情况可以 100mm 为模数，常见的有 2000mm、2100mm、2200mm、2400mm、2700mm、3000mm、3300mm 等。当高超过 2200mm 时，门上加设亮子。门宽一般以 100mm 为模数，当大于 1200mm 时，以 300mm 为模数。门宽为 800~1000mm 时，做单扇门；门宽为 1200~1800mm 时，做双扇门；门宽为 2400mm 以上时，做四扇门。

7.4.4 门的安装

1. 门框的安装方法

门框的安装有立口安装和塞口安装两类，但均需在地面找平层和面层施工前进行，以便于门边框深入地面 20mm 以上。立口安装目前使用得较少。塞口安装是在门洞口侧墙上每隔 500~800mm 高预埋木砖，用长钉、木螺钉等固定门框。门框外侧与墙面（柱面）的接触面、预埋木砖均需进行防腐处理，门框的安装方式如图 7-13 所示。

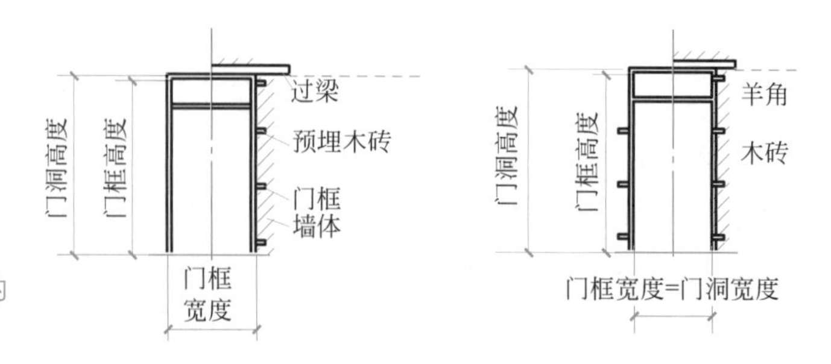

图 7-13 门框的安装方式

2. 门框在墙中的位置

门框可在墙的中间或与墙的一边平齐，一般多与开启方向一侧平齐，尽可能使门扇开启时贴近墙面，如图 7-14 所示。

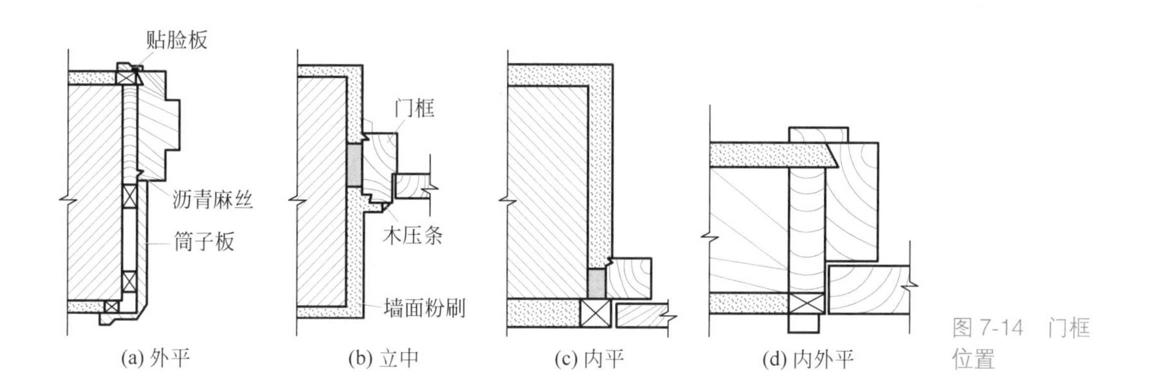

图 7-14　门框位置

7.5　特殊门窗的构造

7.5.1　隔声门窗

隔声门窗是以塑钢、铝合金、碳钢、冷轧钢板、建筑五金为材料，经挤出成型材，然后通过切割、焊接或螺栓连接的方式制成门窗框扇，配装上密封胶条、毛条、五金件、玻璃、PU、吸音棉、木质板、钢板、石棉板、镀锌铁皮等环保吸隔音材料，同时为增强型材的刚性，超过一定长度的型材空腔内需要填加钢衬（加强筋），这样制成的门和窗称为隔声门窗。一般隔声门窗的玻璃材质大都采用厚度 5mm 以上的透明玻璃，而一般的设计通常都可以容纳 10mm 厚的玻璃，隔声门的隔声构造及密闭方式如图 7-15 所示。

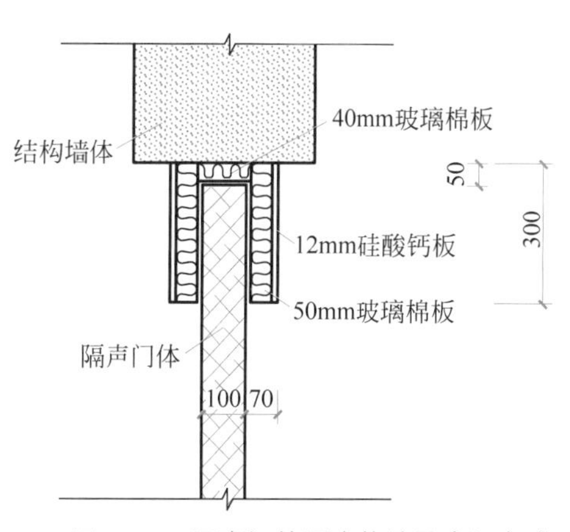

图 7-15　隔声门的隔声构造及密闭方式

7.5.2　防火门

防火门是建筑物防火分隔的设施之一，通常用在防火墙上、楼梯间出入口或管道井开口部位，对于减少火灾损失起着重要作用。

1. 木质防火门

木质防火门是指用木材或木材制品制作门框、门扇骨架、门扇面板，耐火极限达到规定的门。木质防火门分为全板和半板两大系列以及单、双扇各种规格。

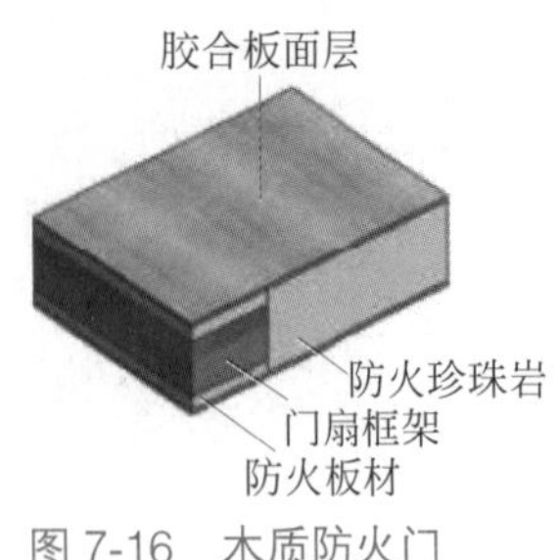

图 7-16　木质防火门

木质防火门常用做法是在门扇外侧包裹 5mm 厚的石棉板及一层 26 号镀锌铁皮，门框也应包裹石棉板及铁皮或使用钢门框，如图 7-16 所示。

2. 钢筋混凝土防火门

钢筋混凝土防火门具有价格便宜的优势，但因其自重较大，故一般用于尺寸相对较小的人员出入口。

7.6　遮阳

在进行建筑设计时，一定要使建筑物的主要房间具有良好的朝向，以便于组织通风，获得良好的日照等。但在炎热的夏季，阳光直射到室内会使室内温度过高并产生眩光，从而影响人们正常工作、学习和生活。因此，有的建筑要考虑设置遮阳设施来解决这一问题。

1. 遮阳的种类及对应朝向

遮阳包括绿化遮阳和加设遮阳设施两个方面。绿化遮阳一般用于低层建筑，通过在房屋附近种植树木或攀缘植物达到遮阳效果。加设遮阳设施有两种。标准较低或临时性建筑可用油毡、波形瓦、纺织物等作为活动性遮阳设施；标准较高的建筑则应设置遮阳板作为永久性遮阳设施，可起到遮阳、隔热、挡雨、美化建筑立面等作用。永久性遮阳设施包括以下几种。

（1）水平遮阳：设于窗洞口上方或中部，能遮挡从窗口上方射来、高度角较大的阳光，适于朝南向或接近南向的建筑，如图 7-17（a）所示。

（2）垂直遮阳：设于窗两侧或中部，能遮挡从窗口两侧斜射来、高度角较小的阳光，适于东、西朝向的建筑，如图 7-17（b）所示。

（3）综合遮阳：设于窗上部、两侧的水平和垂直的综合遮阳设施，具有水平遮阳和垂直遮阳的特点，适于东南、西南朝向的建筑，如图 7-17（c）所示。

（4）挡板式遮阳：能遮挡高度角较小、正射窗口的阳光，适于东、西朝向的建筑，如图 7-17（d）所示。

（5）旋转式遮阳：通过旋转角度达到不同遮阳要求，能遮挡任意角度的照射阳光，当遮阳挡板与窗成 90° 时透光量最大，平行时遮阳效果最好。这种遮阳适于任何朝向的建筑，如图 7-17（e）所示。

各种遮阳设施适用的朝向如图 7-18 所示。

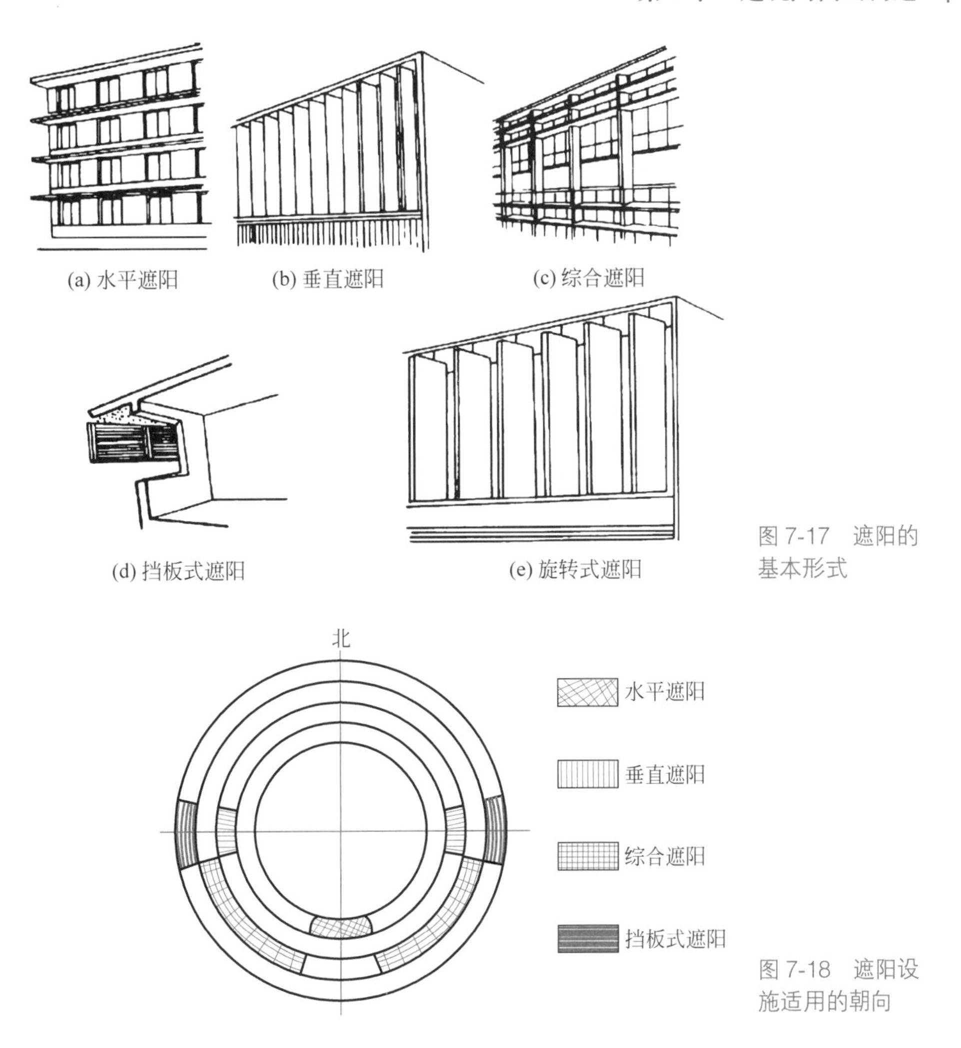

图 7-17　遮阳的基本形式

图 7-18　遮阳设施适用的朝向

2. 遮阳板的构造

遮阳板一般有垂直遮阳板和水平遮阳板两种，如图 7-19 所示。

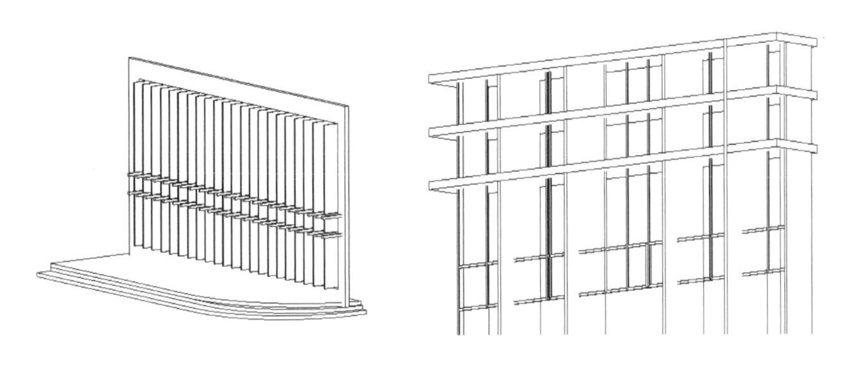

图 7-19　遮阳板的种类

预制或现浇的钢筋混凝土板较普遍采用，一般与房屋圈梁或框架梁整浇或预制板焊接。钢筋混凝土垂直遮阳板的构造如图 7-20 所示，钢筋混凝土水平遮阳板的构造如图 7-21 所示。

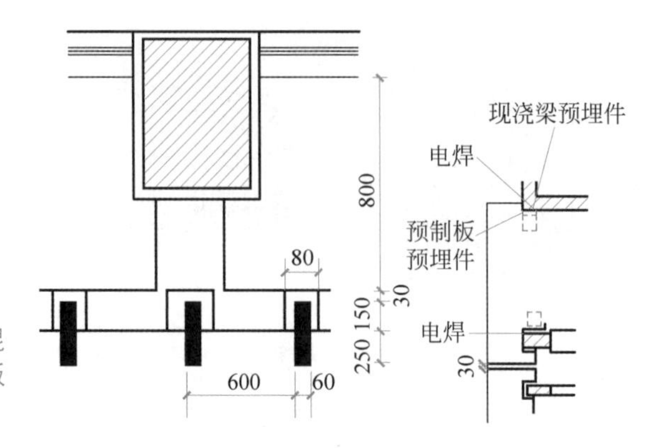

图 7-20 钢筋混凝土垂直遮阳板的构造

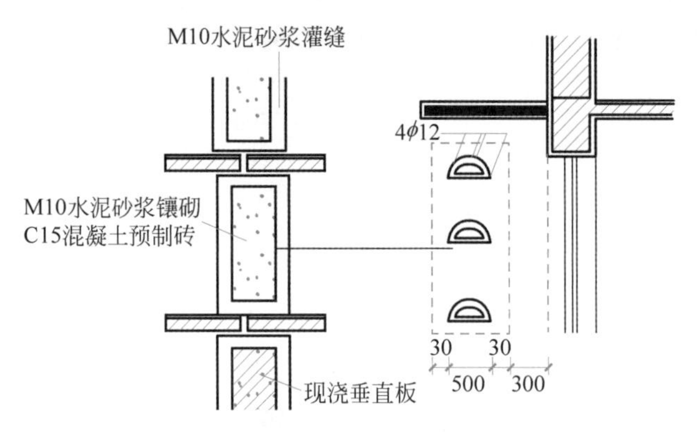

图 7-21 钢筋混凝土水平遮阳板的构造

砖砌遮阳板只用于垂直式遮阳，砌在窗两侧突出的扶壁小柱或小墙上。

玻璃钢遮阳板采用定型玻璃钢，并用螺栓固定在窗洞上方。

此外，还可以用磨砂玻璃、钢百叶、塑铝片等悬挂于窗洞口上方的水平悬挑板下，从而达到遮阳的目的。

本章小结

1. 门在房屋建筑中的作用主要是交通联系，并兼采光和通风；窗的作用主要是采光、通风及眺望。

2. 当窗和门位于外墙上时，作为建筑物外墙的组成部分，对于保证外墙的防护作用（如隔热、保温、隔声、防火、防辐射、防风沙等）和建筑物的外观形象都起着非常重要的作用。

3. 门窗框的安装方法有立口安装和塞口安装两种。

4. 遮阳是为了防止阳光直接射入室内和减少太阳辐射热量进入室内，避免出现局部过热和产生眩光。建筑遮阳设施有活动性遮阳和永久性遮阳两种形式。

课后习题

1. 门窗的开启方式有哪些？各有何特点？
2. 门窗框的安装方法有几种？各自的特点是什么？
3. 铝合金门窗的特点是什么？
4. 塑料门窗的特点是什么？
5. 建筑中的遮阳措施有哪些？

第 8 章 垂直交通设施的构造

建筑物不同楼层之间需要有垂直交通设施联系，如坡道、台阶、楼梯、电梯、自动扶梯等。

8.1 垂直交通设施的类型

8.1.1 楼梯

图 8-1 楼梯

楼梯是楼房建筑中的垂直交通设施，供人们在正常情况下的垂直交通和搬运。在各类建筑中，特别是发生特殊或紧急事件的情况时，疏散楼梯是解决垂直交通的主要通道，甚至是唯一的通道。楼梯在宽度、坡度、数量、位置、平面形式、细部构造及防火性能等方面都有严格要求。楼梯应具有足够的通行能力，并且能防滑、防火。一般建筑中，当采用其他形式的垂直交通设施时，还需要设置楼梯，所以，楼梯在楼房建筑中使用最为广泛，如图 8-1 所示。

图 8-2 电梯

8.1.2 电梯

电梯用于 7 层以上的多层与高层建筑，以及标准较高的 7 层以下的低多层建筑，如图 8-2 所示。部分高层及超高层建筑为了满足疏散和救火的需要，还要专门设置消防电梯。

8.1.3 自动扶梯

自动扶梯是一种以电力作为驱动，在某种方向上能够大量、持续性地输送人群的开放式运输器械。它结构紧凑，连续运输效率高，使用起来安全可靠，并且维修起来较为方便。因此，在一些客流量大的场所，例如商场、机场等，自动扶梯成了必不可少的垂直交通设施，如图 8-3 所示。

8.1.4 台阶与坡道

台阶和坡道是楼梯的特殊形式。室外台阶一般是建筑物出入口处室内外高差之间的交通联系部分。坡道属于建筑中的无障碍垂直交通设施，也用于要求有车辆通行的建筑中，如图 8-4 所示。

图 8-3 自动扶梯

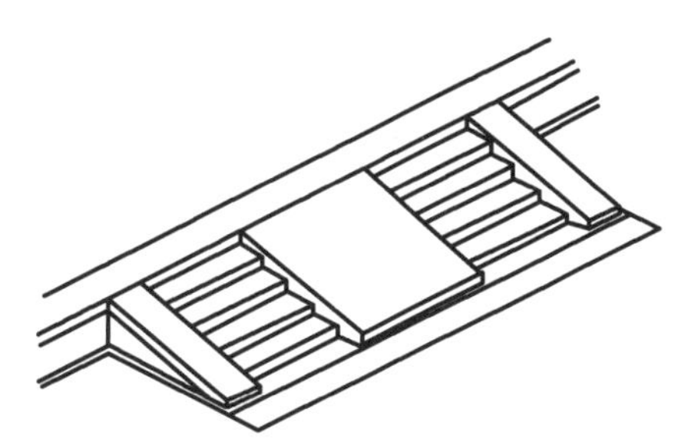

图 8-4 台阶与坡道

8.2 楼梯的类型与构造

8.2.1 楼梯的类型

依据不同的分类方法，楼梯可以分成多种类型。

根据楼梯所在的位置，可以分为室内楼梯和室外楼梯。

根据楼梯的使用性质，可以分为主楼梯、辅助楼梯、防火楼梯和疏散楼梯。

根据楼梯的材料，可以分为木楼梯、钢楼梯、钢筋混凝土楼梯等。

根据楼梯的平面形式，可以分为直行单跑楼梯、直行双跑楼梯、转角楼梯、双分转角楼梯、三跑楼梯、双跑楼梯、双分平行楼梯、交叉楼梯、圆形楼梯、螺旋楼梯等（见图 8-5）。

8.2.2 楼梯的组成及尺寸

楼梯一般由梯段、楼梯平台、栏杆和扶手三部分组成，如图 8-6 所示。

1. 梯段

梯段是楼梯的主要使用和承重部分，是联系两个不同标高平台的倾斜构件。梯段是由若干个连续的踏步组成。梯段宽度必须满足上下人流及搬运物品的需要。梯段的净宽度是墙面至扶手中心线之间的水平距离或两个扶手中心线之间的水平距离。住宅或户内楼梯段净宽大于或等于

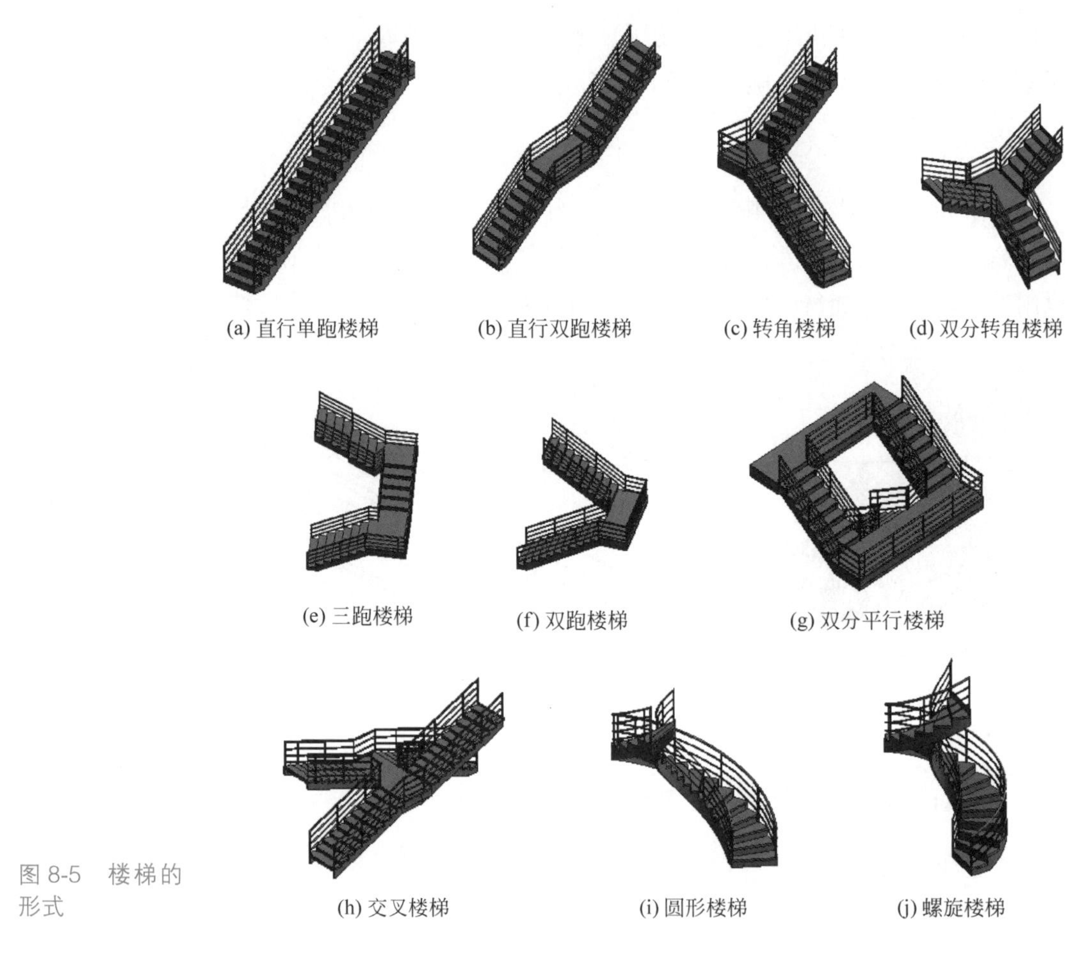

图 8-5　楼梯的形式

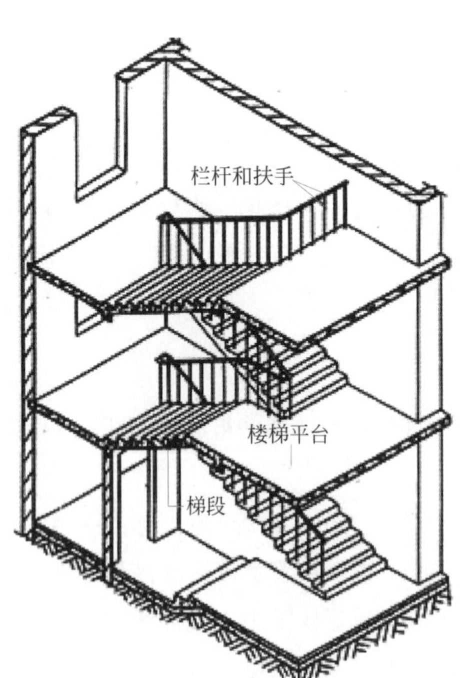

图 8-6　楼梯组成

900mm；当双人行走时，梯段的净宽度为：居住建筑 1.1~1.2m，公共建筑 1.4~2.0m；防火楼梯的宽度大于或等于 1.1m。

踏步由水平的踏面和垂直的踢面形成。通常踏面宽度为 250~320mm，踢面高度为 140~180mm。

为减少人们上下楼梯时的疲劳和适应人行的习惯，一个梯段上踏步数量最多不超过 18 步，并且不少于 3 步。

2. 楼梯平台

平台是指两楼梯段之间的水平板，有楼层平台、中间平台之分。一般由平台梁和平台板组成。其主要作用在于缓解疲劳，人们在连续上楼时可在平台上稍加休息，故又称为休息平台。同时，平台还是梯段之间转换方向的连接处，还用来分配到达各层的人流。

在平台处改变行进方向的楼梯，平台宽度应大于或等于楼梯段的宽度并不小于 1200mm，保证在转折处人流的通行和物品的搬运；在平台处不改变行进方向的楼梯，一般平台宽度大于或等于 750mm。

3. 栏杆和扶手

栏杆（板）是楼梯段的安全设施，一般设置在梯段的边缘和平台临空的一边，要求它必须坚固可靠，并保证有足够的安全高度。当楼梯段较宽时，常在楼梯段和平台靠墙一侧设置靠墙扶手。当梯段宽度很大时，则需在梯段中间加设中间扶手。栏杆（板）和扶手也是具有较强装饰作用的建筑构件。

栏杆（板）扶手的高度是指从踏步的前缘到扶手顶面的距离。一般室内楼梯高度大于或等于 900mm，靠梯井一侧水平栏杆长度大于 0.5m 时，高度大于或等于 1.0m；室外楼梯大于或等于 1.05m；高层建筑应适当提高。

8.2.3 楼梯的构造

1. 预制装配式钢筋混凝土楼梯构造

预制装配式钢筋混凝土楼梯是将楼梯构件在工厂或施工现场进行预制，施工时将预制构件在现场进行装配的楼梯。这种楼梯现场湿作业少，施工速度快，但整体性较差，如图 8-7 所示。

预制装配式钢筋混凝土楼梯根据生产、运输、吊装和建筑体系的不同，有许多不同的构造形式。根据组成楼梯的构件尺寸及装配的程度，大致可分为小型构件装配式和中大型构件装配式两大类。构件由工厂批量生产，能提高生产效率，如图 8-8 所示。

图 8-7　预制装配式钢筋混凝土楼梯吊装

图 8-8　预制装配式钢筋混凝土楼梯梯段

1）小型构件装配式钢筋混凝土楼梯

小型构件装配式钢筋混凝土楼梯一般将楼梯的踏步和支承结构分开预制。根据梯段构造和预制踏步的支承方式不同，小型构件装配式钢筋混凝土楼梯分为墙承式、悬挑式和梁承式三种形式。

（1）墙承式

预制装配墙承式钢筋混凝土楼梯是指预制钢筋混凝土踏步板直接搁置在墙上的一种楼梯形式。其踏步板一般采用一字形、L 形或┓形断面（见图 8-9）。

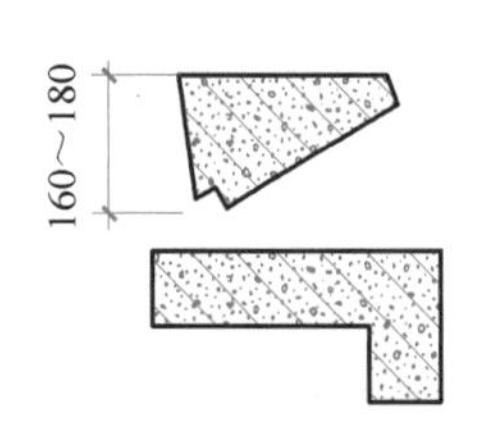

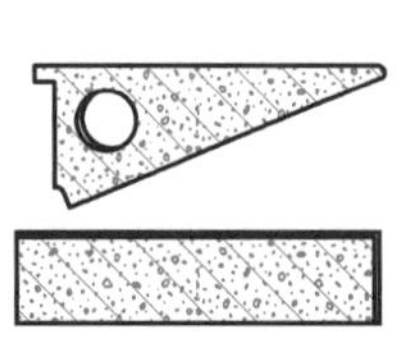

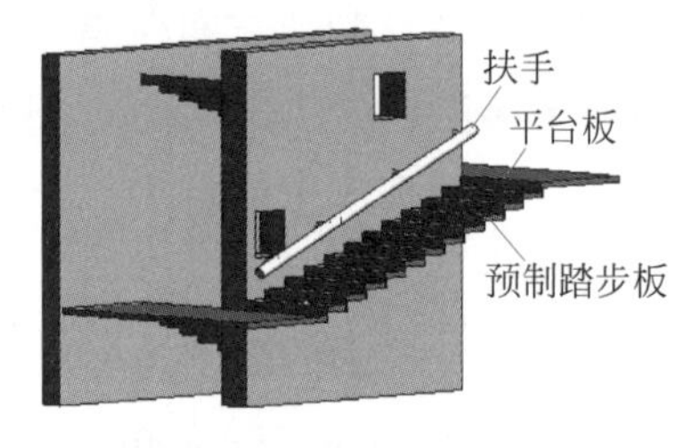

图 8-9　踏步板断面形式

预制装配墙承式钢筋混凝土楼梯由于踏步两端均有墙体支承，不需设平台梁和梯斜梁，也不必设栏杆，需要时可设靠墙扶手，可节约钢材和混凝土。但由于每块踏步板直接安装入墙体，对墙体砌筑和施工速度影响较大。同时，踏步板入墙端形状、尺寸与墙体砌块模数不容易吻合，砌筑质量不易保证，影响砌体强度。

预制装配墙承式钢筋混凝土楼梯由于在梯段之间有墙，搬运物品不方便，也阻挡视线，上下人流易相撞。通常在中间墙上开设观察口，如图 8-10（a）所示，以使上下人流视线流通。也可将中间墙两端靠平台部分局部收进，如图 8-10（b）所示，以使空间通透，有利于改善视线和搬运物品，但这种方式对抗震不利，施工也较麻烦。

（2）悬挑式

预制装配墙悬挑式钢筋混凝土楼梯是指预制钢筋混凝土踏步板一端

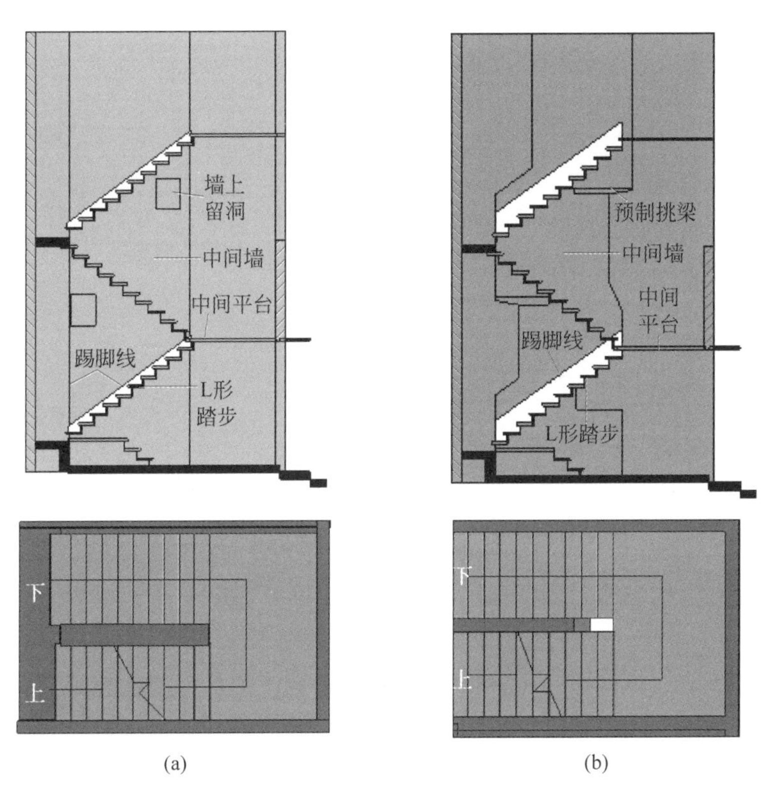

图 8-10　预制装配墙承式钢筋混凝土楼梯

嵌固于楼梯间侧墙上，另一端凌空悬挑的楼梯形式（见图 8-11）。这种楼梯无平台梁和梯斜梁，也无中间墙，楼梯间空间轻巧空透，结构占空间少，在住宅建筑中使用较多。但其楼梯间整体刚度极差，不能用于有抗震设防要求的地区。其用于嵌固踏步板的墙体厚度不小于 240mm，踏步板悬挑长度一般不大于 1500mm，以保证嵌固端牢固。由于需要随墙体砌筑安装踏步板，并需设临时支撑，施工比较麻烦。

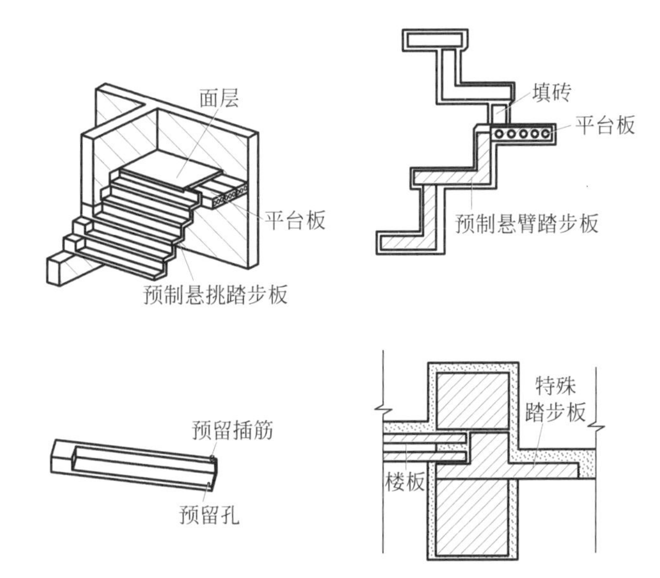

图 8-11　预制装配墙悬挑式钢筋混凝土楼梯

（3）梁承式

预制装配梁承式钢筋混凝土楼梯是指梯段由平台梁支承的楼梯形式。由于在楼梯平台与斜向梯段交汇处设置了平台梁，避免了构件转折处受力不合理和节点处理的困难，在一般大量性民用建筑中较为常用。预制构件可按梯段（板式梯段或梁板式梯段）、平台梁、平台板三部分进行划分（见图 8-12）。

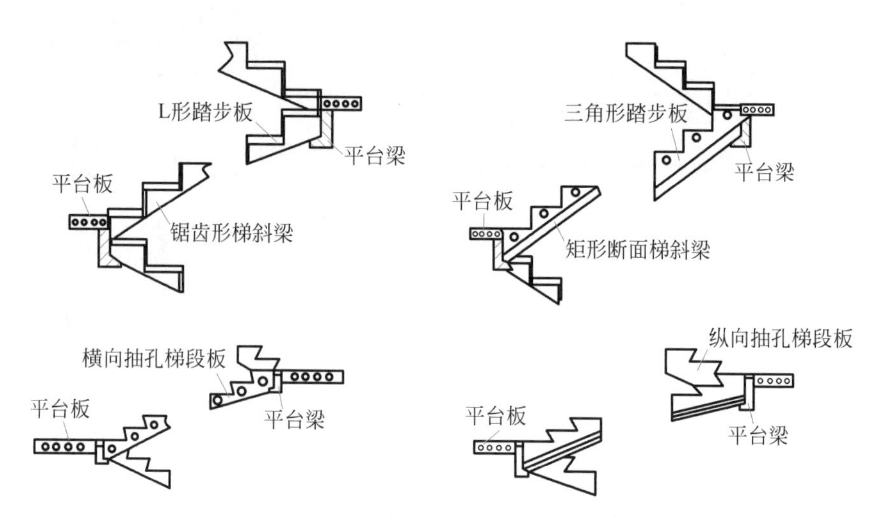

图 8-12　预制装配梁承式钢筋混凝土楼梯

2）中、大型预制装配式楼梯

中型构件装配式钢筋混凝土楼梯一般是将楼梯分为梯段板、平台板和平台梁三类构件预制拼装而成。根据梯段的结构形式不同可分为梁板式梯段和板式梯段。

大型构件装配式钢筋混凝土楼梯是将梯段板和平台板预制成一个构件，断面可做成板式或空心板式、双梁槽板式或单梁式。梯段板可连一端平台，也可连两端平台。这种楼梯主要用于工业化程度高的大型装配式建筑中，或用于建筑平面设计和结构布置有特别需要的场所。按结构形式不同，大型构件装配式钢筋混凝土楼梯分为梁板式梯段和板式梯段两种。

（1）梁板式梯段

梁板式梯段由梯斜梁和踏步板组成。一般在踏步板两端各设一根梯斜梁，踏步板支承在梯斜梁上。由于板件小型化，不需大型起重设备即可安装，施工简便。

① 踏步板。踏步板断面形式有一字形、L 形、┑ 形、三角形等，断面厚度根据受力情况为 40~80mm（见图 8-13）。一字形断面踏步板制作简单，踢面可漏空或填充，仅用于简易梯、室外梯等。L 形与┑ 形断面踏步

板用料省、自重轻，为平板带肋形式，其缺点是底面呈折线形，不平整。三角形断面踏步板使梯段底面平整、简洁，解决了前几种踏步板底面不平整的问题。为了减轻自重，常将三角形断面踏步板抽孔，形成空心构件。

② 梯斜梁。梯斜梁一般为矩形断面，为了减小结构所占空间，也可做成 L 形断面，但构件制作较复杂。用于搁置一字形、L 形、┓ 形断面踏步板的梯斜梁为锯齿形变断面构件。用于搁置三角形断面踏步板的梯斜梁为等断面构件（见图 8-14）。

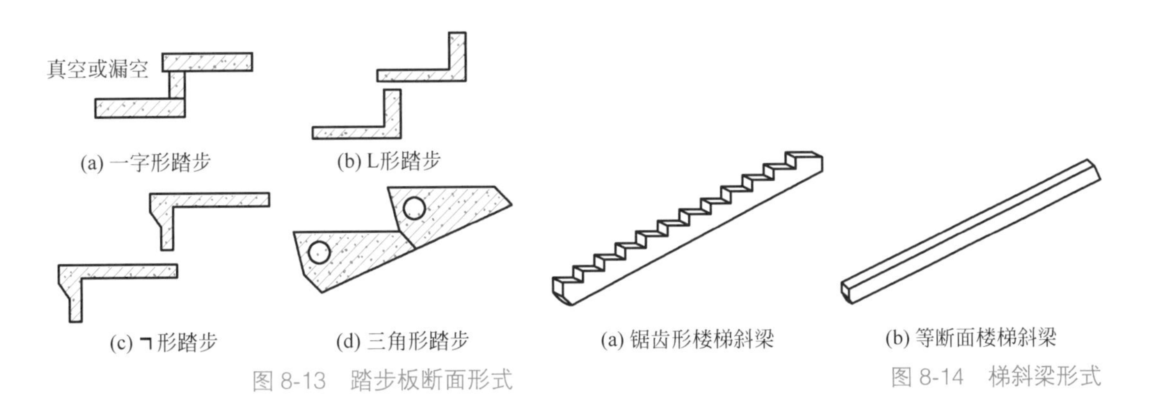

图 8-13　踏步板断面形式

图 8-14　梯斜梁形式

（2）板式梯段

板式梯段为整块或数块带踏步条板，其上下端直接支承在平台梁上（见图 8-15）。由于没有梯斜梁，梯段底面平整，结构厚度小，使平台梁位置相应抬高，增大了平台下净空高度。

为了减轻梯段板自重，也可做成空心构件，有横向抽孔和纵向抽孔两种方式。横向抽孔较纵向抽孔合理易行，较为常用。

（3）平台梁

为了便于支承梯斜梁或梯段板，平衡梯段水平分力并减小平台梁所占结构空间，一般将平台梁做成 L 形断面（见图 8-16）。

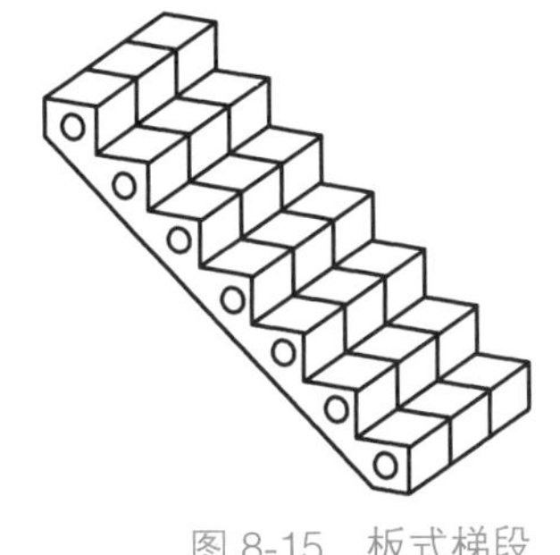

图 8-15　板式梯段

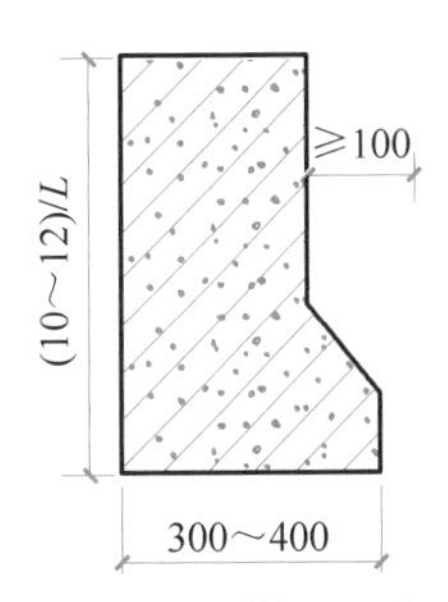

图 8-16　平台梁断面形式

（4）平台板

平台板可根据需要采用钢筋混凝土空心板、槽形板或平板。需要注意的是，在平台上有管道井处，不宜布置空心板。平台板一般平行于平台梁布置，以利于加强楼梯间整体刚度。当垂直于平台梁布置时，常用小平板为平台板（见图 8-17）。

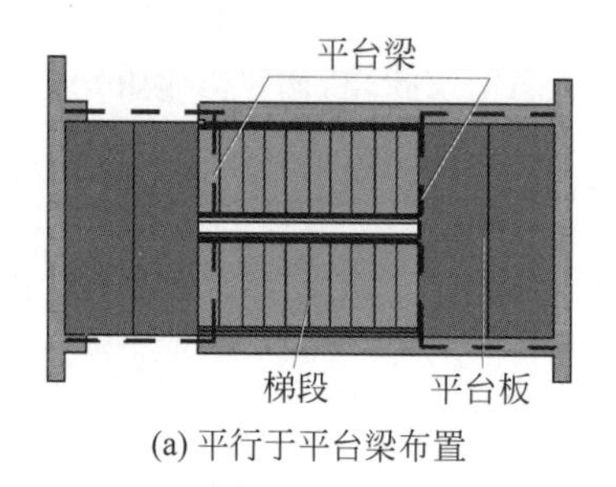

(a) 平行于平台梁布置

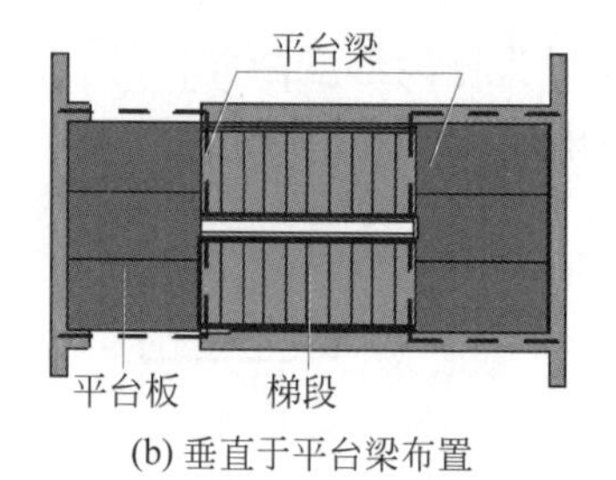

(b) 垂直于平台梁布置

图 8-17　平台布置方式

（5）梯段与平台梁节点处理

就两梯段之间的关系而言，一般有梯段齐步和错步两种方式。就平台梁与梯段之间的关系而言，有埋步和不埋步两种方式。

① 上下梯段齐步并埋步布置的节点处理。如图 8-18（a）所示，上下梯段起步和末步踢面对齐，平台完整，可节省梯间进深尺寸。梯段与平台梁的连接一般以上下梯段底线交点作为平台梁牛腿 O 点，可使梯段板或梯斜梁支承端形状简化。

② 上下梯段错一步布置的节点处理。如图 8-18（b）所示，上下梯段起步和末步踢面相错一步，在平台梁与梯段连接方式相同的情况下，平台梁底标高可比齐步方式抬高，有利于减小结构空间，但错步方式使平台不完整，并且多占楼梯间进深尺寸。

③ 上下梯段齐步并不埋步布置的节点处理。如图 8-18（c）所示，此种方式用平台梁代替了一步踏步踢面，可以减小梯段跨度。当楼层平台处侧墙上有门洞时，可避免平台梁支承在门过梁上，因此这种处理方式在住宅建筑中尤为实用。但此种方式的平台梁为变截面梁，平台梁底标高也较低，结构占空间较大，减小了平台梁下净空高度。

④ 上下梯段错多步布置的节点处理。如图 8-18（d）所示，此种方式梯段跨度较前者大，但平台梁底标高可提高，有利于增加平台下净空高度，平台梁可为等截面梁。此种方式常用于公共建筑。

（6）构件连接

由于楼梯是主要交通部件，对其坚固耐久、安全可靠的要求较高，特别是在地震区建筑中更需引起重视，并且梯段为倾斜构件，故需加强

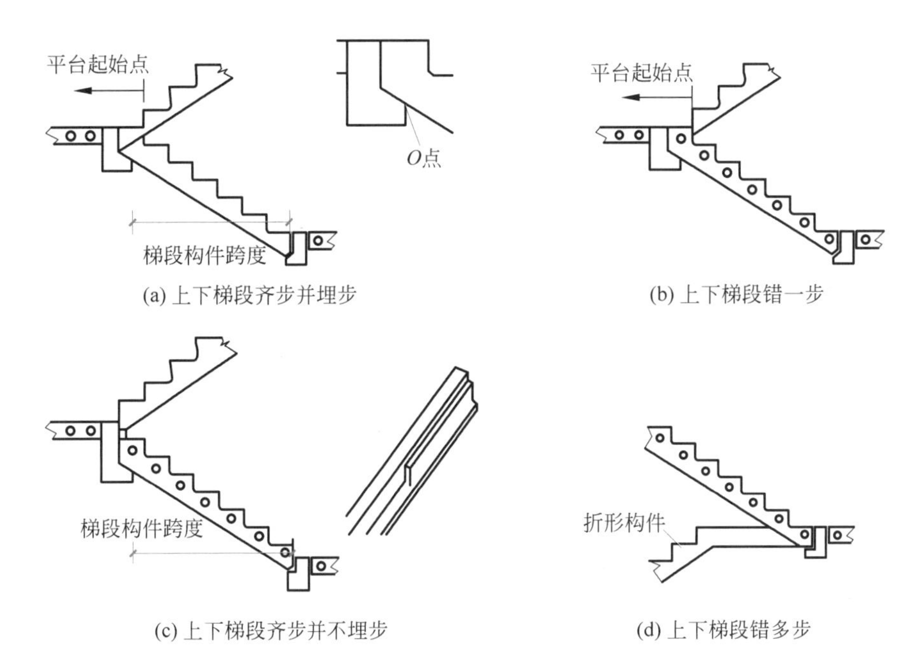

(a) 上下梯段齐步并埋步　(b) 上下梯段错一步

(c) 上下梯段齐步并不埋步　(d) 上下梯段错多步

图 8-18　梯段与平台梁节点处理

各构件之间的连接，提高其整体性。

① 步板与梯斜梁连接。如图 8-19（a）所示，一般在梯斜梁支承踏步板处用水泥砂浆坐浆连接。如需加强，可在梯斜梁上预埋插筋，与踏步板支承端预留孔插接，用高强度等级水泥砂浆填实。

② 斜梁或梯段板与平台梁连接。如图 8-19（b）所示，在支座处除了用水泥砂浆坐浆外，应在连接端预埋钢板进行焊接。

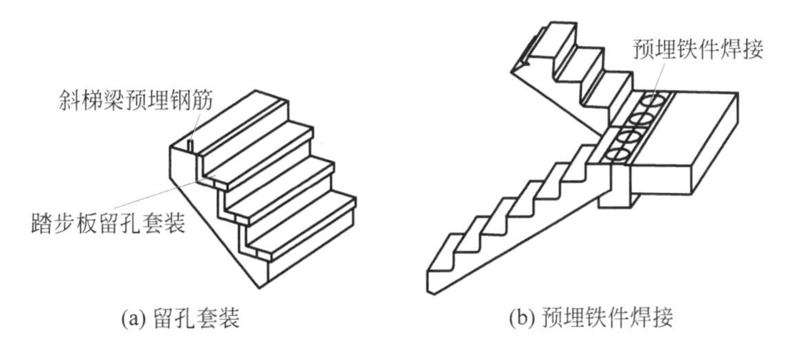

(a) 留孔套装　(b) 预埋铁件焊接

图 8-19　构件连接

③ 梯斜梁或梯段板与梯基连接。在楼梯底层起步处，梯斜梁或梯段板下应作梯基，梯基常用砖或混凝土制作，也可用平台梁代替梯基，但需注意该平台梁无梯段处与地坪的关系。

2. 现浇钢筋混凝土楼梯构造

现浇钢筋混凝土楼梯整体性好，刚度好，抗震能力强，有良好的可塑性，能适应各种楼梯间平面和楼梯形式，且坚固耐久，节约木材，防火性能好，但施工周期长，模板耗用量大，宜用于无起重设备和形态复杂、抗震要求高的建筑。按梯段的结构形式不同，可分为板式楼梯和梁式楼梯两种（见图 8-20 和图 8-21）。

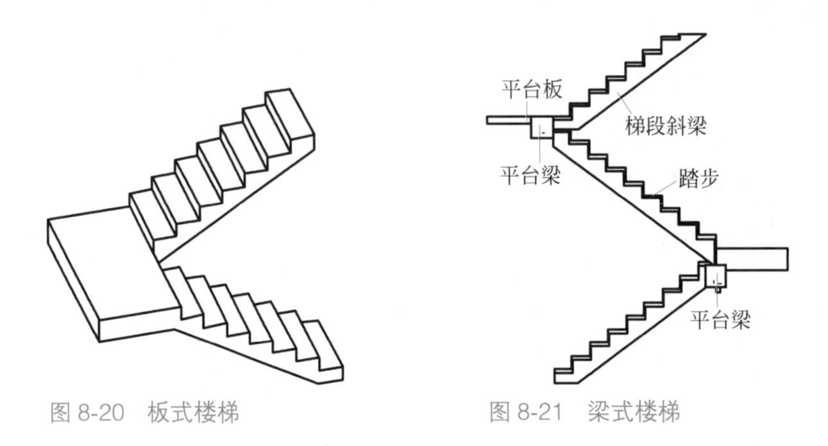

图 8-20　板式楼梯　　图 8-21　梁式楼梯

1）板式楼梯

板式楼梯是指由梯段承受梯段上全部荷载的楼梯。梯段作为一块整板，支承在楼梯的平台梁上，它通常由梯段板、平台梁和平台板组成［见图 8-22（a）］。必要时，也可以取消梯段板一端或两端的平台梁，使梯段板和平台板连为一体［见图 8-22（b）］。板式梯段宜用于跨度较小、受荷载较轻的建筑中。

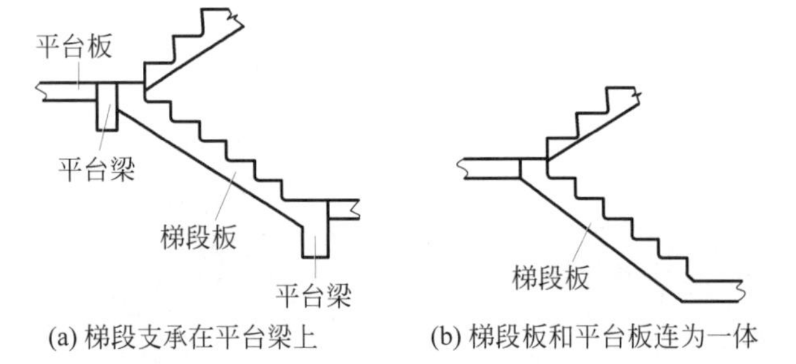

图 8-22　板式楼梯示意图

2）梁式楼梯

梁式楼梯是指由斜梁承受梯段上全部荷载的楼梯。梯段由踏步板与楼梯斜梁组成。踏步板支承在斜梁上，斜梁又支承在上下两端平台梁上。梯斜梁可上翻或下翻形成梯帮（见图 8-23）。梯段的宽度相当于踏步板的宽度，平台梁的间距即为斜梁的跨度。梁式楼梯具有跨度大、承受荷载重、刚度大的特点，适用于荷载较大、层高较大的建筑，如商场、教学楼等公共建筑。

梁式楼梯的斜梁一般暴露在踏步板的下面，从梯段侧面就能看见踏

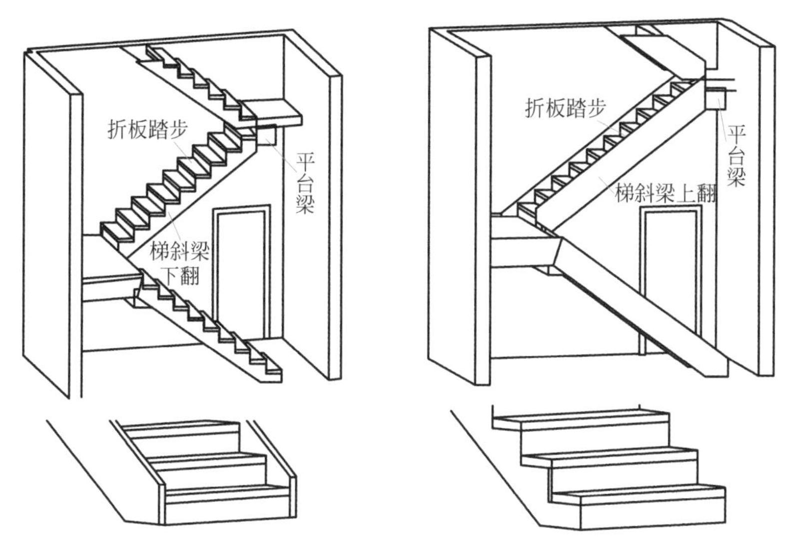

图 8-23　梁式楼梯示意图

步，俗称明步楼梯［见图 8-24（a）］。这种做法使梯段下部形成梁的暗角，容易积灰，梯段侧面经常被清洗踏步产生的脏水污染，影响美观。另一种做法是把斜梁反设到踏步板上面。此时梯段下面是平整的斜面，称为暗步楼梯［见图 8-24（b）］。暗步楼梯弥补了明步楼梯的缺陷，但由于斜梁宽度要满足结构的要求，往往宽度较大，从而使梯段的净宽变小。

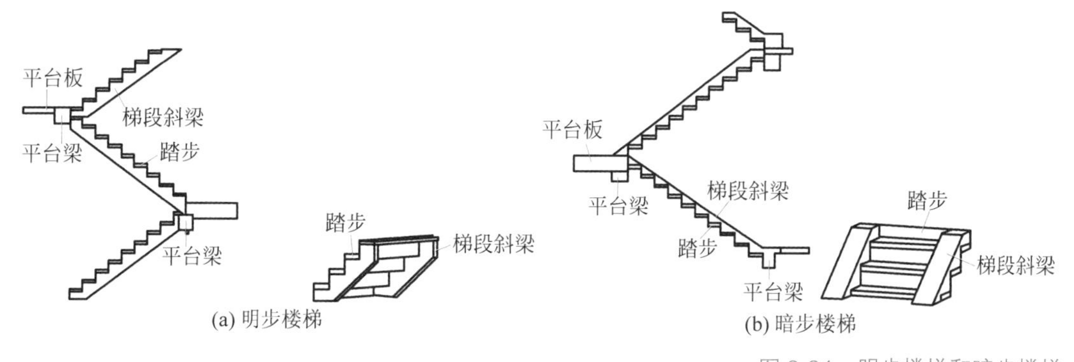

图 8-24　明步楼梯和暗步楼梯

8.3　电梯

8.3.1　电梯的类型

电梯按用途分乘客电梯（Ⅰ类）、住宅电梯（Ⅰ类）、客货梯（Ⅱ类）、病床电梯（Ⅲ类）、载货电梯（Ⅳ类）、杂物梯（Ⅴ类）、消防梯、船舶电梯、观光电梯等（见图 8-25）。

电梯按驱动系统分为交流电梯（包括单速、双速、调速、高速）、直流电梯（包括快速、高速）、液压电梯。

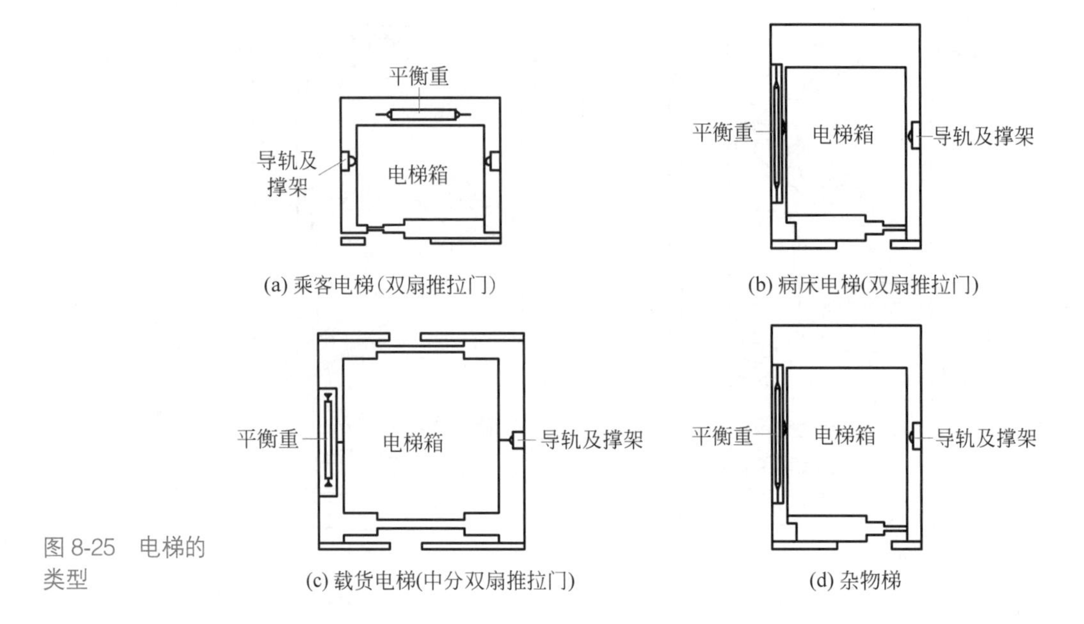

(a) 乘客电梯（双扇推拉门）
(b) 病床电梯(双扇推拉门)
(c) 载货电梯(中分双扇推拉门)
(d) 杂物梯

图 8-25 电梯的类型

8.3.2 电梯的组成

电梯由轿厢、电梯井道和运载设备三部分组成。图 8-26 所示是一种交流调速乘客电梯的部件组装示意图。图 8-27 所示为乘客电梯井道剖面图。轿厢要求坚固、耐用和美观；电梯井道属于土建工程内容，井道的尺寸由轿厢的尺寸确定；运载设备包括动力、传动和控制系统。

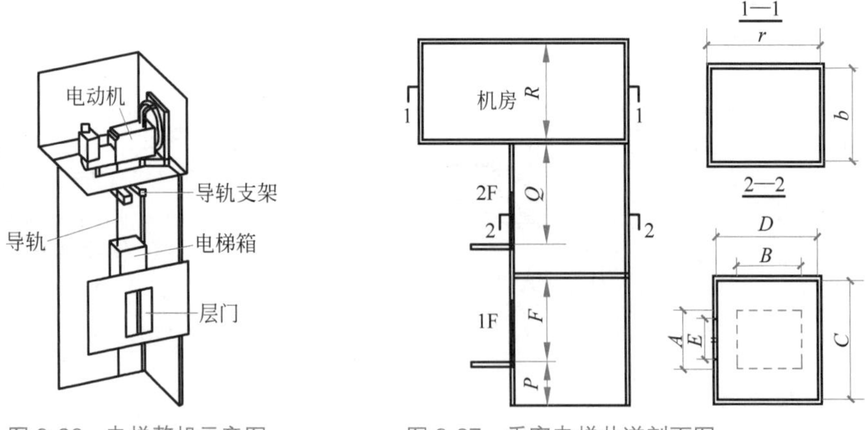

图 8-26 电梯整机示意图

图 8-27 乘客电梯井道剖面图

8.3.3 电梯的构造

1. 电梯井道

电梯井道是电梯轿厢的运行通道，包括导轨、平衡重、缓冲器等设备。电梯井道多数为现浇钢筋混凝土墙体，也可以用砖砌筑，但应采取加固措施，如每隔一段设置钢筋混凝土圈梁。电梯井道内不允许布置无关的管线，要解决好防火、隔声、通风和检修等问题。

（1）井道防火。井道犹如建筑物内的烟囱，能迅速将火势向上蔓延。井道一般采用钢筋混凝土材料，电梯门应采用甲级防火门，构成封闭的电梯井，隔断火势向楼层的传播。

（2）井道隔音。井道隔音主要是防止机房噪声沿井道传播。一般的构造措施是在机座下设置弹性垫层，隔断振动产生的固体传声途径；或在紧邻机房的井道中设置 1.5~1.8m 高的夹层，隔绝井道中空气传播噪声的途径，如图 8-28 所示。

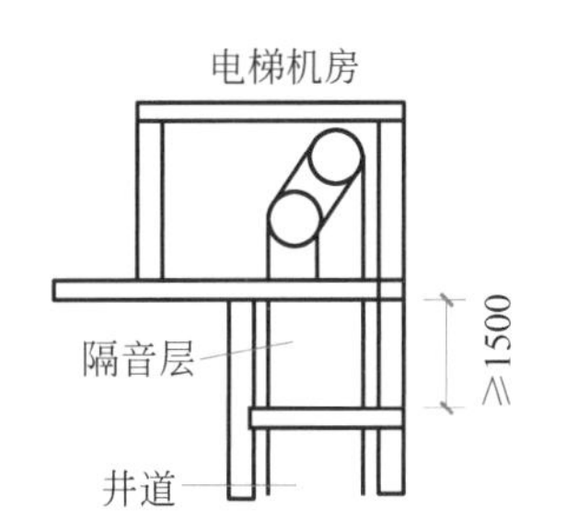

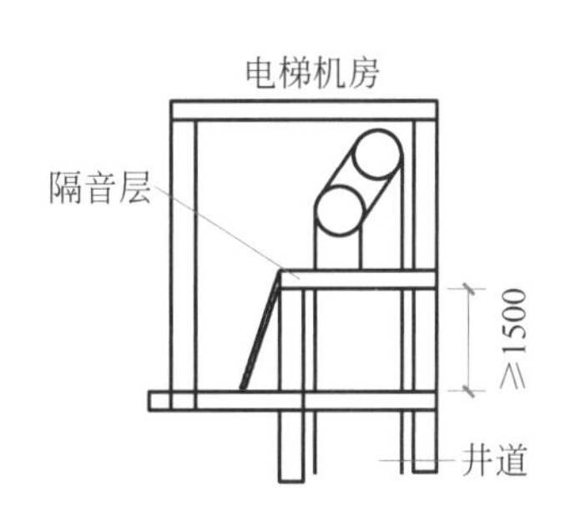

图 8-28　电梯机房隔音层

（3）井道通风。在地坑与井道中部和顶部分别设置面积不小于 300mm × 600mm 的通风孔，解决井道内的排烟和空气流通问题。

（4）井道检修。为设备安装和检修方便，井道的上下应留有必要的空间。

（5）底坑。井道下部应设置底坑及排水装置，底坑不得渗水，坑底底部应当滑。

2. 电梯机房

电梯机房一般设在电梯井道的顶部，也有少数电梯将机房设在井道底层的侧面（如液压电梯）。电梯机房的高度在 2.5~3.5m，面积要大于井道面积。机房平面位置可以向井道平面相邻两个方向伸出，如图 8-29 和图 8-30 所示。当建筑物（如住宅、旅馆、医院、学校、图书馆等）的功

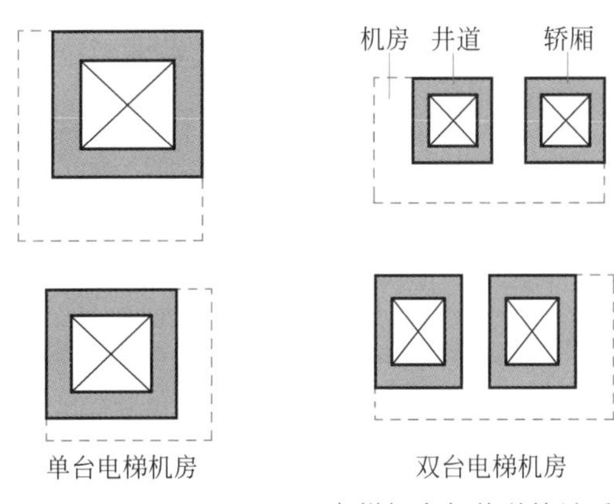

图 8-29　电梯机房与井道的关系

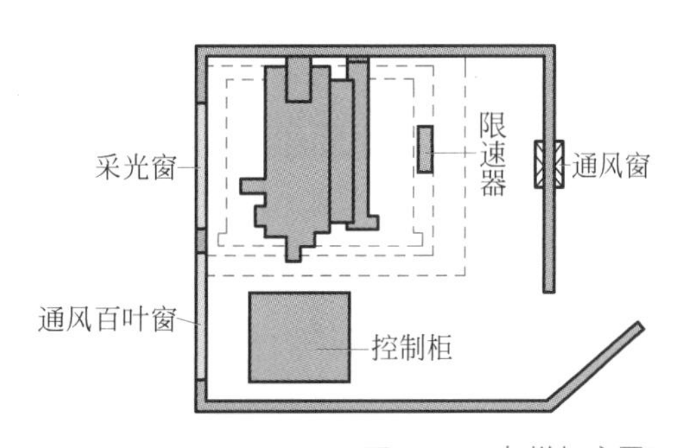

图 8-30　电梯机房平面

能有要求时，机房的墙壁、地板和房顶应能大量吸收电梯运行时产生的噪声；机房必须通风，有时在机房下部设置隔音层。

8.4 自动扶梯

8.4.1 自动扶梯的类型

自动扶梯根据其驱动方式、使用条件、提升高度、运行速度和梯级运行轨迹的不同，可分为链条式（见图 8-31）和齿轮齿条式、普通型和公共交通型、8m 提升高度和 25m 提升高度、恒速型和可调速型、直线型、螺旋型、跑道型和回转螺旋型等。

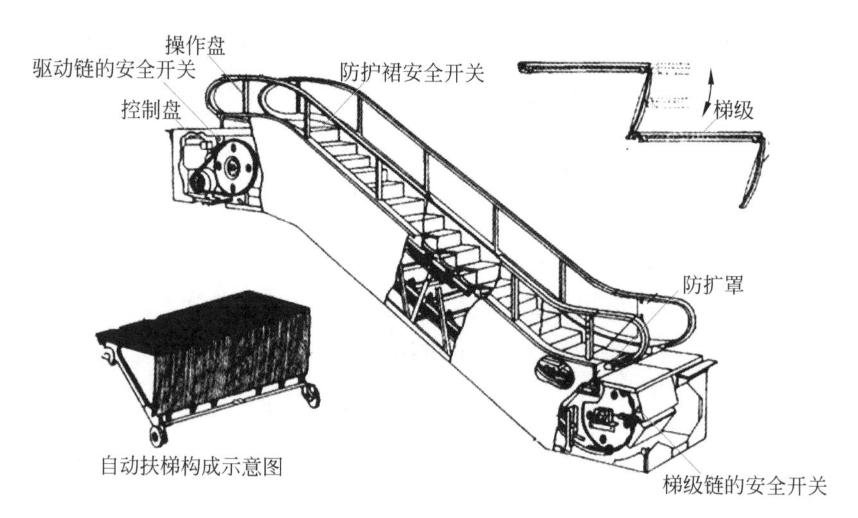

图 8-31 链条式自动扶梯

8.4.2 自动扶梯的组成

自动扶梯机械构造包括以下几部分。

（1）桁架：桁架的作用是用来支撑自动扶梯整体的重量以及乘客的重量，是自动扶梯的整体框架。

（2）主机（工作制动器及附件制动器）：主机的作用是用来带动整体工作，使自动扶梯的各个部分能够正常运转。

（3）梯路导轨系统：主要是用来控制梯级和梯级链条的运动轨迹，控制电梯的运行速度和提升高度。

（4）栏杆（围裙板及围裙板防夹装置、内外盖板、护壁板）：栏杆的主要作用是保证乘客在乘坐时的安全。

（5）扶手装置：让乘客在乘坐的时候可以扶手、依靠的装置。

（6）梯级链条：梯级链条的作用是连接每个梯级，让每个梯级可以按照其轨迹正常运转。

（7）梯级：梯级是人们脚底下的楼梯板。

（8）梳齿及支撑板（前沿板）：设置在自动扶梯的入口处，目的是为了让乘客可以安全地搭乘自动扶梯。

（9）检修盖板和楼层板（床盖板）：设置在自动扶梯的出口处。

8.4.3　自动扶梯的构造

自动扶梯有正反两个运行方向，它由悬挂在楼板下面的电动机牵动踏步板与扶手同步运行。自动扶梯的坡度平缓，一般为 30° 左右，运行速度为 0.5~0.7m/s。自动扶梯按宽度分类有单人梯和双人梯两种类型，自动扶梯的规格见表 8-1。

表 8-1　自动扶梯的规格

梯　型	输送能力 /（人 /h）	提升高度 /m	速度 /（m/s）	扶梯宽度	
				净宽度 /mm	外宽 /mm
单人梯	5000	3~10	0.5	600	1350
双人梯	8000	3~8.8	0.5	1000	1750

8.5　台阶与坡道的构造

8.5.1　台阶

1. 台阶的尺寸

台阶由踏步和平台组成，有单面踏步式、三面踏步式等形式（见图 8-32）。

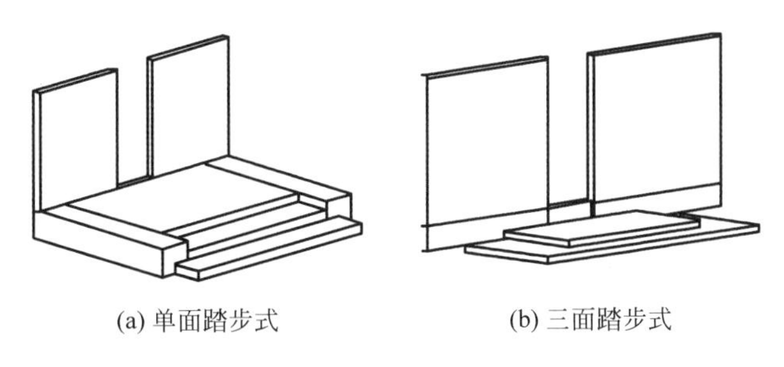

(a) 单面踏步式　　(b) 三面踏步式

图 8-32　台阶的形式

台阶坡度较楼梯平缓，每级踏步高为 120~150mm，踏面宽为 300~400mm。当台阶高度超过 1m 时，应有护栏设施。

平台设于台阶与建筑物出入口大门之间，作为室内外空间的过渡，其宽度一般不小于 1000mm，为利于排水，其标高低于室内地面 30~50mm，并做向外 3% 左右的排水坡度。人流大的建筑，平台还应设刮泥槽，如图 8-33 所示。

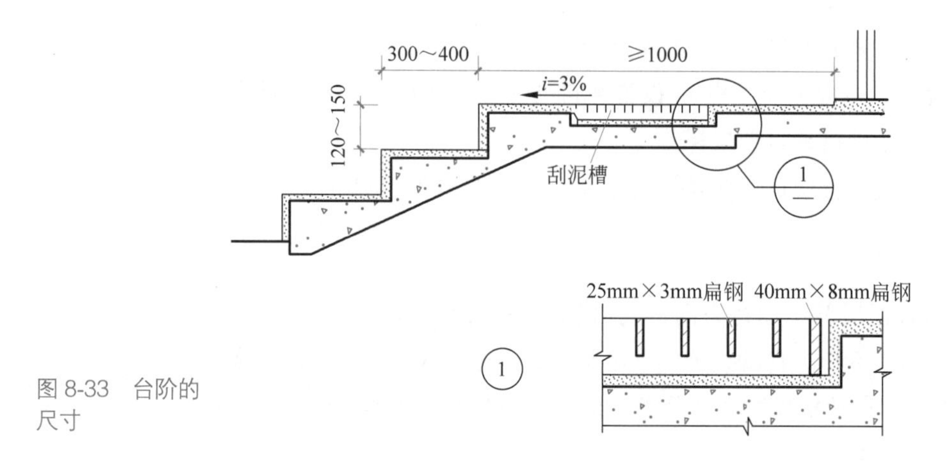

图 8-33 台阶的尺寸

2. 台阶的构造

台阶的构造分实铺和架空两种，大多数台阶采用实铺。

实铺台阶的构造与室内地坪的构造相似，包括基层、垫层和面层。基层是夯实土；垫层多采用混凝土、碎砖混凝土或砌砖；面层有整体和铺贴两大类，如水泥砂浆、水磨石、剁斧石、缸砖、天然石材等。

台阶易受雨水、日晒、霜冻侵蚀等影响，其面层应用防滑、抗风化、抗冻融强的材料制作，如选用水泥砂浆、斩假石、地面砖、马赛克、天然石等。台阶垫层做法基本同地坪垫层做法，一般采用素土夯实或灰土夯实，采用 C10 素混凝土垫层即可。对大型台阶或地基土质较差的台阶，可视情况将 C10 素混凝土改为 C15 钢筋混凝土或架空做成钢筋混凝土台阶；严寒地区的台阶需考虑地基土冻胀因素，可改用含水率低的砂石垫层至冰冻线以下，如图 8-34 所示。

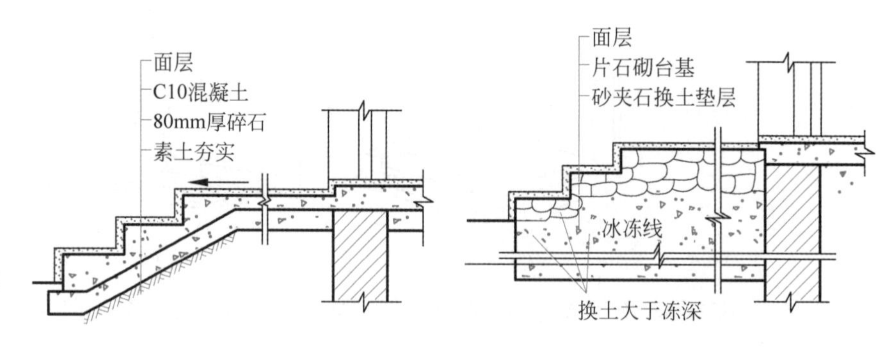

图 8-34 台阶的构造做法

8.5.2 坡道

坡道多为单面坡形式。有些大型公共建筑为考虑汽车能在大门入口处通行，常采用台阶与坡道相结合的形式（见图 8-35）。

坡道常用坡度范围为 0°~15°，一般小于 20°。

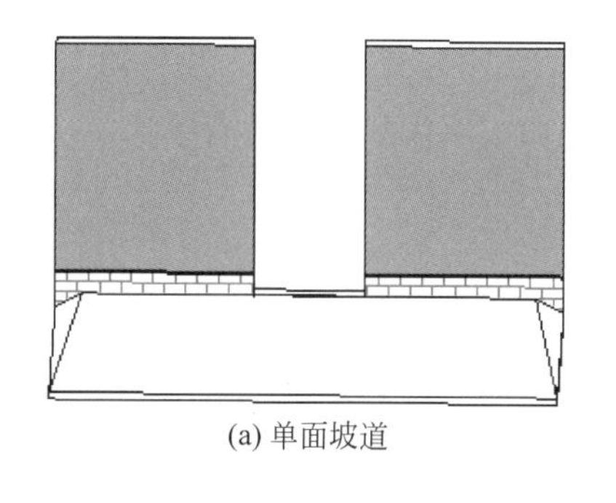
(a) 单面坡道

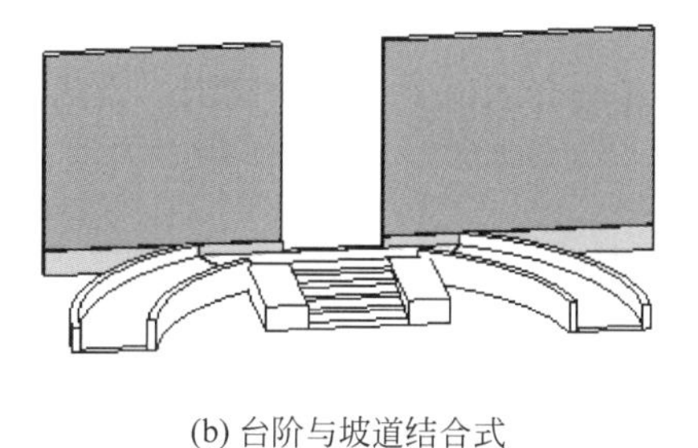
(b) 台阶与坡道结合式

图 8-35　台阶与坡道的形式

坡道一般采用实铺，构造要求与台阶基本相同。为了防滑，常将其表面做成锯齿形或带防滑条状（见图 8-36）。

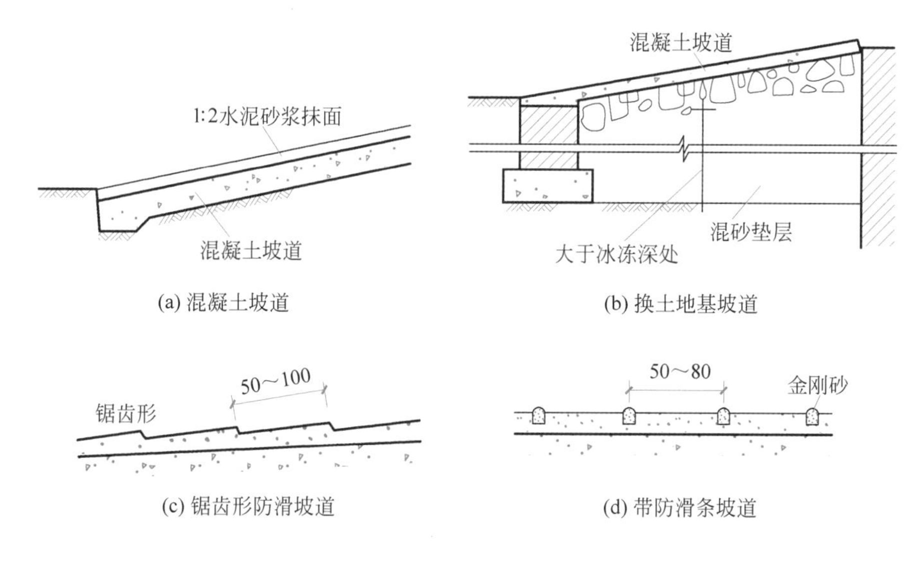

(a) 混凝土坡道　(b) 换土地基坡道
(c) 锯齿形防滑坡道　(d) 带防滑条坡道

图 8-36　坡道的构造做法

本章小结

1. 楼梯是建筑物中重要的结构构件。它由梯段、平台和栏杆组成。常见楼梯的形式有直跑楼梯、双跑楼梯、交叉楼梯等。

2. 钢筋混凝土楼梯有现浇式和预制装配式两大类。

3. 预制装配式钢筋混凝土楼梯根据组成楼梯的构件尺寸及装配的程度，可分为小型构件装配式和中、大型预制装配式两大类。

4. 电梯由轿厢、电梯井道和运载设备三部分组成。

5. 自动扶梯根据其驱动方式、使用条件、提升高度、运行速度和梯级运行轨迹的不同，可分为链条式和齿轮齿条式、普通型和公共交通型、8m 提升高度和 25m 提升高度、恒速型和可调速型、直线型、螺旋型、跑道型和回转螺旋型等。

6. 台阶由踏步和平台组成。台阶的构造分实铺和架空两种。

7. 坡道多为单面坡形式。为了满足使用需要，也可采用台阶与坡道相结合的形式。为了防滑，常将其表面做成锯齿形或带防滑条状。

课后习题

1. 楼梯由哪几部分组成？各部分的作用及要求是什么？
2. 常见的楼梯有哪几种形式？
3. 钢筋混凝土楼梯常见的结构形式是哪几种？各有何特点？
4. 电梯由哪几部分组成？电梯井道应满足什么要求？
5. 台阶与坡道的形式有哪些？

第 9 章　其他构造

除了前面讲解的建筑构配件外，建筑物还有变形缝、阳台、雨篷等其他细部构造，这些也是建筑物的基本组成部分，对建筑物的安全性能、使用效果都有着重要的影响。

9.1　变形缝

建筑物建成后会受到环境温度、不均匀沉降以及地震作用的影响，导致结构内部产生应力，发生形变或裂缝，影响建筑物的正常使用。工程中常常在一定位置将建筑物断开，预留缝隙，降低应力的累积，这些预留的缝隙被称为变形缝。按照变形缝的作用可以分为伸缩缝、沉降缝和防震缝三种。

9.1.1　伸缩缝

当建筑物长度过长时，由于建筑物受环境温度的影响，会产生热胀冷缩的现象。建筑物越长，温度应力累积越大，越容易使建筑物产生裂缝。在工程中，当建筑物超过一定长度时，可在中间某位置预留缝隙将建筑物断开，以减小温度应力的累积，避免因建筑物热胀冷缩引起开裂，这种缝隙称为伸缩缝。

1. 伸缩缝的设置要求

在建筑物中，基础属于地下隐蔽工程，受温度影响较小；楼板、屋顶属于地上部分，与外界环境直接接触，因此温度应力自下而上不断累积；在工程中伸缩缝可在基础位置不断开，在地上需要断开。楼板伸缩缝不宜设在受力较大的位置，并且不宜设在防水要求高的位置。

伸缩缝的最大间距受建筑结构类型、屋顶和楼层类型、建筑材料、环境类型等因素影响。表 9-1 和表 9-2 分别列举了砌体结构和钢筋混凝土结构伸缩缝的最大间距要求。

表 9-1 砌体结构伸缩缝的最大间距

砌体类型	屋顶或楼层		间距 /m
各种砌体	整体式或装配整体式钢筋混凝土结构	有保温层或隔热层的屋顶、楼层	50
		无保温层或隔热层的屋顶	40
	装配式无檩体系钢筋混凝土结构	有保温层或隔热层的屋顶、楼层	60
		无保温层或隔热层的屋顶	50
	装配式有檩体系钢筋混凝土结构	有保温层或隔热层的屋顶、楼层	75
		无保温层或隔热层的屋顶	60
黏土砖、空心砖砌体	黏土瓦或石棉瓦屋顶		100
石砌体	木屋顶或楼层		80
硅酸盐块砌体和混凝土块砌体	砖石屋顶或楼层		75

表 9-2 钢筋混凝土结构伸缩缝的最大间距

结构类型		在室内或土中时最大间距 /m	在露天时最大间距 /m
排架结构	装配式	100	70
框架结构	装配式	75	50
	现浇式	55	35
剪力墙结构	装配式	65	40
	现浇式	45	30
挡土墙、地下室	装配式	40	30
	现浇式	30	20

2. 伸缩缝的构造

除了间距有要求，伸缩缝的缝宽也有一定的要求。一般情况下，缝宽 20~40mm，以保证沿建筑物长度方向有足够的伸缩空间。对于建筑物断开位置，也有不同的构造处理措施。

1）墙体

墙体在伸缩缝位置需做一定处理，特别是外墙，应满足建筑物防风、防水、保温、隔热的要求，同时还应考虑对建筑物的外立面的影响；常用的措施是将缝的开口位置进行覆盖或封堵。

常见的墙体伸缩缝形式有平缝、错口缝、企口缝三种，如图 9-1 所示。在伸缩缝外墙一侧，缝口处应做好防水措施，如采用橡胶条、沥青麻丝等；当缝宽较大时，一般需用金属钢板做盖板处理。在内墙断开处，可用木条、金属板做单边固定；保证连接位置能够自由延伸。

2）楼地面

楼地面伸缩缝的位置、宽度应与墙体和屋顶伸缩缝一致。在垫层的

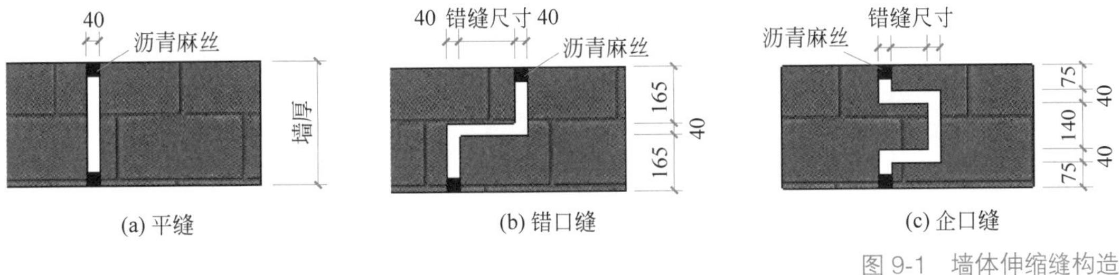

图 9-1　墙体伸缩缝构造

缝中常填充弹性材料（如沥青麻丝），面层的缝中充填沥青玛蹄脂或加盖金属板、塑胶硬板，保证两端的楼板能自由伸缩。楼地面常见伸缩缝构造如图 9-2 所示。

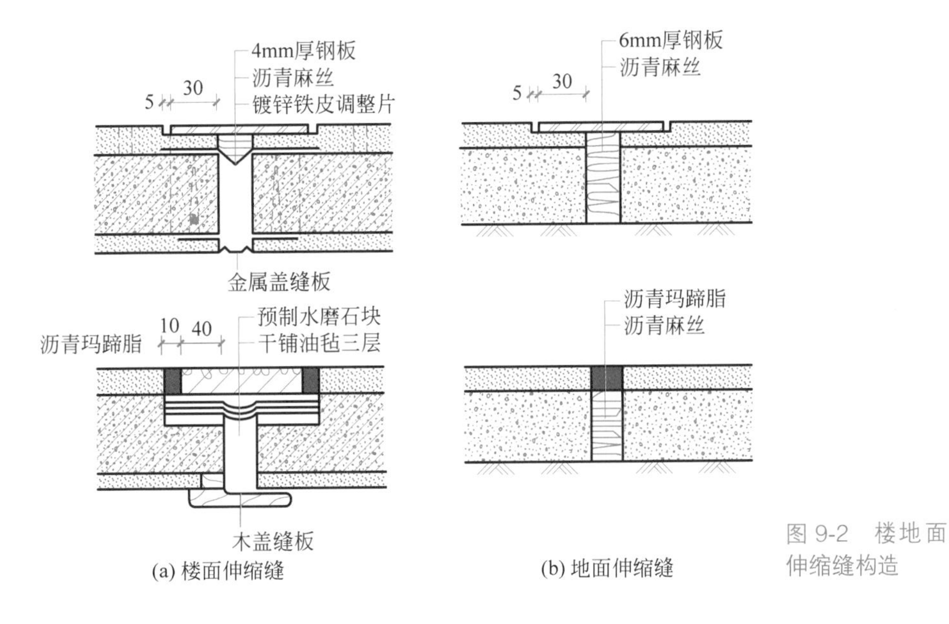

图 9-2　楼地面伸缩缝构造

3）屋顶

屋顶的伸缩缝应与墙体、楼地板保持一致，一般设置在有错层的位置。屋顶直接与外界环境接触，受风、雨、雪等自然条件影响大，因此屋顶的伸缩缝应做好防水、防漏措施，常见屋顶伸缩缝构造如图 9-3 所示。

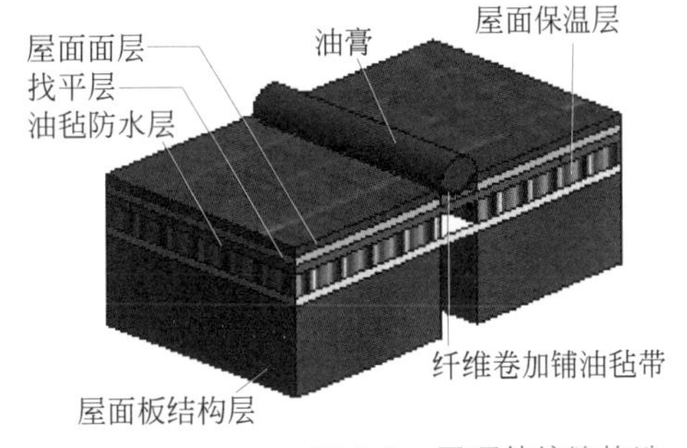

图 9-3　屋顶伸缩缝构造

9.1.2　沉降缝

当房屋上部荷载差异较大或地基承载力不同时，在长期使用过程中，房屋有可能产生不均匀沉降，导致建筑物开裂。因此，工程中可预留缝隙沿建筑物垂直方向将建筑划分为不同的自由沉降单元，以减小地基不均匀沉降引起的不良影响，这样的缝隙称为沉降缝。

1. 沉降缝的设置要求

沉降缝的设置一般需考虑地基的特点、建筑物结构形式及高度等因素。在下列情况应根据相关规范设置沉降缝。

（1）相邻建筑物高差较大，或荷载相差较大。

（2）建筑体型复杂，连接部位薄弱。

（3）基础埋深相差较大，地基承载力差别较大。

（4）原有建筑、新建以及扩建建筑物相交位置。

（5）同一建筑物结构形式不同的位置。

实际工程中，不属于扩建的项目还可以通过增强建筑物整体性的措施来减小不均匀沉降的影响；或在施工时预留后浇带，在建筑沉降稳定后再浇筑中间预留部分。

不同类型沉降缝宽度见表 9-3。根据地基的实际情况，缝宽可按表中的数据适当增加。

表 9-3　沉降缝宽度要求

地基情况	建筑高度	缝宽 /mm
一般地基	<5m	30
	5~10m	50
	10~15m	70
软弱地基	2~3 层	50~80
	4~5 层	80~120
	6 层以上	>120
湿陷性黄土地基		30~70

2. 沉降缝的构造

伸缩缝主要满足建筑物水平方向的形变要求，而沉降缝则主要满足建筑物垂直方向的形变要求。因此，在设置沉降缝时应自基础至顶部建筑物全部断开，在基础、楼地面、屋顶均需断开，并做适当处理。

墙体的沉降缝一般应满足水平伸缩、垂直沉降的要求，也可采用金属盖板处理，如图 9-4 所示。

屋顶沉降缝需考虑沉降、防水要求，并考虑建筑物检修的便捷性，常见的屋顶沉降缝构造如图 9-5 所示。

常见的基础沉降缝构造措施有双墙式、交叉式和挑梁式，具体构造如图 9-6 所示。

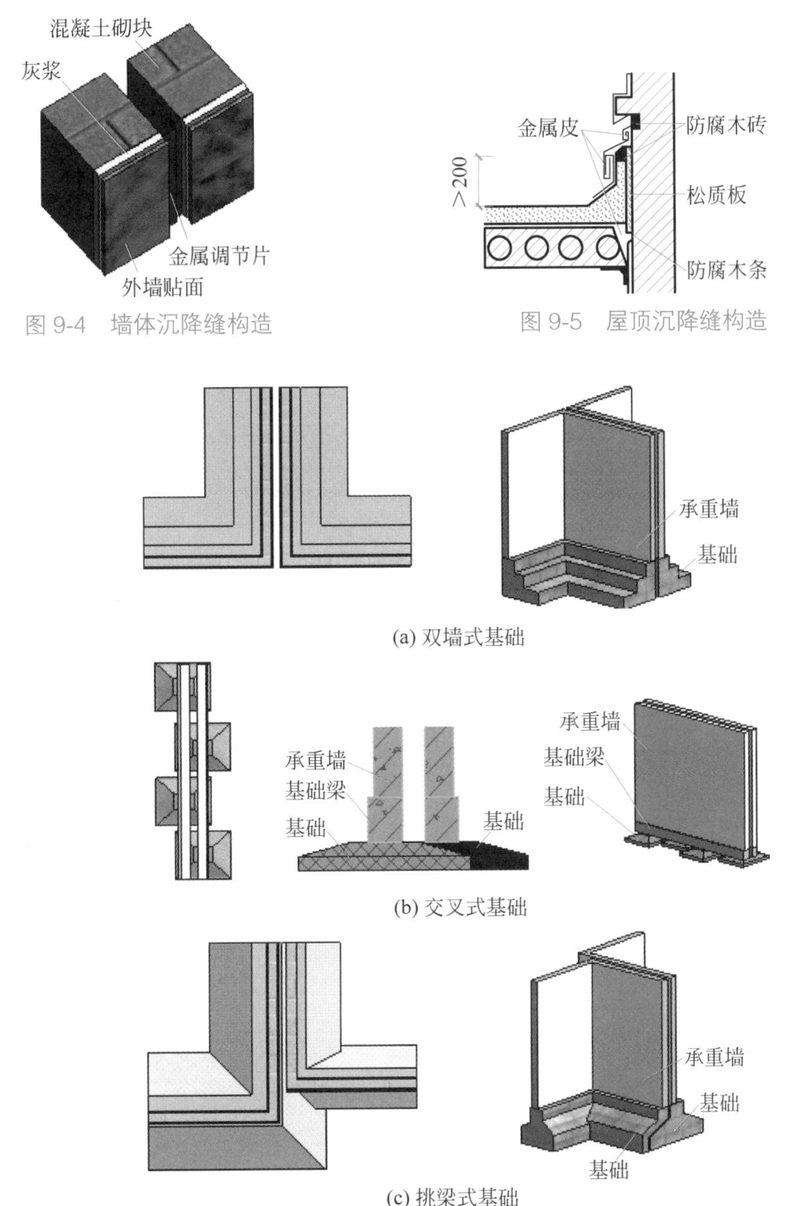

图 9-4　墙体沉降缝构造

图 9-5　屋顶沉降缝构造

图 9-6　基础沉降缝构造

9.1.3　防震缝

针对地震区建筑，为防止地震使房屋破坏，从而预留缝隙将房屋分成若干形体简单、结构刚度均匀的独立部分，以减轻或防止相邻结构单元由地震作用引起的碰撞、拉伸、挤压，这样的缝隙称为防震缝，又叫抗震缝。

1. 防震缝的设置要求

设防烈度为 6 度以下的区域，地震作用弱，可不设置防震缝；设防烈度为 10 度时，必须按规范设计防震缝；在设防烈度为 7、8、9 度的地区，在下列情况下需设置防震缝。

（1）建筑物立面高差大于6m。

（2）错层且建筑物楼板层高差较大。

（3）建筑物的部分结构刚度和质量截然不同。

2. 防震缝的宽度要求

在多层砌体结构中，防震缝在70~100mm之间取值；多层框架结构建筑物中，防震缝的宽度与建筑物的高度有关，当高度低于15m时，防震缝宽度不应小于100mm；当高度大于15m时，防震缝宽度可在100mm的基础上适当增加，参照表9-4进行取值。

表9-4 框架结构防震缝宽度

<table>
<tr><th>设防烈度</th><th>建筑物高度（>15m）</th><th>宽度（在100mm基础上）</th></tr>
<tr><td>6度</td><td>每增加5m</td><td rowspan="4">增加20mm</td></tr>
<tr><td>7度</td><td>每增加4m</td></tr>
<tr><td>8度</td><td>每增加3m</td></tr>
<tr><td>9度</td><td>每增加2m</td></tr>
</table>

9.2 阳台

阳台一般是指多层或高层建筑物中有永久性上盖、围护结构、底板并与房屋相连的房屋附属设施，是建筑物室内的延伸。阳台对建筑物采光通风以及建筑外观有着重要的影响。

9.2.1 阳台的类型

1. 按与外墙面关系分类

按照阳台与外墙的关系可分为凹阳台、凸阳台、半凹半凸阳台三种，如图9-7所示。

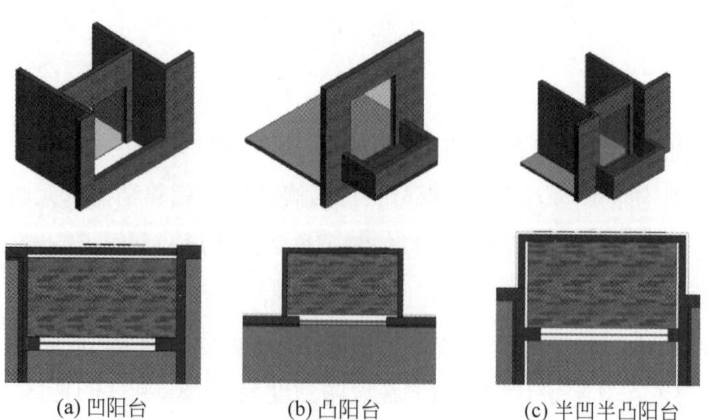

图9-7 阳台分类 (a) 凹阳台 (b) 凸阳台 (c) 半凹半凸阳台

凹阳台是指占用住宅套内面积的半开敞式建筑空间，凹阳台无论从建筑本身还是人的感觉上更显得牢固可靠，但在景观、视野上则显得较窄。

凸阳台又叫挑阳台，是指挑出外墙或柱外边的阳台。凸阳台具有开阔的视野，影响建筑立面外观效果。

半凹半凸式阳台是指阳台的一部分占用室内空间，另一部分悬在外面，它集凹、凸两类阳台的优点于一身，阳台的进深与宽度都较大，使用、布局更加灵活自如，空间显得有所变化。

2. 按在建筑物中的位置分类

按阳台在建筑中的位置可以分为转角阳台和中间阳台。

转角阳台位于建筑物不在同一方向外墙相交位置，在建筑立面设计和视野上给人带来全新的感受，常见的为 270° 景观阳台，如图 9-8 所示。

中间阳台位于外墙中间，是最常见的阳台，其形式包括弧形、矩形等。

3. 按使用功能分类

阳台按照使用功能可分为生活阳台和服务阳台。生活阳台主要是指与客厅或者卧室相连的阳台，而服务阳台一般是指靠近厨房、卫生间、盥洗室的阳台，如图 9-9 所示。

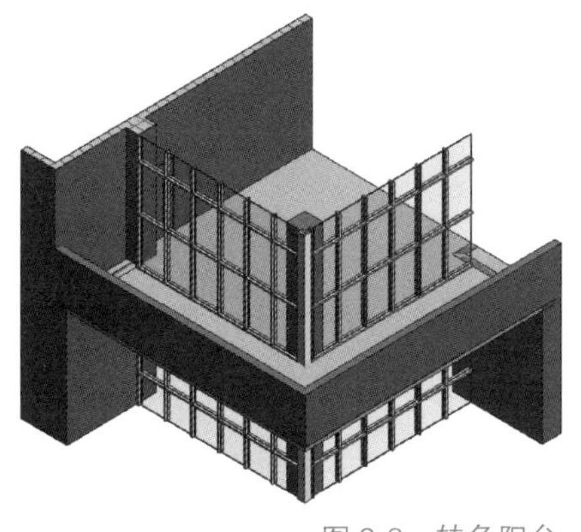

图 9-8　转角阳台

(a) 生活阳台

(b) 服务阳台

图 9-9　按使用功能分类的阳台

9.2.2　阳台的结构形式

阳台一般面积较小，承重构件与楼板形成一个整体，一般有装配式和整体现浇两种。对于凹阳台，可由两端的墙体作为支撑，阳台长度等于房间的开间；而凸阳台可供选择的承重形式较多，主要结构形式如图 9-10 所示。

1. 压梁式

阳台板与外墙上梁一起浇筑作为承重构件，也可以采用预制构件将梁和阳台板预制成整体。

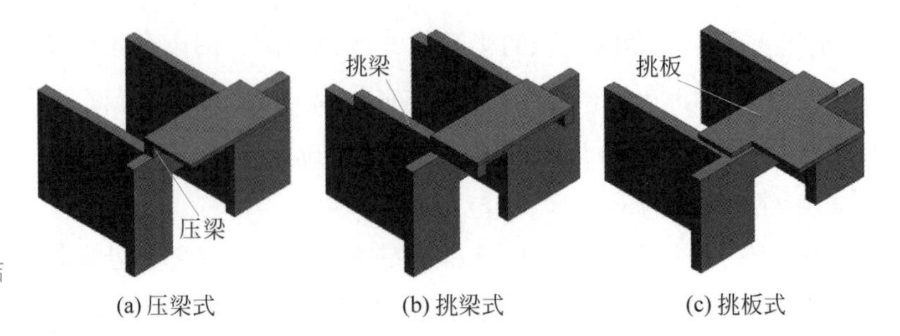

图 9-10　阳台结构形式

2. 挑梁式

在阳台两边设置挑梁，梁上浇筑或放置阳台板，挑梁也可采用变截面梁。挑梁末端可为开放式，也可以设置边梁封住形成一个整体。

3. 挑板式

挑板式是常见的悬臂结构，阳台板与楼板一起压在上部承重墙下，一部分作为阳台板挑出。这种形式常用于外挑长度小的阳台。

9.3　雨篷

9.3.1　雨篷的类型与构造

雨篷是设置在建筑物入口位置，保护建筑物入口平台及台阶不受雨淋的建筑组成部分，同时也起着装饰作用。常用的雨篷形式包括悬板式、梁板式以及吊挂式等。

1. 悬板式雨篷

悬板式雨篷由雨篷板向外挑出 900~1500mm，根部设置雨篷梁（可与门窗洞口过梁合用）支承雨篷板。为充分保护门不受雨水淋湿，雨篷宽度一般超出门边界 0.25m，并做好找坡排水处理，具体方法包括有组织排水和无组织排水。

悬板式雨篷的构造如图 9-11 所示。

2. 梁板式雨篷

当建筑物入口较大时，设置的雨篷的外挑距离也更长，悬板式雨篷结构的悬挑长度有限，此时可采用梁板式，由雨篷梁和板共同支撑；当悬挑更大时也可在其下方设置柱，从柱上挑出。梁板式雨篷的构造如图 9-12 所示。

3. 吊挂式雨篷

吊挂式雨篷常用钢结构与玻璃的组合，在雨篷上方设置斜拉杆，防止雨篷倾覆。吊挂式雨篷造型多样，美观大方，是一些大型建筑（如商场、剧院等）常用的雨篷形式。

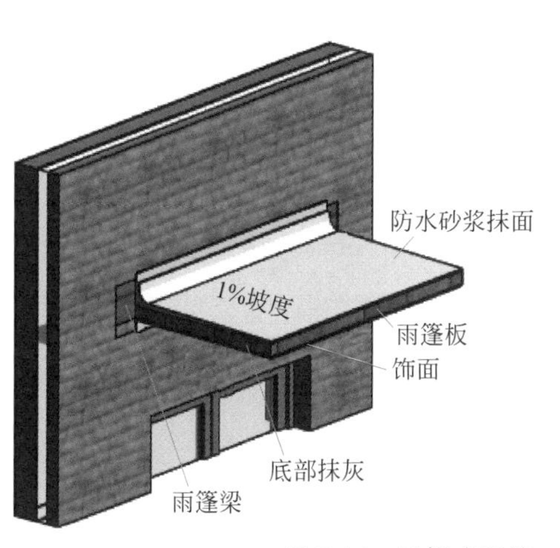

图 9-11　悬板式雨篷

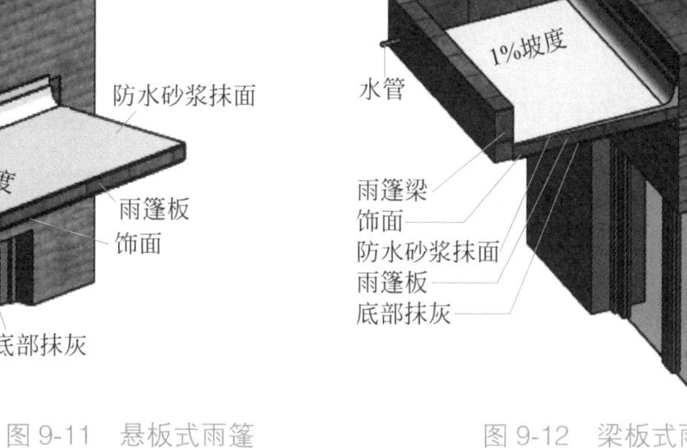

图 9-12　梁板式雨篷

9.3.2　雨篷的排水与防水措施

为了排水与防水，常抹 20mm 的防水砂浆，砂浆沿墙面向上高度大于 250mm，同时设置滴水及排水坡度，排水坡度常取 1%，在排水最低点设置落水管，将雨水排至地面排水系统。常见雨篷排水处理措施如图 9-13 所示。

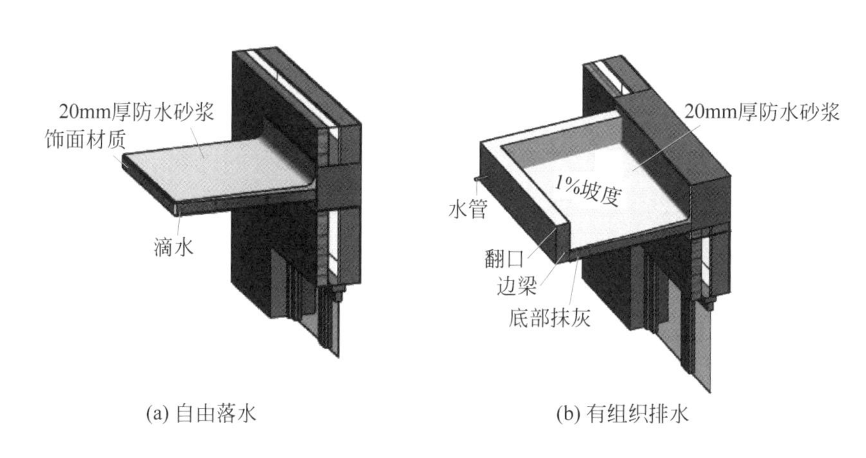

图 9-13　雨篷排水处理措施

本章小结

1. 变形缝是建筑抵抗环境作用在建筑物内部产生应力使建筑物开裂而设置的缝隙，包括伸缩缝、沉降缝、防震缝。伸缩缝能减轻温度热胀冷缩对建筑物产生的影响；沉降缝能减轻地基不均匀沉降对建筑物的影响；防震缝能减轻地震作用对建筑物的影响。

2. 阳台是建筑物室内的延伸。按其与外墙面的关系，分为凹阳台、凸阳台和半凹半凸阳台；按其在建筑物中的位置，分为中间阳台和转角阳台；按其使用功能，分为生活阳台和服务阳台。

3. 雨篷主要是建筑物入口位置遮雨的构造设施。常用的雨篷形式包括悬板式、梁板式和吊挂式。

课后习题

1. 变形缝有哪些？其作用分别是什么？
2. 根据防震缝、伸缩缝、沉降缝的构造特点，什么时候可以三缝合一？
3. 阳台和露台有何异同？
4. 请列举常见的雨篷类型。

第 10 章　建筑施工图

10.1　建筑施工图的基本知识

10.1.1　房屋建筑施工图概述

房屋建筑施工图是指利用正投影的方法把所设计房屋的大小、外部形状、内部布置和室内装修，以及各部分结构、构造、设备等的做法，按照建筑制图国家标准规定绘制的工程图样。它是工程设计阶段的最终成果，同时又是工程施工、监理和计算工程造价的主要依据。

1. 房屋建筑施工图的组成及作用

按照内容和作用不同，房屋建筑施工图分为建筑施工图（简称“建施”）、结构施工图（简称“结施”）和设备施工图（简称“设施”）。

建筑施工图一般包括建筑设计说明、建筑总平面图、平面图、立面图、剖面图及建筑详图等。其内容主要包括空间设计内容和构造设计内容。空间设计内容包括房屋的造型、层数、平面形状与尺寸以及房间的布局、形状、尺寸、装修做法等。构造设计内容包括墙体与门窗等构配件的位置、类型、尺寸、做法以及室内外装修做法等。建造房屋时，建筑施工图主要作为定位放线、砌筑墙体、安装门窗、装修的依据。

结构施工图一般包括结构设计说明、结构平面布置图和结构详图三部分，主要用以表示房屋骨架系统的结构类型、构件布置、构件种类、数量、构件的内部构造和外部形状、大小，以及构件间的连接构造。施工放线、开挖基坑（槽）、施工承重构件（如梁、板、柱、墙、基础、楼梯等）主要依据结构施工图。

设备施工图可按工种不同分成给水排水施工图（简称水施图）、采暖通风与空调施工图（简称暖施图）、电气设备施工图（简称电施图）等。水施图、暖施图、电施图一般都包括设计说明、设备的布置平面图、系统图等内容。设备施工图主要表达房屋给水排水、供电照明、采暖通风、空调、燃气等设备的布置和施工要求等。

2. 房屋建筑施工图的图示特点

房屋建筑施工图的图示特点主要体现在以下几方面。

（1）施工图中的各图样用正投影法绘制。一般在水平面（H 面）上作平面图，在正立面（V 面）上作正、背立面图，在侧立面（W 面）上作剖面图或侧立面图。平面图、立面图、剖面图是建筑施工图中最基本、最重要的图样，在图纸幅面允许时，最好将其画在同一张图纸上，以便于阅读。

（2）由于房屋形体较大，施工图一般都用较小比例绘制，但对于其中需要表达清楚的节点、剖面等部位，则用较大比例的详图来表现。

（3）房屋建筑的构配件和材料种类繁多，为作图简便，国家标准采用一系列图例来代表建筑构配件、卫生设备、建筑材料等。为方便读图，国家标准还规定了许多标注符号，构件的名称应用代号表示。

3. 图纸编排顺序

一套简单的房屋施工图有 20 张左右，一套大型复杂建筑物的图纸有数十张、上百张甚至数百张之多。因此，为了便于看图和查找，应该把这些图纸按顺序编排。

建筑工程施工图一般的编排顺序是：首页图（包括图纸目录、施工总设计说明、门窗表、房间一览表等）、建筑施工图、结构施工图、给排水施工图、采暖通风施工图、电气施工图等。

10.1.2 制图标准的相关规定

1. 符号

1）剖切符号

（1）剖视的剖切符号应由剖切位置线及剖视方向线组成，均应以粗实线绘制。剖视的剖切符号应符合下列规定。

① 剖切位置线长度为 6~10mm；剖视方向应垂直于剖切位置线，长度应短于剖切位置线，为 4~6mm，如图 10-1 所示。绘制时，剖视剖切符号不应与其他图线相接触。

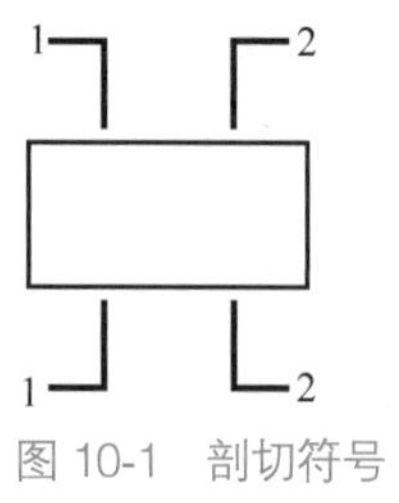

图 10-1 剖切符号

② 剖视剖切符号的编号宜采用阿拉伯数字，按剖切顺序由左至右、由下至上连续编排，并应注写在剖视方向的端部。

③ 需要转折的剖切线，应在转角的外侧加注与该符号相同的编号。

④ 建筑物剖面图的剖切符号应注写在 ±0.000 标高的平面图或首层平面图上。

⑤ 局部剖面图的剖切符号应注写在包含剖切部位的最下面一层的平面图上。

（2）断面的剖切符号应符合下列规定。

① 断面的剖切符号应只用剖切位置线表示，并以粗实线绘制，长度为 6~10mm。

② 断面剖切符号的编号宜采用阿拉伯数字，按顺序连续成排，并注写在剖切位置线的一侧，编号所在的一侧应为断面的剖视方向。

（3）剖面图或断面图如与被剖切图样不在同一张图内，应在剖切位置线的另一侧注明图纸编号，或在图上集中表示。

2）详图索引符号

详图索引符号表示建筑平、立、剖面图中某个部位需另画详图表示，如图 10-2 所示。故详图索引符号应标注在需要画出详图的位置附近，并用引出线引出，如图 10-3 所示。

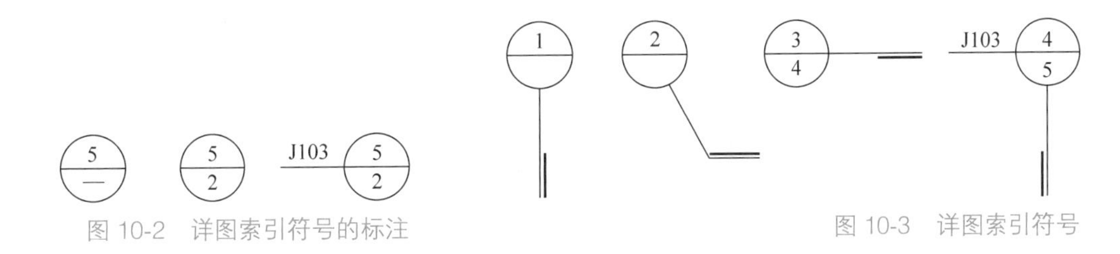

图 10-2　详图索引符号的标注　　图 10-3　详图索引符号

3）引出线

（1）引出线应为细实线，宜采用水平方向的直线，或与水平方向呈 30°、45°、60°、90° 的直线，或经上述角度再折为水平线。文字说明注写在水平线上方或水平端部。索引详图的引出线应与水平线连接，如图 10-4 所示。

（2）同时引出的几个相同部分的引出线，宜互相平行，也可画成集中于一点的放射线（见图 10-5）。

图 10-4　引出线　　图 10-5　共同引出线

（3）多层构造或多层管道共用引出线，应通过被引出的各层并用圆点示意对应各层次。文字说明宜注写在水平线上方或端部，说明的顺序应该由上到下，并应与被说明的层次对应一致；如果层次为横向排序，则由上往下的说明顺序与由左至右的说明顺序对应一致（见图 10-6）。

4）对称符号

对称符号由对称线和两端的两对平行线组成。对称线用细单点长画线绘制；平行线为细实线，其长度为 6~10mm，每对间距 2~3mm，对称线垂直平分两对平行线，两端超出平行线 2~3mm（见图 10-7）。

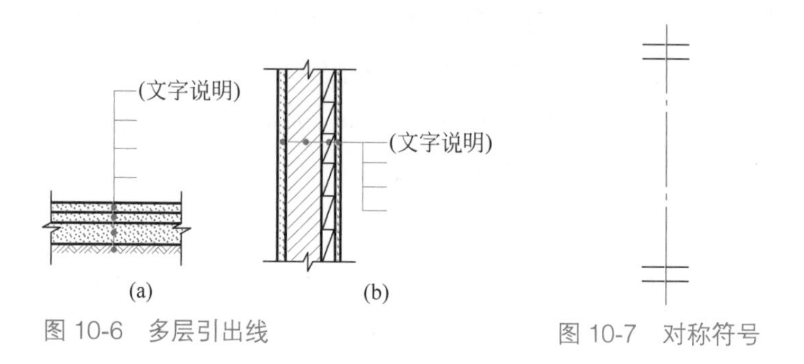

图 10-6　多层引出线　　图 10-7　对称符号

5）指北针

指北针的直径为 24mm，用细实线绘制；指针尾部宽度为 3mm，指针头部应注明“北”或“N”字。需要用较大直径绘制指北针时，指针尾部的宽度为直径的 1/8，如图 10-8 所示。

6）云线

图纸中的布局变更部分应采用云线，并注写修改版次，如图 10-9 所示。

图 10-8　指北针　　图 10-9　云线

2. 定位轴线

所谓定位轴线，是指房屋建筑施工图中建筑物的主要构件位置的点画线。由于在施工时要用定位轴线来定位放样，所以凡是承重墙、柱子、大梁或者屋架等主要承重构件都应该画出轴线来确定位置。对于一些非承重构件一般不画轴线，而注明这类构件与附近轴线的相关尺寸以确定其位置。

在定位轴线编号时应注意以下几点。

（1）编号宜标注在图样的下方与左侧，横向编号应用阿拉伯数字，从左至右顺序编写，竖向编号应用大写字母，从下至上顺序编写，如图 10-10 所示。

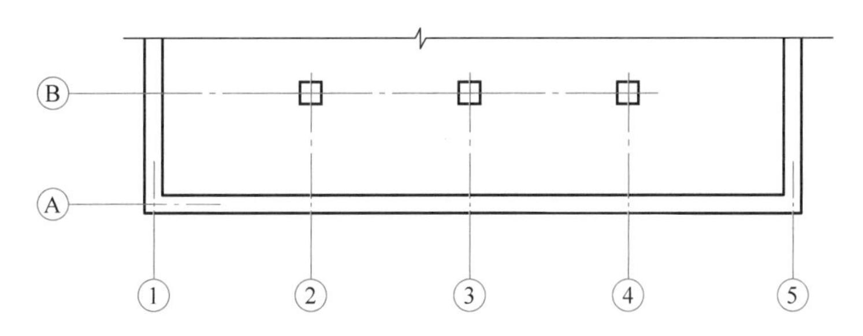

图 10-10　定位轴线的编号

（2）字母 I、O、Z 不得用作轴线编号。如字母数量不够使用，可增用双字母或单字母加数字注脚，如 AA、BA、…、YA 或 A1、B1、…、Y1。组合较复杂的平面图中定位轴线也可采用分区编号，编号的注写形式应为“分区号 - 该分区编号”；分区号采用阿拉伯数字或大写字母表示，如图 10-11 所示。

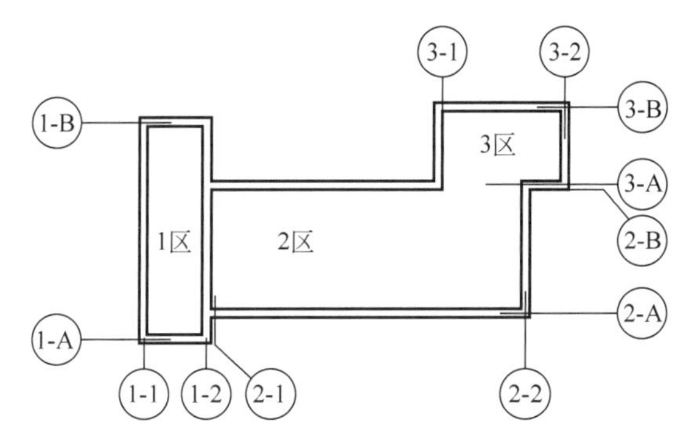

图 10-11　定位轴线的分区编号

（3）附加定位轴线的编号应以分数形式表示，并应按下列规定编写：两根轴线间的附加轴线应以分母表示前一轴线的编号，分子表示附加轴线的编号，编号宜用阿拉伯数字顺序编写。

（4）一个详图适用于几根轴线时，应同时注明各有关轴线的编号。

（5）通用详图中的定位轴线应只画圆，不注写轴线编号。

（6）圆形平面图中定位轴线的编号，其径向轴线宜用阿拉伯数字表示，从左下角开始，按逆时针顺序编写；其圆周轴线宜用大写字母表示，从外向内顺序编写。

3. 高程

高程是指建筑物中的某一部位与所确定的水准基点的高程差。高程又分为绝对高程和相对高程。

绝对高程（或称海拔）是指地面点沿垂线方向至大地水准面的距离。

我国在青岛设立验潮站，长期观测和记录黄海海水面的高低变化，取其平均值作为绝对高程的基准面。

在局部地区，当无法知道绝对高程时，可假定一个水准面作为高程起算面，地面点到该假定水准面的垂直距离称为相对高程。

标高符号应以直角三角形表示（见图 10-12）。总平面图室外地坪标高符号用涂黑的三角形表示，如图 10-13 所示。

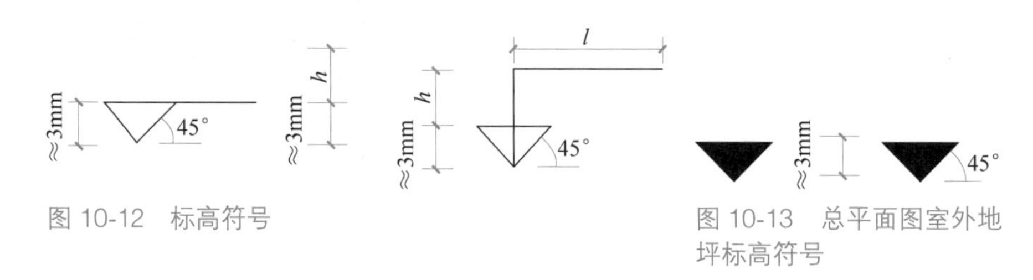

图 10-12　标高符号

图 10-13　总平面图室外地坪标高符号

标高数字以 m 为单位，注写到小数点后第三位，总平面图中可以注写到小数点后两位，零点标高注写成 ±0.000。低于零点标高的为负标高，标高数字前加“−”号，高于零点标高的为正标高，标高数字前可省略“+”号，如图 10-14 所示。同一位置注写多个标高数字时可按图 10-15 注写。

图 10-14　标高的数字注写

图 10-15　同一位置注写多个标高数字

4. 常用图例

常用建筑材料图例见表 10-1。

表 10-1　常用建筑材料图例

序号	名　称	图　例	备　注
1	自然土壤		包括各种自然土壤
2	夯实土壤		
3	石材		
4	毛石		
5	普通砖		包括实心砖、多孔砖、砌块等砌体。断面较窄不易绘出图例线时，可涂红，并在图纸备注中加注说明，画出该材料图例
6	饰面砖		包括铺地砖、马赛克、陶瓷锦砖、人造大理石等
7	焦渣、矿渣		包括与水泥、石灰等混合而成的材料

续表

序号	名　称	图　例	备　注
8	混凝土		① 本图例指能承重的混凝土及钢筋混凝土； ② 包括各种强度等级、骨料、添加剂的混凝土； ③ 在剖面图上画出钢筋时，不画图例线； ④ 断面图形小时，不易画出图例线时，可涂黑
9	钢筋混凝土		
10	粉刷材料		

常见总平面图图例如表 10-2 所示。

表 10-2　常见总平面图图例

名　称	图　例	说　明
新建的建筑物	6	① 需要时,可在图形内右上角以点数或数字（高层宜用数字）表示层数； ② 用粗实线表示
围墙及大门		① 上图为砖石、混凝土或金属材料的围墙，下图为镀锌铁丝网、篱笆等围墙； ② 如仅表示围墙时不画大门
新建的道路	6 101.00 R9 150.00	① *R*9 表示道路转变半径为 9m,150 为路面中心标高,6 表示 6% 纵向坡度, 101.00 表示变坡点间距离； ② 图中斜线为道路断面示意，根据实际需要绘制

常用门、窗图例如图 10-16 和图 10-17 所示。

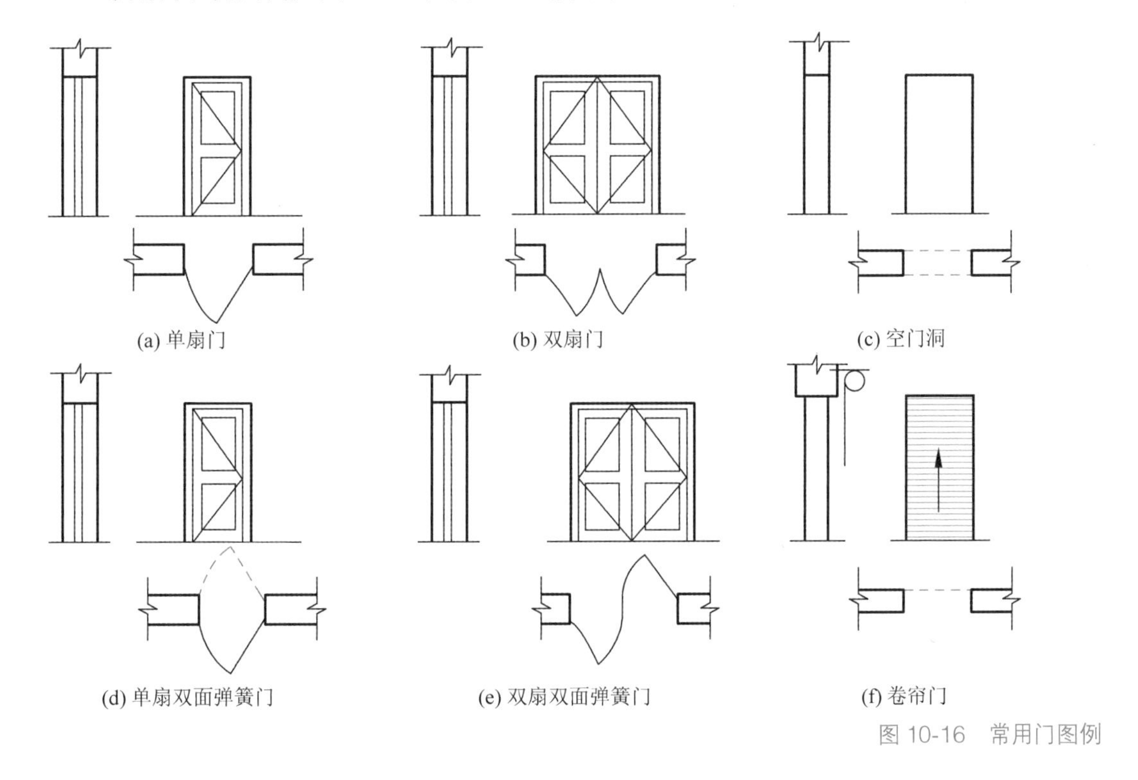

(a) 单扇门　(b) 双扇门　(c) 空门洞　(d) 单扇双面弹簧门　(e) 双扇双面弹簧门　(f) 卷帘门

图 10-16　常用门图例

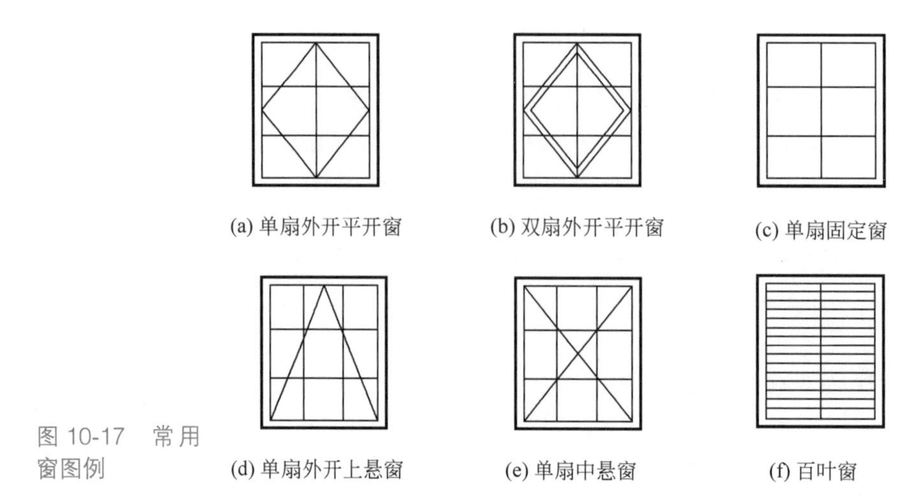

图 10-17 常用窗图例

建筑平面图中其他常用图例如图 10-18 所示。

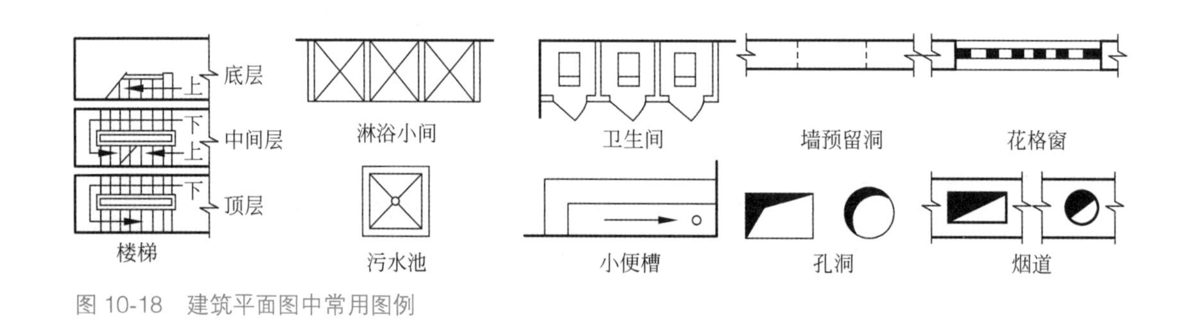

图 10-18 建筑平面图中常用图例

10.2 总平面图

10.2.1 总平面图的形成

对于任何一幢将要建造的房屋，首先要说明该房屋建造在什么地方，周围的环境和原有的建筑物的情况怎样，哪些地方将要绿化，将来还要不要在附近建造其他房屋，该地区的风向和房屋朝向如何。用来说明这些问题的图叫作总平面图，它是将拟建工程四周一定范围内的新建、拟建、原有和将拆除的建筑物、构筑物连同其周围的地形地物状况，用水平投影方法画出的图样。建筑总平面图是新建房屋施工定位、土方施工、设备管网平面布置的依据，也是安排在施工时进入现场的材料和构件、配件堆放场地、构件预制的场地以及运输道路的依据。

10.2.2 总平面图的内容与图示方法

总平面图主要包含以下内容。

1. 新建建筑物的定位

新建建筑物可用坐标系统定位，或根据原有建筑物定位。坐标定位又分为测量坐标定位和建筑坐标定位两种（见图 10-19）。

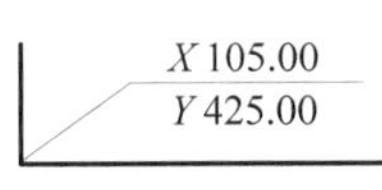

(a) 测量坐标定位

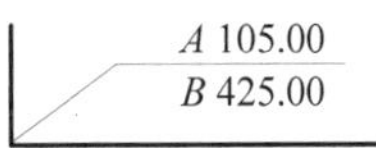

(b) 建筑坐标定位

图 10-19　新建建筑物定位方法

1）测量坐标定位

在地形图上用细实线画成交叉十字线的坐标网，X 为南北方向的轴线，Y 为东西方向的轴线，这样的坐标网称为测量坐标网。

2）建筑坐标定位

建筑坐标一般在新开发区，房屋朝向与测量坐标方向不一致时采用。

2. 标高

在总平面图中，标高以 m 为单位，并保留至小数点后两位。

3. 指北针或风玫瑰图

指北针用来确定新建房屋的朝向。

风向频率玫瑰图简称风玫瑰图，是新建房屋所在地区风向情况的示意图（见图 10-20）。风向频率玫瑰图也能表明房屋和地物的朝向情况。

图 10-20　风向频率玫瑰图

4. 建筑红线

各地方国土管理部门提供给建设单位的地形图为蓝图，在蓝图上用红色笔画定的土地使用范围的线称为建筑红线。任何建筑物在设计和施工中均不能超过此线。

5. 管道布置与绿化规划

管道布置与绿化规划反映建筑周边的市政管网的布置情况，标明整体的场地规划情况及绿化、配置的情况。

6. 附近的地形地物

附近的地形地物包括等高线、道路、围墙、河流、水沟和池塘等与工程有关的内容。

图 10-21 所示为总平面图示例。

10.2.3　总平面图的识读

在识读总平面图时，应注意了解以下内容。

（1）了解新建建筑物的定位。

（2）了解建筑物的总布局：根据规划红线了解拨地范围，各建筑物及构筑物的位置、道路、管网的布置等。

（3）了解建筑物首层地面的绝对标高、室外地坪标高、道路绝对标高，了解土方填挖情况及地面位置。

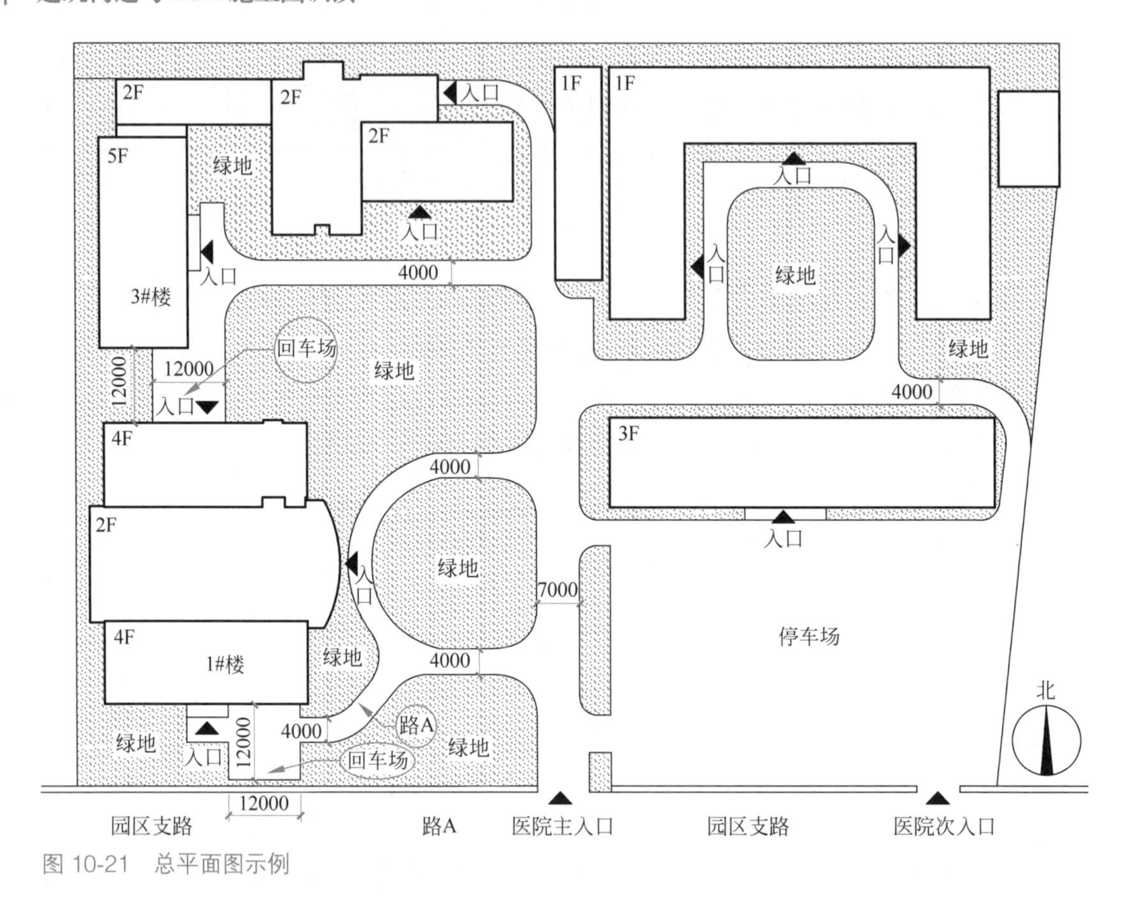

图 10-21 总平面图示例

（4）了解地形地貌，例如坡、坎、坑；了解地物，例如树木、电线干、井、坟等。

（5）了解建筑朝向和建筑物风向。

10.3 建筑平面图

10.3.1 建筑平面图的形成

用假想的水平剖切平面沿着房屋各层略高于窗台位置将房屋切开，移去剖切面以上部分，向下所作的水平剖视图，称为建筑平面图，简称平面图。沿底层窗洞口切开后得到的平面图称为底层平面图，沿二层窗洞口切开后得到的平面图称为二层平面图，依次可以得到三层平面图、四层平面图……当某些楼层平面相同时，可以只画出其中一个平面图，称其为标准层平面图。

房屋屋顶的水平投影图称为屋顶平面图。屋顶平面图主要说明屋顶上建筑构造的平面布置。它包括住宅屋顶上的排烟气道、通风通气孔道的位置，屋面上人孔、女儿墙位置，平屋顶要标出流水坡向、坡度大小、水落管及集水口位置，有的还有前后檐的雨水排水天沟等。不同房屋的屋顶平面图是不相同的，由于屋顶形状、雨水排水方式（内落水或外落水）不同，平面布置也不一样。

建筑平面图主要反映房屋的平面形状、大小和房间布置，墙（或柱）的位置、厚度和材料，门窗的位置、开启方向等。建筑平面图可作为施工放线、砌筑墙柱、门窗安装和室内装修及编制预算的重要依据。

10.3.2　建筑平面图的内容与图示方法

建筑平面图中主要包含以下内容。

（1）表示墙、柱，内外门窗位置及编号，房间的名称或编号，轴线编号。

被剖切到的墙、柱断面轮廓线用粗实线画出，其余可见的轮廓线用中实线或细实线画出，尺寸标注和标高符号均用细实线画出，定位轴线用细单点长画线绘制。砖墙一般不画图例，钢筋混凝土的柱和墙的断面通常涂黑表示。

平面图上所用的门窗都应进行编号。门常用“M1”“M2”或“M-1”“M-2”等表示，窗常用“C1”“C2”或“C-1”“C-2”等表示。在建筑平面图中，定位轴线用来确定房屋的墙、柱、梁等的位置和作为标注定位尺寸的基线。

（2）注出室内外有关尺寸及室内楼、地面的标高。

建筑平面图中的尺寸有外部尺寸和内部尺寸两种。

① 外部尺寸。在水平方向和竖直方向各标注三道，最外一道尺寸标注房屋水平方向的总长、总宽，称为总尺寸；中间一道尺寸标注房屋的开间、进深，称为轴线尺寸（一般情况下两横墙之间的距离称为“开间”；两纵墙之间的距离称为“进深”）；最里边一道尺寸标注房屋外墙的墙段及门窗洞口尺寸，称为细部尺寸。

② 内部尺寸。应标注各房间长、宽方向的净空尺寸，墙厚及轴线的关系，柱子截面，房屋内部门窗洞口、门垛等细部尺寸。

在平面图中所标注的标高均为相对标高。底层室内地面的标高一般用 ±0.000 表示。

（3）表示电梯、楼梯的位置及楼梯的上下行方向。

（4）表示阳台、雨篷、踏步、斜坡、通气竖道、管线竖井、烟囱、消防梯、雨水管、散水、排水沟、花池等位置及尺寸。

（5）画出卫生器具、水池、工作台、橱、柜、隔断及重要设备位置。

（6）表示地下室、地坑、地沟、各种平台、检查孔、墙上留洞、高窗等位置尺寸与标高。对于隐蔽的或者在剖切面以上部位的内容，应以虚线表示。

（7）画出剖面图的剖切符号及编号（一般只标注在底层平面图上）。

（8）标注有关部位上节点详图的索引符号。

（9）在底层平面图附近绘制出指北针。

（10）屋顶平面图一般内容有：女儿墙、檐沟、屋面坡度、分水线与落水口、变形缝、楼梯间、水箱间、天窗、上人孔、消防梯以及其他构筑物、索引符号等。

图 10-22 所示为平面图示例。

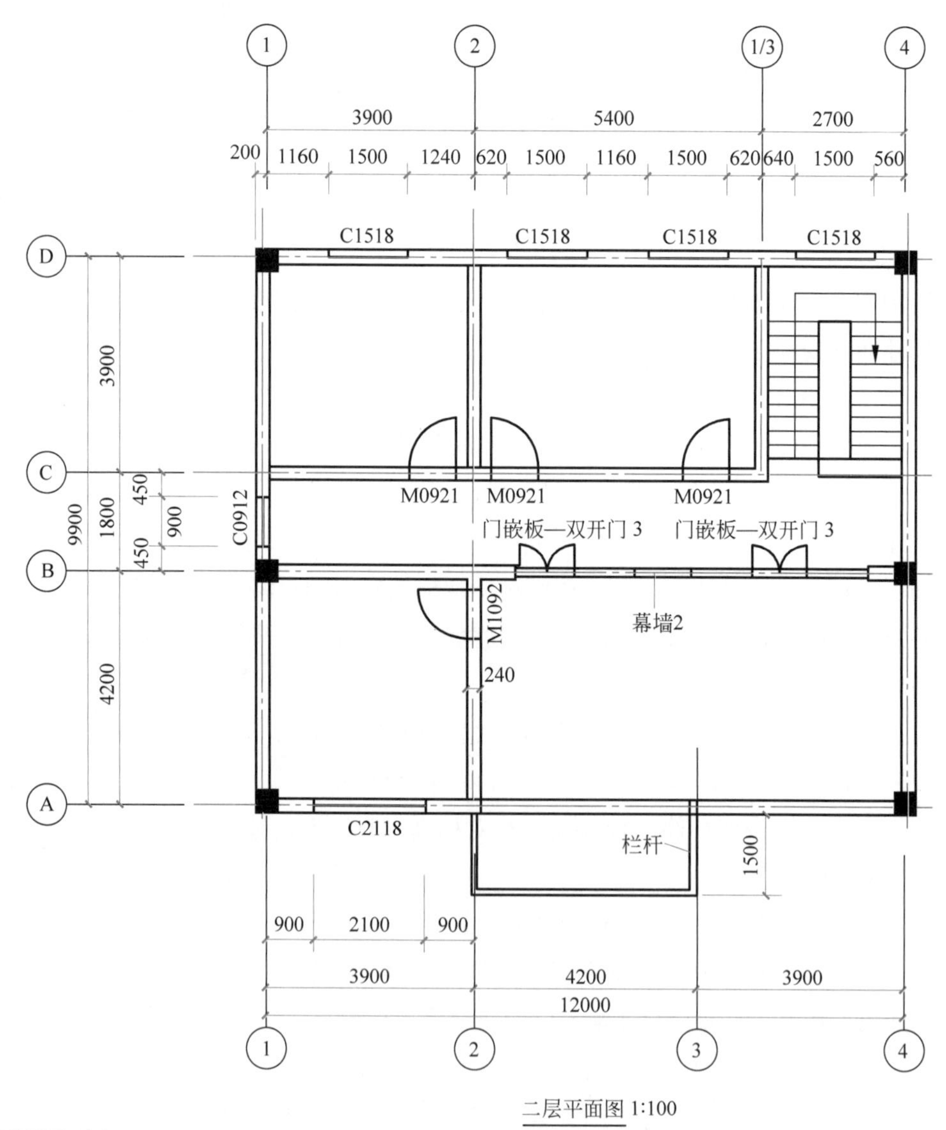

图 10-22 平面图示例

10.3.3　建筑平面图的识读

在识读平面图时需要了解以下内容。

（1）图名和绘图比例。

（2）房间的开间、进深尺寸及标高。

（3）门窗的型号、布置方式以及数量和种类，门窗洞口位置。

（4）房间的细部构造及设备。

（5）详图索引符号。

（6）建筑物的平面形状，房间的位置、形状、大小、用途及相互关系。

（7）纵横定位轴线及编号。

10.4　建筑立面图

10.4.1　建筑立面图的形成

在立面平行的铅直投影面上所作的正投影图称为建筑立面图，简称立面图。

立面图主要反映房屋各部位的高度、外貌和装修要求，是建筑外装修的主要依据。

立面图的命名方式有以下几种（见图 10-23）。

（1）用朝向命名：建筑物的某个立面面向哪个方向，就称为哪个方向的立面图。

（2）按外貌特征命名：将建筑物反映主要出入口或比较显著地反映外貌特征的那一面称为正立面图，其余立面图依次为背立面图、左立面图和右立面图。

（3）用建筑平面图中的首尾轴线命名：按照观察者面向建筑物从左到右的轴线顺序命名。

施工图中这三种命名方式都可使用，但每套施工图只能采用其中的一种方式命名。

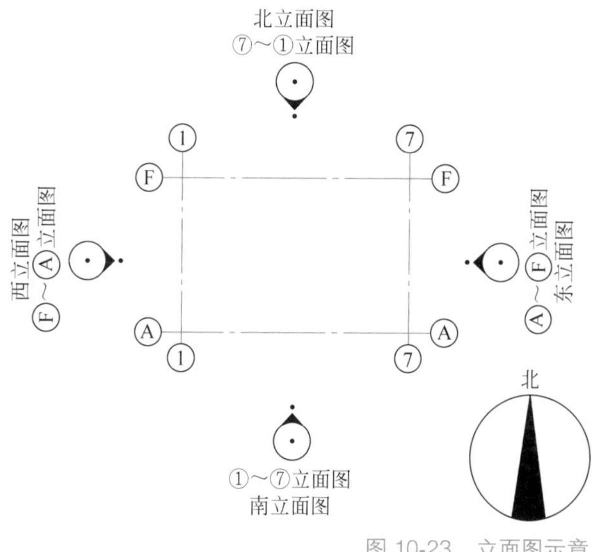

图 10-23　立面图示意

10.4.2 建筑立面图的内容与图示方法

建筑立面图中主要包含以下内容。

1. 建筑物外貌形状、门窗和其他构配件的形状和位置

建筑立面图主要包括室外的地面线、房屋的勒脚、台阶、门窗、阳台、雨篷；室外的楼梯、墙和柱；外墙的预留孔洞、檐口、屋顶、雨水管、墙面修饰构件等。

为使建筑立面图轮廓清晰、层次分明，通常用粗实线表示立面图的最外轮廓线。外形轮廓线以内的细部轮廓，如凸出墙面的雨篷、阳台、柱、窗台、台阶、屋檐的下檐线以及窗洞、门洞等用中粗线画出。其余轮廓如腰线、粉刷线、分格线、落水管以及引出线等均采用细实线画出。地坪线用标准粗度1.2~1.4倍的加粗线画出。

2. 外墙各个主要部位的标高和尺寸

立面图中用标高表示出各主要部位的相对高度，如室内外地面标高、各层楼面标高及檐口标高。相邻两楼面的标高之差即为层高。

立面图中的尺寸是表示建筑物高度方向的尺寸，一般用三道尺寸线表示。最外面一道尺寸线为建筑物的总高。建筑物的总高是从室外地面到檐口女儿墙的高度。中间一道尺寸线为层高，即下一层楼地面到上一层楼面的高度。最里面一道尺寸线为门窗洞口的高度及与楼地面的相对位置。

3. 建筑物两端或分段的轴线和编号

在立面图中，一般只绘制两端的轴线及编号，以便于和平面图对照确定立面图的观看方向。

4. 各个部分的构造、装饰节点详图的索引符号、外墙面的装饰材料和做法

外墙面装修材料及颜色一般用索引符号表示具体做法。

图10-24所示为立面图示例。

10.4.3 建筑立面图的识读

识读建筑立面图时需要注意了解以下内容。

（1）从正立面图上了解该建筑的外貌形状，并与平面图对照深入了解屋面、门窗、雨篷、台阶等细部形状及位置。

（2）从立面图上了解建筑的高度。

（3）了解建筑物的装修做法。

（4）了解立面图上索引符号的意义。

（5）建立建筑物的整体形状。

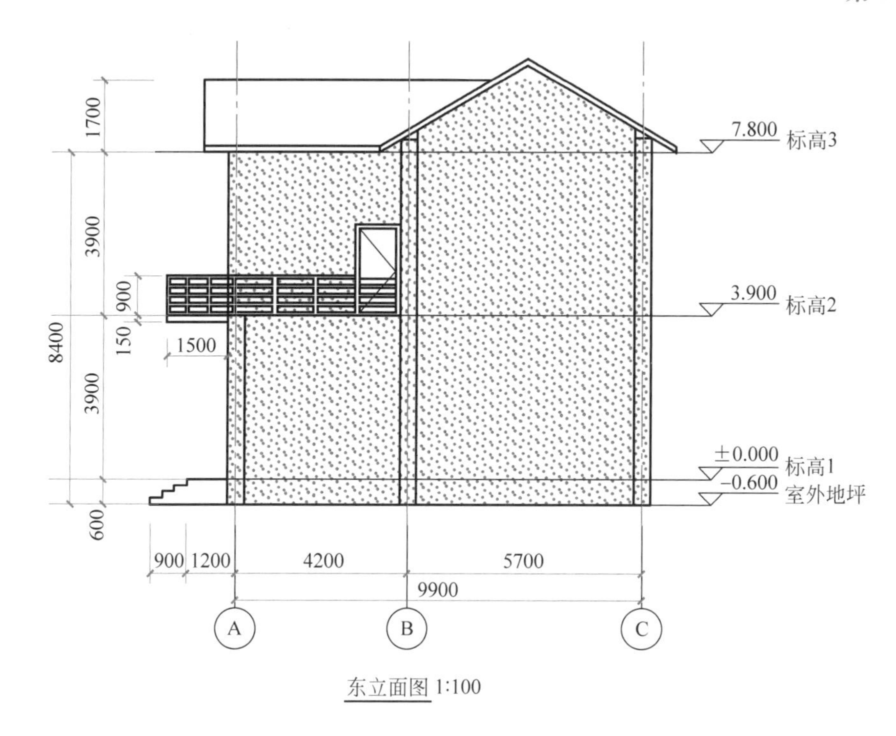

图 10-24 立面图示例

10.5 建筑剖面图

10.5.1 建筑剖面图的形成

假想用一个或一个以上的铅垂剖切平面剖切建筑物，得到的剖面图称为建筑剖面图，简称剖面图。

建筑剖面图用以表示建筑内部的结构构造、垂直方向的分层情况、各层楼地面、屋顶的构造及相关尺寸、标高等。

剖切的位置常取楼梯间、门窗洞口及构造比较复杂的典型部位。

剖面图的数量根据房屋的复杂程度和施工的实际需要而定。

剖面图的名称必须与底层平面图上所标的剖切位置和剖视方向一致。

10.5.2 建筑剖面图的内容与图示方法

建筑剖面图中主要包含以下内容。

1. 构件及其定位轴线

应注出构件及其被剖切到的承重墙的定位轴线及与平面图一致的轴网编号和尺寸。

2. 图名与比例

建筑剖面图的图名一般与其剖切符号相同。

剖面图的比例应与平面图、立面图的比例一致。

在剖面图中一般不画材料图例符号，但应画出楼地面、屋面的面层线。被剖切平面剖切到的墙、梁、板等轮廓线用粗实线表示，没有被剖切到但可见的部分用细实线表示，被剖断的钢筋混凝土梁、板涂黑。

3. 尺寸和高程

在剖面图中，应注出垂直方向上的分段尺寸和标高。

垂直分段尺寸一般分三道。

（1）最外面一道是总高尺寸，表示室外地坪到房屋顶部女儿墙的压顶抹灰完成后的顶面的总高度。

（2）中间一道是层高尺寸，主要表示各层的高度。

（3）最里面一道是门窗洞、窗间墙及勒脚等的高度尺寸。

用高程和竖向尺寸表示建筑物的总高、楼层高、各个楼层地面的高程、室内外地坪高程等。

4. 索引符号

在剖面图中，对于需要另用详图说明的部位或构配件，都应加索引符号，以便于查阅核对。

图 10-25 所示为剖面图示例。

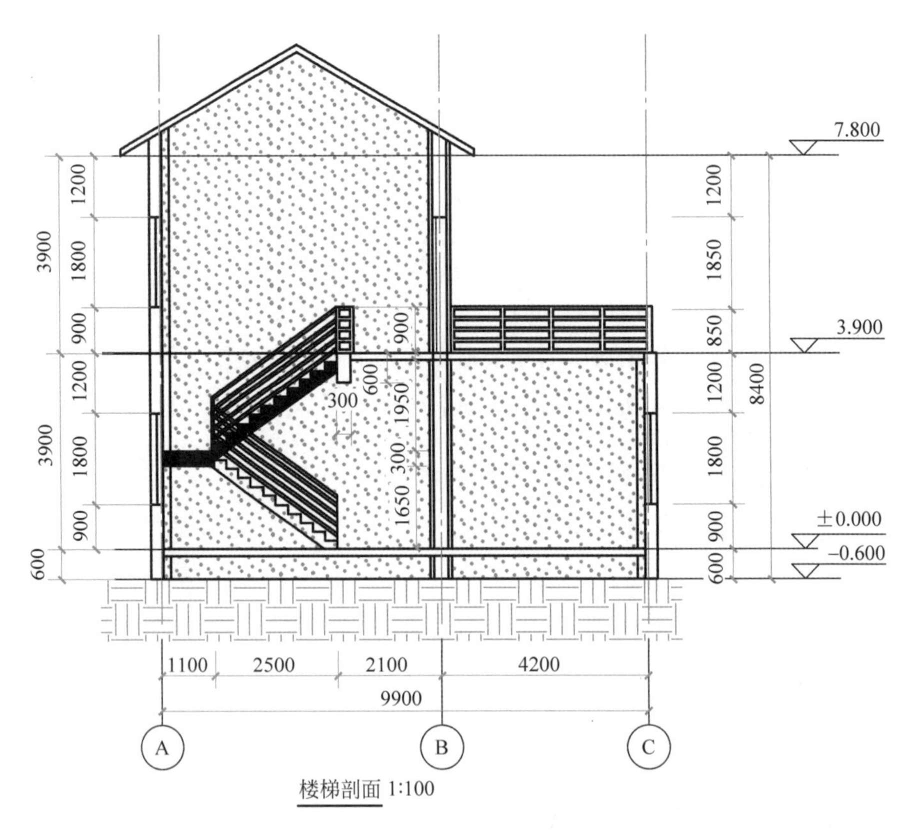

图 10-25 剖面图示例

10.5.3 建筑剖面图的识读

识读建筑剖面图时需要了解以下内容。

（1）图名和比例以及底层平面图上的剖切符号，明确剖面图的剖切位置和投射方向。

（2）建筑物内部的空间组合与布局以及建筑物的分层情况。

（3）建筑物的结构与构造形式，墙、柱等构件之间的相互关系以及建筑材料的做法。

（4）标高和尺寸，特别要注意了解建筑物的层高和楼地面的标高及其他部位的标高和有关尺寸。

（5）屋面的排水方式。

（6）索引详图所在的位置及编号。

10.6 建筑详图

10.6.1 建筑详图的概念

建筑详图是建筑细部的施工图，是对建筑平面、立面、剖面图等基本图样的深化和补充，是建筑工程的细部施工、建筑构配件的制作及编制预算的依据。

建筑详图可分为节点构造详图和构配件详图两类。

表达房屋某一局部构造做法和材料组成的详图称为节点构造详图（如檐口、窗台、勒脚、明沟等）。

表明构配件本身构造的详图称为构件详图或配件详图（如门、窗、楼梯、花格、雨水管等）。

10.6.2 建筑详图的内容与图示方法

房屋施工图通常需绘制以下详图：墙身详图、楼梯详图、门窗详图及室内外构配件的详图。

详图符号如图10-26所示。

5 详图的编号

(a) 详图与被索引图在同一张图纸上

5 详图的编号
2 被索引图纸的图纸编号

(b) 详图与被索引图不在同一张图纸上

图10-26 详图符号

1. 墙身详图

墙身一般用平面节点详图和剖面节点详图表示。

平面节点详图表示墙、柱或构造柱的材料和构造关系。

剖面节点详图的剖切位置一般设在门窗洞口部位。它实际上是建筑剖面图的局部放大图样，主要表示地面、楼面、屋面与墙体的关系，同时也表示排水沟、散水、勒脚、窗台、窗檐、女儿墙、天沟、排水口等位置及构造做法。墙身详图可以从室内外地坪、防潮层处开始一直画到女儿墙压顶。实际工程中，为了节省图纸，通常在门窗洞口处断开，或者重点绘制地坪、中间层、屋面处的几个节点，而将中间层重复使用的节点集中到一个详图中表示。

2. 楼梯详图

楼梯详图一般包括楼梯平面图、楼梯剖面图和楼梯节点详图。

1）楼梯平面图

楼梯平面图是用一假想水平剖切平面在该层往上行的第一个楼梯段中剖切开，移去剖切平面及以上部分，将余下的部分按正投影的原理投射在水平投影面上所得到的图样。因此，楼梯平面图实质上是建筑平面图中楼梯间部分的局部放大。

楼梯平面图必须分层绘制，底层平面图一般剖在上行的第一跑上，因此除表示第一跑的平面外，还能表明楼梯间一层休息平台以下的平面形状。中间相同的几层楼梯同建筑平面图一样，可用一个图来表示，这个图称为标准层平面图。最上面一层平面图称为顶层平面图，所以，楼梯平面图一般包括底层平面图、标准层平面图和顶层平面图。

2）楼梯剖面图

用一假想铅垂剖切平面通过各层的一个楼梯段将楼梯剖切开，向另一未剖切到的楼梯段方向进行投影，所绘制的剖面图称为楼梯剖面图。

楼梯剖面图只需绘制出与楼梯相关的部分，相邻部分可用折断线断开。需要标注层高、平台、梯段、门窗洞口、栏杆高度等竖向尺寸，并应标注出室内外地坪、平台、平台梁底面的标高。水平方向需要标注定位轴线及编号、轴线间尺寸、平台、梯段尺寸等。梯段尺寸一般用“踏步宽（高）× 级数 = 梯段宽（高）”的形式表示。

3）楼梯节点详图

楼梯节点详图一般包括踏步作法详图、栏杆立面作法以及梯段连接、与扶手连接的详图、扶手断面详图等。这些详图是为了弥补楼梯间平、剖面图表达上的不足，而进一步表明楼梯各部位的细部作法。因此，一般采用较大的比例绘制，如1∶1、1∶2、1∶5、1∶10、1∶20等。

3. 门窗详图

门窗详图一般都有预先绘制好的各种不同规格的标准图，只要施工图中已说明该图所在标准图集中的编号，就可不再另画详图。如果没有标准图，就一定要绘制出详图。门窗详图通常由立面图、节点详图、断面图及技术说明等组成，在节点详图和断面图中，门窗料的断面一般应加上材料图例。

10.7　房屋建筑施工图的识读

10.7.1　施工图的识读方法

1. 总揽全局

识读施工图前，先阅读建筑施工图，建立起建筑物的轮廓概念，了解和明确建筑施工图平面、立面、剖面的情况。在此基础上，阅读结构施工图目录，对图样数量和类型做到心中有数。阅读结构设计说明，了解工程概况及所采用的标准图等。粗读结构平面图，了解构件类型、数量和位置。

2. 循序渐进

根据投影关系、构造特点和图纸顺序，从前往后、从上往下、从左往右、由外向内、由大到小、由粗到细反复阅读。

3. 相互对照

识读施工图时，应当图样与说明对照看，建施图、结施图、设施图对照看，基本图与详图对照看。

4. 重点细读

以不同工种身份，有重点地细读施工图，掌握施工必需的重要信息。

10.7.2　施工图的识读步骤

识读施工图的一般步骤如下。

1. 阅读图纸目录

对照目录检查全套图纸是否齐全，标准图是否配齐，图纸有无缺损。

2. 阅读设计总说明

了解本工程的名称、建筑规模、工程性质以及采用的材料和特殊要求等，对本工程有完整的了解。

3. 通读图纸

按建施图、结施图、设施图的顺序对图纸进行初步阅读，也可根据技术分工的不同进行分读。读图时，按照先整体后局部、先文字说明后图样、先图形后尺寸的顺序进行。

4. 精读图纸

在对图纸分类的基础上，对图纸及该图的剖面图、详图进行对照、精细阅读，对图样上的每个线面、每个尺寸都务必认清看懂，并掌握它与其他图的关系。

本章小结

1. 建筑施工图主要由建筑设计说明、建筑总平面图、平面图、立面图、剖面图以及建筑详图组成。此外，总说明、图纸清单也是建筑施工图的重要内容，在识图时需要结合以上内容及标准图集读取图纸中的设计信息。

2. 为保证识图准确性及高效性，识图时一般遵循先总体、后局部，先初读、后细看的原则。

课后习题

1. 房屋建筑施工图的图示特点有哪些?
2. 建筑剖面图的用途有哪些?
3. 建筑立面图的命名方式有哪些?
4. 如何进行建筑详图的识读?

第 11 章　BIM 施工图设计与识读

目前 BIM 技术已得到许多建设单位、施工单位、设计单位的青睐，国家也发布了许多关于推动 BIM 技术应用的政策。毫无疑问，BIM 技术是建筑行业发展的必然趋势；而作为 BIM 技术应用的基础——BIM 信息模型直接影响到 BIM 在应用过程中的价值。

案例资料下载

本章将以模型创建的方法和基于模型的出图来讲解建筑 BIM 施工图的创建和识读方法。建模软件选择 BIM 主流建模软件 Revit，以建模的流程和建模的注意事项为主，详细讲解建模操作。

11.1　基于 BIM 的建筑施工图表达

BIM 即建筑信息模型（Building Information Modeling）。而随着对 BIM 的不断理解，BIM 可延伸为建筑信息化管理（Building Information Management），即以建筑工程项目的各项相关信息数据作为基础，管理三维建筑模型，通过数字信息仿真模拟建筑物所具有的真实信息。

11.1.1　BIM 施工图设计的特点

BIM 不再像 CAD 一样只是一款软件，而是一种管理手段，是实现建筑业精细化、信息化管理的重要工具，BIM 施工图也不再局限于构件的二维平面表达，而是包含了构件的参数信息，便于项目的全生命周期管理。基于 BIM 模型的施工图具有以下特点。

微课：BIM 是什么

1. 动态设计

设计不再是平面设计，而是三维模型的设计，并且模型的平面、立面、剖面以及构件明细表为统一的整体，一处修改处处更新，避免设计中较多的图纸错误问题。

2. 可视化

三维设计能直观地展示建筑物的实际情况，并根据需要对模型进行不同程度的渲染。复杂节点可用三维形式进行表达，准确反映设计师的设计意图，减少因操作人员识读能力参差不齐造成对图纸的理解误差。

3. 参数化

设计成果不再是二维线框，也不局限于模型，模型中的构件均包含了特有的参数，根据需要可提取构件的参数信息（如：材质、尺寸、作法、厂商、成本），通过参数数据管理设计模型，实现建筑行业的大数据管理。

4. 协同设计

不同专业的设计师基于同一平台工作，在整个设计过程中不断完善和维护模型，减少专业间的碰撞问题，减少后期因设计不合理引起的工程变更。

11.1.2 BIM 模型设计工具

市面上的 BIM 建模软件较多，不同软件的应用侧重方向有所不同，常用设计建模的软件功能对比如表 11-1 所示。

表 11-1 常用设计建模的软件功能对比

常用软件	初步概念 BIM 建模	可适应性 BIM 建模	表现渲染 BIM 建模	施工级别 BIM 建模	综合协作 BIM 建模
Affinity	•				
Allplan Architecture	•	•	•		•
Allplan Engineering		•		•	•
ArchiCAD	•	•	•	•	•
Bentley Architecture	•	•	•	•	•
CATIA	•	•		•	•
DDS-CAD		•	•	•	•
Digital Project	•	•	•	•	•
Eagle Point Suite		•			•
IES Suite	•		•		
Innovaya Suite	•	•	•		•
Lumion	•		•		
MagiCAD	•	•		•	•
MicroStation	•	•	•	•	•
PKPM	•	•	•	•	•
Revit	•	•	•	•	•
Sketch UP Pro	•		•		
Vectorworks Suite	•	•	•		•
鸿业 BIM 系列	•	•		•	•
斯维尔系列	•	•		•	•
天正系列	•	•	•	•	•

目前，应用最多的 BIM 建模软件是 Autodesk 公司研发的 Revit 软件。Revit 软件能够在同一平台上完成建筑、结构、给排水、暖通、电气专业的建模与施工图设计。此外，与传统 AutoCAD 一样，Revit 也提供一个开放的平台，预留 API 接口，供更多的合作伙伴基于平台进行二次开发，研发更便捷建模、模型深化、工程算量等解决方案，提高设计师的工作效率，例如 isBIM 模术师、isBIM 算量等，如图 11-1 所示。

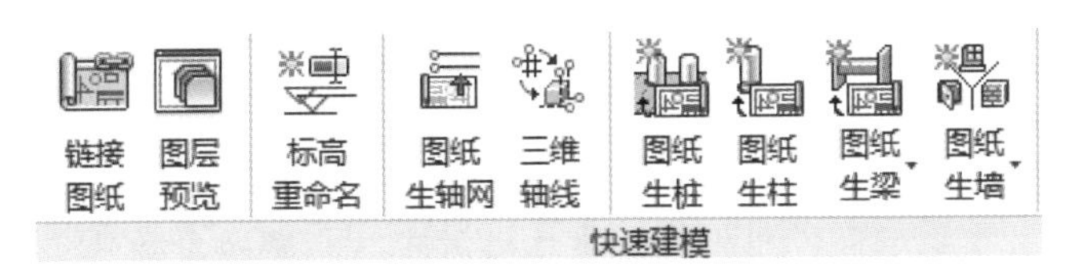

图 11-1 模术师快速建模与出图

3d max、草图大师等三维建模软件也能建立三维模型，但其缺少相关的建筑信息，可作为建筑设计表现辅助软件。

11.2 BIM 模型设计

11.2.1 模型创建准备

1. 常用术语

微课：项目样板

Revit 是一款参数化设计软件，在该软件中常常提到一些专业术语，例如项目、项目样板、族、族样板、类型属性、实例属性等，接下来对常用术语的含义进行简单说明。

1）项目与项目样板

项目是 Revit 中建模的最终成果，建筑项目包含标高、轴网、墙体、门窗等全部构件，文件格式为 RVT。

项目样板提供创建项目的初始状态，不同样板包含了不同的设计规范，并载入了不同的族文件，如结构样板中载入了钢筋形状，可直接使用，而建筑样板中如需使用钢筋则需要从族库中手动载入。项目样板的格式为 RTE。

创建新的项目需要基于项目样板才能创建，系统自带的项目样板如图 11-2 所示。

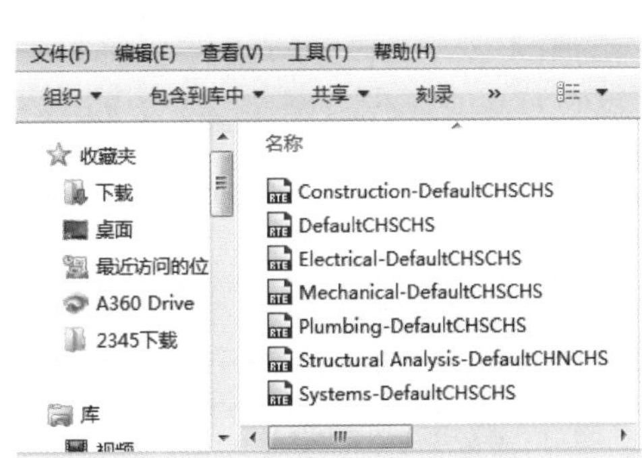

图 11-2 默认项目样板

2）族与族样板

族是项目中的基本组成单元，一般可以分为模型类、基准类、视图类三个类别，如图 11-3 所示。

模型类族主要是项目中的三维构件，包括

系统族（墙、楼板、屋顶）、可载入族（门窗、家具）以及内建族（某项目特有的构件）；基准类族是项目定位的辅助工具，例如，标高用于控制项目的层高，轴网用于定位构件平面的位置关系，参照平面可作为某些构件的放置面；视图类族主要是一些二维表达符号，例如项目中的注释符号、详图符号等。

族样板是创建族的初始状态，在创建建筑构建族时，选择适当的样板能提高建模的效率，并对族的类别进行自动分类。

3）类型属性与实例属性

构件的参数在项目中均以属性来体现，包含类型属性和实例属性。

类型属性是控制同类构件的参数。修改参数值，所有同类型（名称）的图元均发生改变，如门窗的尺寸。类型属性通过编辑构件的类型修改。

实例属性又叫图元属性，是控制当前图元的参数。修改参数值，只改变当前图元的属性，如门窗的底高度。同一个类型可以包含多个实例，实例属性一般在属性栏直接修改。

微课：Revit 界面及基本操作

2. 软件界面

Revit 的界面主要包含应用程序菜单、选项卡与工具栏、视图控制栏、快速访问栏、属性栏、项目浏览器以及信息中心等，用户界面如图 11-4 所示。在建模时，属性栏主要用于编辑和修改构件的参数，项目浏览器主要用于切换视图。可参照视频学习软件界面的知识。

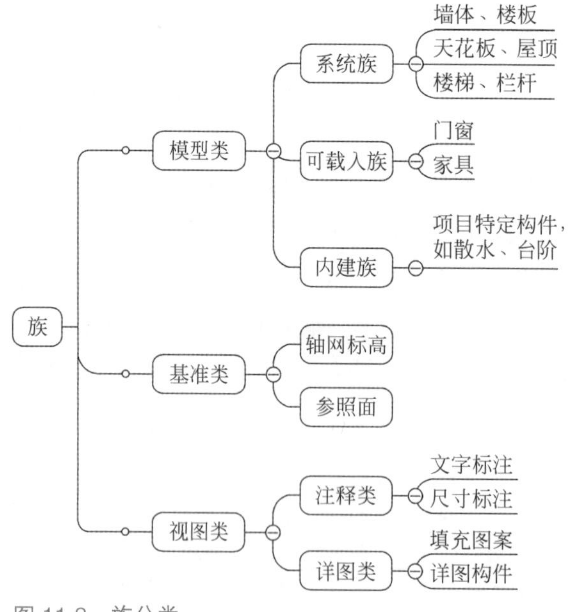

图 11-3 族分类

图 11-4 用户界面

11.2.2　标高轴网

微课：标高轴网的类型创建及绘制

标高是建筑立面尺寸的定位线，在 Revit 中标高也是平面视图的生成依据，没有标高就无法生成平面视图。

轴网是建筑物平面定位参照，Revit 中的轴网在各个视图中是关联的整体，当前平面绘制的轴网在其他平面和立面、剖面中都会显示。

标高轴网如图 11-5 所示。

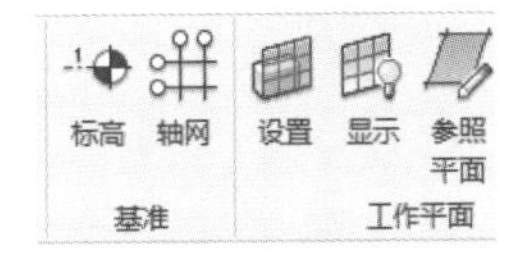

图 11-5　标高轴网

标高轴网学习重点如下。

（1）创建标高：通过标高工具在立面创建标高（快捷键：LL）。

（2）创建轴网：通过轴网工具在楼层平面创建轴网（快捷键：GR）。

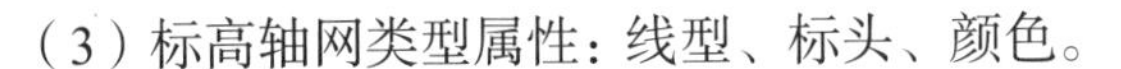

（3）标高轴网类型属性：线型、标头、颜色。

（4）标高轴网实例属性：2d/3d、折断、影响范围、尺寸调整。

（5）平面视图创建：复制标高、阵列标高、创建楼层平面。

11.2.3　柱设计

微课：结构柱创建

在 Revit 中柱分为建筑柱、结构柱，建筑柱主要用于创建项目中柱子的建筑装饰部分，结构柱用来创建结构受力部分，常将结构柱置于建筑柱内部。在 Revit 中柱创建工具如图 11-6 所示。

图 11-6　柱创建工具

柱设计学习重点如下。

（1）族类型：载入建筑柱与结构柱族文件。

（2）柱属性：柱的名称、材质设置方法。

（3）柱放置方式：高度、深度。

（4）柱定位：顶部与底部限制条件、偏移量。

（5）结构柱放置：斜柱的放置、在轴网处放置、在建筑柱处放置。

11.2.4　墙体设计

与柱一样，墙体也分为建筑墙和结构墙，Revit 系统默认提供三种墙族，分别为：基本墙、叠层墙、幕墙。基于这三种墙能创建更多满足项目需要的墙体。墙体创建工具如图 11-7 所示。

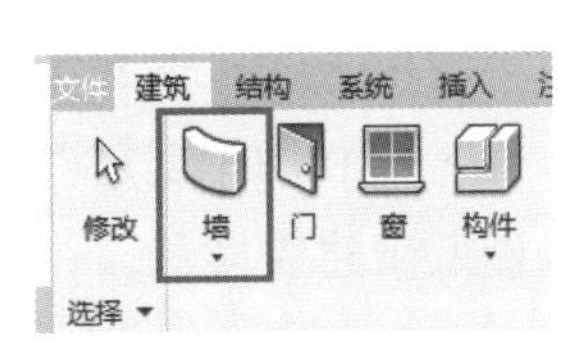

图 11–7　墙体创建工具

微课：墙体类型创建

微课：墙体创建

微课：复杂墙体创建

墙体设计学习重点如下。

（1）墙体的类型：设置墙类型名称、设置墙体的功能、墙体结构层编辑（材质、厚度）。

（2）创建墙体：墙体顶部底部约束条件、墙体定位线、绘制墙体。

（3）墙体修改：编辑轮廓、墙体的拆分、墙连接。

（4）墙体细节：墙饰条、分割缝。

11.2.5 门窗幕墙设计

门窗是建筑物中的重要组成部分，在 Revit 中提供了多种类型的门窗。幕墙和门窗共同起到采光的作用，合理设置幕墙可使建筑物更美观。需要注意，在 Revit 中门窗只能基于墙体进行放置。门窗创建工具如图 11-8 所示。

图 11-8 门窗创建工具

微课：门窗类型创建

微课：门窗放置

微课：幕墙创建

门窗幕墙设计学习重点如下。

（1）门窗族选择：载入合适的族。

（2）门窗族类型：复制创建类型、编辑材质、编辑尺寸、添加类型标记。

（3）放置门窗：门窗的高度、使用临时尺寸标注定位、门窗的翻转、门窗标记。

（4）幕墙的类型：新建类型、编辑幕墙网格及竖挺、幕墙嵌板、自动嵌入墙体。

（5）幕墙实例：手动添加网格及竖梃、竖梃结合与打断、替换门窗嵌板。

微课：楼板创建

11.2.6 楼板与屋顶设计

微课：屋顶创建

楼板是创建建筑物底层地面、楼面的工具。建筑楼板一般用于创建楼板的找平、保温以及地砖等面层，用于装饰设计；结构楼板用于创建楼板结构层，可作为分析面并可以进行配筋。结构楼板低于建筑楼板，在建模要求不高时可合二为一。楼板创建工具如图 11-9 所示。

楼板与屋顶设计学习重点如下。

（1）楼板类型：类型名称的设置、结构层材质厚度设置、楼板功能设置。

（2）绘制楼板：楼板放置的标高及偏移量设置、楼板编辑轮廓。

（3）楼板开洞：编辑轮廓、竖井的使用。

（4）屋顶：屋顶的类型、迹线屋顶的编辑线、坡度设置、材质及厚度设置。

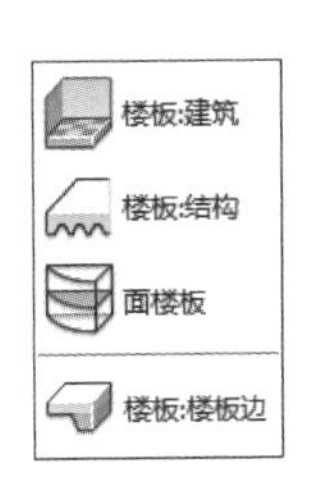

图 11-9　楼板创建工具

11.2.7　楼梯设计

楼梯是建筑物中的垂直交通设施，Revit 提供了两种创建楼梯的工具，分别为按构件、按草图，如图 11-10 所示。在创建楼梯时，随着样板的不同，会提供不同的楼梯系统族，一般包括现场浇筑、组合楼梯、预浇筑楼梯等。

微课：按草图创建楼梯

微课：按构件创建楼梯

微课：创建楼梯扶手

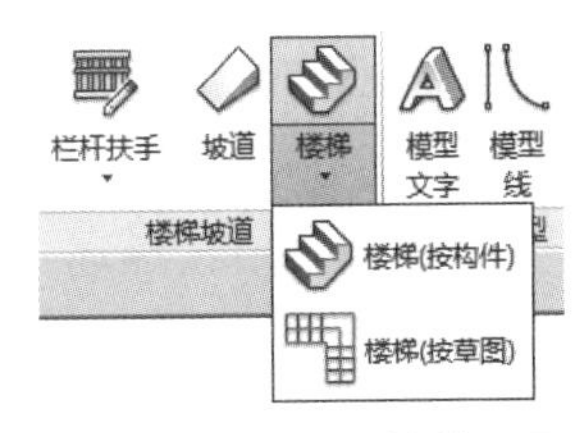

图 11-10　楼梯工具

楼梯设计学习重点如下。

（1）楼梯创建工具的选择：按草图，通过编辑踏步与踢面草图生成楼梯，踏步的形状和尺寸可以不同；按构件，根据梯段、平台组合生成楼梯，用于创建复杂形式的楼梯，如交叉楼梯。

（2）楼梯限制条件（约束）：底部、顶部限制条件及偏移量。

（3）踏面与踢面：最小踏面深度与实际踏面深度、最小梯段宽度与实际梯段宽度、最大踢面高度与实际踢面高度。

（4）支撑：左侧支撑、右侧支撑、中部支撑。

（5）梯段类型：梯段材质、踢面和踏面的材质与尺寸、平台材质与尺寸。

（6）栏杆的编辑：类型编辑、路径编辑。

11.2.8　细节设计

散水、女儿墙压顶、墙体装饰、室外台阶、雨篷等构件也是建筑物的组成部分，Revit 为这些构件提供了灵活的解决方案，供设计师选择，包括内建模型、玻璃斜窗、面墙、楼板边缘、墙饰条等。

微课：细节设计

细节设计学习重点如下。

（1）轮廓族：轮廓族样板、创建与保存轮廓。

（2）墙饰条：按类型创建、单个创建、轮廓族的载入与使用方法。

（3）楼板边缘：楼板边缘的轮廓、楼板边缘的材质、楼板边缘的创建方式。

（4）玻璃斜窗：玻璃斜窗类型、网格线与竖梃的设置、对正设置、创建玻璃斜窗。

11.3 基于模型的图纸创建

BIM 模型设计完成后，出图就很容易了，只需要在图纸中进行提取便可快速创建图纸。基于模型的图纸是一个动态的整体，修改模型，相应的视图也随之变化，能保证图纸的准确性。

微课：平立面图纸创建

11.3.1 平面图、立面图布图

平面图与立面图可根据建模时的楼层平面、立面视图来创建，也可通过视图选项卡中相关的命令来创建。创建平面、立面视图工具如图 11-11 所示。

创建平立面图纸的流程及注意事项如下。

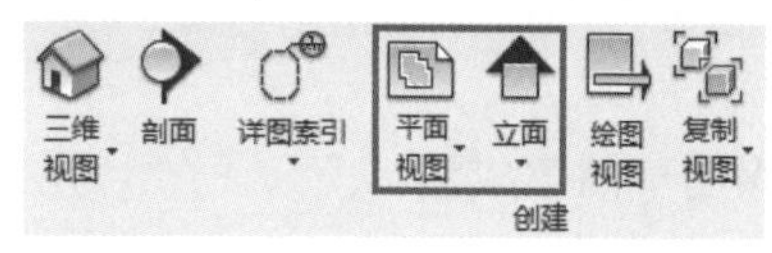

图 11-11 创建平面、立面视图工具

（1）图纸视图的创建：复制原有视图创建图纸视图（复制、带细节复制）、通过“视图”工具创建。

（2）图纸的标注：高程标注、尺寸标注、门窗标记、文字注释。

（3）布图：图纸幅面选择、关联图纸视图、视图比例、图纸信息添加。

（4）构件显示：隐藏图元、可见性替换（线型替换、截面替换、投影替换）。

微课：剖面图、详图创建

11.3.2 剖面图、详图布图

Revit 提供了详图创建功能，包括创建楼梯详图、节点详图等。对于项目中的详图，可基于创建的模型添加详图索引，快速生成详图；剖面图与详图相似，在需要剖切的位置绘制剖切符号，可自动生成剖面视图。剖面与详图索引工具如图 11-12 所示。

图 11-12 剖面与详图索引工具

剖面图与详图布图注意事项如下。

（1）创建剖面：剖面工具、剖切范围、剖切方向、剖面标注。

（2）创建详图：详图索引（矩形、草图）、详图编号、详图比例、详图符号。

（3）注释与标注：尺寸标注、材质标记、文字注释。

（4）布图：图纸幅面、图纸组合、激活视图修改。

11.3.3 局部三维布图

微课：三维布图创建

与二维图纸相比，三维图纸更加直观，易于理解，二维图纸难以表达清楚的节点可用三维视图进行展示，三维视图与二维图纸结合可以准确表达设计师的设计意图。

在用三维模型出图时，三维视图一般包括节点轴测图、整体效果图、分层局部图等。

三维视图出图流程及注意事项如下。

（1）创建三维视图：复制已有视图（轴侧图）、通过相机创建（透视图）、剖面框的设置、定向到视图。

（2）视图的显示：着色设置、背景及光线设置。

（3）图纸组合：添加到图纸。

11.3.4 明细表布图

微课：明细表创建

明细表可统计项目中构件的相关信息，如构件的名称、编号、尺寸、材质等。由于 Revit 设计实时更新，修改构件，明细表也会发生联动改变，修改明细表,模型中对应的构件也会发生改变。明细表工具如图 11-13 所示。

明细表创建需注意以下几点。

（1）创建明细表：通过视图选项卡创建、通过项目浏览器创建。

（2）明细表字段编辑：添加字段、删除字段、字段的排序。

（3）明细表编辑：过滤、逐个列举每项实例、排序规则设置、明细表格式、总计。

（4）明细表拓展：计算值的使用、成组与解组、字段修改。

（5）明细表布图：添加至图纸、打断与合并明细表。

图 11-13　明细表工具

11.4 基于模型的图纸导出

11.4.1 图纸导出

微课：文件导出

项目中的图纸可输出为其他的文件格式，包括 CAD 格式、FBX 文件、IFC 文件等。CAD 中最常用的是 DWG 格式文件，也是传统设计图纸的文件格式，在输出时需注意对图层的设置。FBX 与 IFC 是国际标准模型交互文件格式，可将模型导入其他软件中进行信息的传递。一般在导出

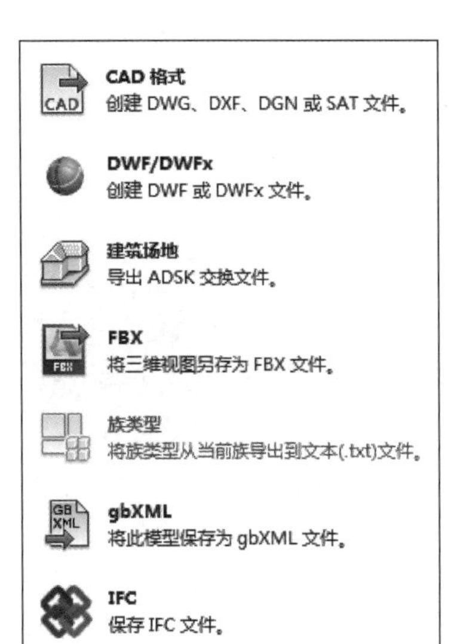

图 11-14　图纸导出

图纸时选择导出为 DWG 格式。图纸导出如图 11-14 所示。

图纸导出的流程及注意事项包括以下几点。

（1）导出格式选择：应用程序菜单→导出→ CAD 格式→ DWG。

（2）导出设置：新建图纸集、颜色线条、图层的设置。

（3）保存设置：名称设置、保存路径设置、是否作为外部参照。

11.4.2　图纸打印

图纸打印可将项目中的图纸输出到打印机进行出图，同时能将多张图纸输出为 PDF 文件，在输出 PDF 格式前，需确保计算机安装了 PDF 阅读器或相关的编辑器，例如 Adobe、福昕阅读器等，否则导出时没有 PDF 相关的打印机选项。

微课：图纸打印

导出时需要注意以下几点。

（1）打印设置：打印机、打印图纸或图纸集、图纸或图集的合并。

（2）打印保存：保存的文件位置、保存文件名称、查看打印文件。

（3）注意事项：临时隐藏隔离的处理。

11.5　BIM 建筑施工图

11.5.1　BIM 建筑施工图的内容

BIM 建筑施工图是基于建筑信息模型而创建的施工图，图纸内容不仅包括传统的二维平面图纸，还包括 BIM 模型、分析报告、漫游动画、使用说明等内容，BIM 建筑施工图的交付内容如表 11-2 所示。

表 11-2　BIM 建筑施工图的交付内容

<table>
<tr><th>阶　段</th><th>BIM 设计图纸成果</th><th>成果格式或形式</th><th>备　注</th></tr>
<tr><td rowspan="3">施工图设计阶段</td><td>施工图设计全套图纸：纸质版</td><td>纸质图纸</td><td rowspan="2">① 除使用 BIM 设计完成的传统平面、立面、剖面图纸以及详图外，还包括建筑整体图纸、局部三维图纸，协助施工单位理解设计意图；
② 按设计进度时间节点交付</td></tr>
<tr><td>施工图设计全套图纸：电子版</td><td>PDF、DWG 等格式</td></tr>
<tr><td>BIM 碰撞检查、综合排布等优化分析报告：电子版</td><td>XML、PDF 等格式</td><td>① 基于 BIM 模型完成的碰撞检查、管线综合排布等核查与优化报告，其中包含有关模型构件的位置信息、问题描述、优化解决方案等；
② 设计图纸交付后 3 周内交付</td></tr>
</table>

续表

阶　段	BIM 设计图纸成果	成果格式或形式	备　　注
施工图设计阶段	施工图设计 BIM 模型：电子版	NWC、NWF、NWD、DWF、DWFX 等格式	① 包含构件的名称、编号或型号、几何尺寸、位置、材质、流量、电压、功率等主要机电参数信息的土建及机电专业轻量化 BIM 模型； ② 基于此模型的全专业碰撞检查、多模型集成浏览、设计审核与协调、数据信息查询与传递； ③ 设计图纸交付后 4 周内交付
	BIM 设计模型空间漫游：电子版	AVI、MP4 等格式	① 基于 BIM 模型成果完成的主管廊、机房等重点空间的预设漫游路径模拟视频； ② 用于协助业主项目招投标、项目介绍、方案对比等工作必要的项目展示； ③ 设计图纸交付后 3 周内交付
	BIM 模型等成果使用说明	PDF 格式	① 针对 BIM 模型、漫游模拟、碰撞报告、设计图纸等电子版 BIM 设计成果的使用说明文件； ② 设计图纸交付后 3 周内交付

由表 11-2 可以看出，BIM 建筑施工图的内容远比传统图纸丰富。BIM 模型设计是全专业协同设计，深化后的施工图错、漏、碰、缺的现象少，减少了工程变更，同时也便于对建筑进行信息化管理。

11.5.2　BIM 建筑施工图的制作方法

BIM 建筑施工图包含的信息量大，基本能实现建筑的“三—二—三”（即三维设计到二维图纸，再由图纸建造三维实体建筑物）的生产模式，因此对 BIM 建筑施工图的要求也更高。BIM 建筑施工图中，除了出图的图纸外，还包含了较多的详图；创建详图时，应在保证模型间关联性的前提下，降低图纸的复杂程度。

BIM 建筑施工图包含构件的几何信息和非几何信息，几何信息主要指构件的尺寸、形状、定位等，非几何信息包含材质、厂商、工艺流程等。为规范 BIM 建模和出图标准，建模时常采用 LOD（Level of Detail）来衡量模型深度等级，将建模的深度分为 LOD100~LOD500 五个级别，不同阶段的图纸对应不同的模型深度，如表 11-3 所示。

表 11-3 BIM 模型深度

等 级	使用阶段	描 述
LOD100	方案设计阶段	具备基本形状、粗略的尺寸，包括非几何数据，仅表示线、面积、位置
LOD200	初步设计阶段	近似几何尺寸、形状和方向，能够反映物体本身大致的几何特性。主要外观尺寸不得变更，细部尺寸可调整，构件应包含几何尺寸、材质、产品信息等
LOD300	施工图设计阶段	物体主要组成部分必须在几何上表述准确，能够反映物体的实际外形，保证不会在施工模拟和碰撞检查中产生错误判断，构件应包含几何尺寸、材质、产品信息等。模型包含的信息量与施工图设计时 CAD 图纸上的信息量保持一致
LOD400	施工阶段	详细的模型实体，最终确定模型尺寸，能够根据模型进行构件的加工制造，除包含几何尺寸、材质、产品信息外，还应附加模型的施工信息，包含生产、运输、安装等方面
LOD500	竣工验收阶段	除了最终确定的模型尺寸外，还包括其他竣工资料提交时所需的信息，如工艺设备的技术参数、产品说明书、操作手册、保养及维修手册、售后信息等

不同的设计阶段，模型的设计深度不同，在施工图设计阶段，模型设计深度应为 LOD300~LOD400，相应的几何参数与非几何参数信息可参考表 11-4 和表 11-5 中的内容。

表 11-4 BIM 建筑施工图几何参数信息设计

序号	几何参数信息
1	场地边界（建筑红线、高程、项目正北）、地形、建筑地坪、道路等
2	周边建筑体量（永久性建筑、拟建建筑、临时建筑等）的位置、形状、尺寸等
3	建筑楼层、高度、基本分割构件、建筑面积等
4	标高与轴网
5	内部空间
6	楼地面、柱、墙体、幕墙、门窗、楼梯、坡道、电梯、管井、天花吊顶等主体建筑内的构件几何尺寸、定位信息
7	卫浴、家具、厨房设施等主要建筑设施的几何尺寸、定位信息
8	栏杆、扶手、装饰、功能性构件等主要细节的几何尺寸、定位信息
9	面积、高度、距离、位置等主要技术经济指标的基础数据
10	构造柱、过梁、圈梁、基础、排水沟、散水、集水坑等主体建筑构件的深化几何尺寸、定位信息
11	卫浴、厨房等主要建筑设施的深化几何尺寸、定位信息
12	材料位置、分割形式、铺装与划分主要装饰的深化
13	主要构造深化
14	隐蔽工程、预留孔洞的尺寸与位置
15	细化建筑经济技术指标的基础数据

表 11-5　BIM 建筑施工图非几何参数信息设计

序号	非几何参数信息
1	场地：地理位置、项目基本信息
2	建筑总面积、占地面积、建筑层数、建筑等级、容积率、建筑覆盖率、绿化率等主要技术经济指标
3	建筑类别与等级：防火类别、防火等级、人防类别、人防等级、防水、防潮等基础数据
4	建筑房间与空间功能、使用人数、其他参数要求
5	防火设计：防火等级、防火分区、各相关构件材料与防火要求
6	节能设计：材料选择、物理性能、材质、等级、构造、工艺
7	无障碍设计：设施材质、物料性能、参数指标要求
8	人防设计：设施材质、型号、参数指标要求
9	门窗幕墙：物理性能、材质、等级、构造、工艺
10	电梯设备：设计参数、材质、构造、设计参数
11	安全、防护、防盗设施：设计参数、材质、构造、工艺要求
12	室内外用料说明：对采用新技术、新材料的做法和说明，特殊建筑物做必要的构造说明
13	需要专业公司对设计部分进行设计深化，对分包单位说明设计要求、确定技术接口深度

表 11-5 是施工图设计时需要进行深化设计的内容，在 Revit 中构件信息都以参数化族来承载，构件的信息可用明细表进行统计分析。目前没有详细的 BIM 建筑施工图制图标准，出图时的线框、字体、图例符号以及其他要求可参考二维出图规范进行创建。

11.5.3　BIM 建筑施工图的识读

BIM 二维施工图识读与传统的施工图识读流程相似，包括总平面图、平面图、剖面图、立面图、详图的识读；BIM 模型识读需结合二维构件参数进行查看，例如查看项目中某一窗户的信息，可在项目中选择该窗户，在属性栏显示窗户的实例属性参数，如图 11-15 所示。窗户的实例参数包括所在的楼层（即标高）、底高度等，窗在项目中的位置可结合平面定位进行识读。

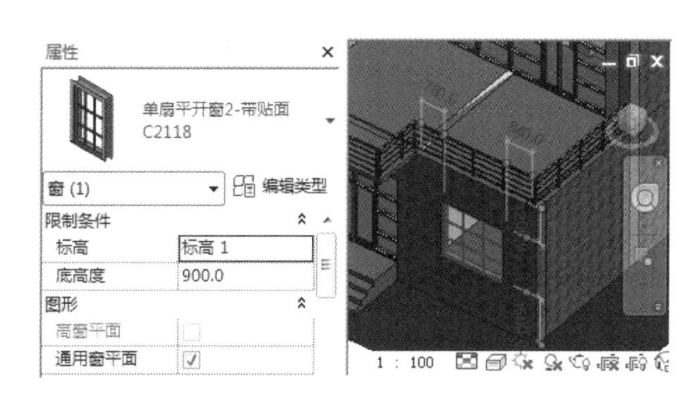

图 11-15　实例参数

构件的类型参数是某一类同名称图元共有的参数属性，以窗户为例，类型参数包含材质、尺寸、分析属性、型号等，如图 11-16 所示。

此外，构件的其他参数也可以在属性中进行查看，项目自身的一些参数可在项目信息中进行识读，如图 11-17 所示。

族(F)：单扇平开窗2-带贴面　载入(L)...
类型(T)：C2118　复制(D)...
重命名(R)...
类型参数

参数	值
材质和装饰	
窗台材质	瓷砖(4)
玻璃	玻璃
框架材质	铝 5052-H38
贴面材质	铝 5052-H38
尺寸标注	
粗略宽度	2100.0
粗略高度	1800.0
高度	1800.0
宽度	2100.0
分析属性	
可见光透过率	0.900000
日光得热系数	0.860000
传热系数(U)	5.5617 W/(m²·K)
分析构造	大型单层玻璃窗
热阻(R)	0.1798 (m²·K)/W

图 11-16　类型参数

参数	值
标识数据	
组织名称	北京谷雨时代教育科技有限公司
组织描述	设计单位
建筑名称	教学案例
作者	xx工程师
能量分析	
能量设置	编辑...
其他	
项目发布日期	2018年1月1日
项目状态	施工图设计阶段
客户姓名	谷雨时代
项目地址	北京市海淀区农大南路
项目名称	小别墅
项目编号	GY-001
项目负责人	XX经理
审核	xx工程师
校核	xx工程师

图 11-17　项目信息

本章小结

1. BIM 与传统的设计方法不同，采用“三—二—三”（三维模型设计—二维 BIM 施工图—建成的实体建筑）的生产模式进行建造。BIM 技术的特点在于它的动态设计、可视化、参数化、协同设计等方面，能解决大部分的错漏碰缺问题，BIM 技术加快了建筑信息化的步伐。

2. 在采用 Revit 进行 BIM 模型创建时，一般按照先建标高轴网，再建模型，最后出图的流程；建模一般按照建筑物的施工工序来进行创建，有时为了提高建模的效率，可一次性建好一类构件，然后再建下一类构件，如先放置柱，再放置墙体，然后创建门窗。

3. BIM 出图是基于三维模型的出图，这也体现了 BIM “所见即所得”的特点，模型修改图纸及相应的构件明细表都会发生同步更新，极大地提高了设计师的出图效率。

4. BIM 二维施工图识读与传统的施工图识读流程相似，包括总平面图、平面图、剖面图、立面图以及详图的识读；与二维平面识图有所区别，

BIM 建筑施工图还包括 BIM 模型的识读，可在模型中进行动态观察和信息读取，BIM 模型识读需结合二维构件参数进行查看。

课后习题

1. BIM 建筑施工图与传统二维施工图有何区别?
2. 简述 BIM 模型创建的基本流程。
3. 根据本章视频及相关附件完成 BIM 模型的创建，并导出图纸。

参考文献

[1] 肖芳 . 建筑构造 [M]. 北京：北京大学出版社，2012.

[2] 高远，张艳芳 . 建筑构造与识图 [M]. 北京：中国建筑工业出版社，2013.

[3] 刘小聪 . 建筑构造与识图 [M]. 长沙：中南大学出版社，2013.

[4] 韩建绒，张亚娟 . 建筑识图与房屋构造 [M]. 重庆：重庆大学出版社，2015.

[5] 张小平 . 建筑识图与房屋构造 [M]. 武汉：武汉理工大学出版社，2013.

[6] 李建成 .BIM 应用・导论 [M]. 上海：同济大学出版社，2015.

[7] 许蓁 .BIM 应用・设计 [M]. 上海：同济大学出版社，2016.

[8] 孙仲健 .BIM 技术应用——Revit 建模基础 [M]. 北京：清华大学出版社，2018.

[9] 胡兴福，赵研 . 施工员通用与基础知识 [M]. 北京：中国建筑工业出版社，2014.

[10] 王鹏，郑楷，尹茜 . 建筑识图与构造 [M]. 2 版 . 北京：北京理工大学出版社，2016.

[11] 王广军，孟庆林 . 建筑装饰制图与识图 [M]. 哈尔滨：哈尔滨工业大学出版社，2015.